U0117707

21世纪高职高专规划教材

电子商务专业系列

电子商务
网络安全与防火墙技术

陈孟建　徐金华　邹玉金　编著

清华大学出版社
北京

内容简介

本书是通用的电子商务网络安全与防火墙技术教材,从电子商务网络安全技术角度出发,讲授构建和实施安全电子商务系统所必需的基本理论、方法和技术,全书在编排上注意由浅入深和循序渐进,力求通俗易懂、简洁实用。本书主要内容包括:电子商务网络安全基础、网络体系结构与协议、电子商务密码技术、电子商务安全认证体系、Windows 操作系统安全、防火墙基础、防火墙技术与应用、防火墙管理与测试、综合实训。

本书观点新颖,论述深入浅出,内容丰富,可读性好,实践性强,特别适合作为高职高专学校电子商务、信息安全、管理信息系统、计算机科学技术等专业的教材,也可以作为计算机和电子商务领域研究人员和专业技术人员的参考书。

图书在版编目(CIP)数据

电子商务网络安全与防火墙技术/陈孟建,徐金华,邹玉金编著.—北京:清华大学出版社,2011.4

(21世纪高职高专规划教材.电子商务专业系列)

ISBN 978-7-302-24814-9

Ⅰ. ①电…　Ⅱ. ①陈… ②徐… ③邹…　Ⅲ. ①电子商务－网站－安全技术－高等职业教育－教材　Ⅳ. ①TP393.08

中国版本图书馆 CIP 数据核字(2011)第 033031 号

责任编辑:孟毅新
责任校对:袁　芳
责任印制:何　芊

出版发行:清华大学出版社　　　　　　　　　地　　址:北京清华大学学研大厦 A 座
　　　　　http://www.tup.com.cn　　　　　邮　　编:100084
　　　社　总　机:010-62770175　　　　　　邮　　购:010-62786544
　　　投稿与读者服务:010-62776969,c-service@tup.tsinghua.edu.cn
　　　质　量　反　馈:010-62772015,zhiliang@tup.tsinghua.edu.cn
印　刷　者:北京市清华园胶印厂
装　订　者:三河市溧源装订厂
经　　销:全国新华书店
开　　本:185×260　印　张:19　字　数:448 千字
版　　次:2011 年 4 月第 1 版　　印　　次:2011 年 4 月第 1 次印刷
印　　数:1~3000
定　　价:38.00 元

产品编号:037522-01

前　言

　　因特网的发展已成燎原之势,它的应用也从原来的军事、科技、文化和商业渗透到当前社会的各个领域。越来越多的网络联入了因特网,越来越多的信息进入了因特网。因特网吸引了亿万用户,很多人已经离不开因特网,并且每天都在访问它、应用它。

　　随着因特网的发展,网络与信息的安全问题也越来越受到人们的重视。电子商务是因特网应用发展的必然趋势,也是国际金融贸易中越来越重要的经营模式。安全是保证电子商务健康有序发展的关键因素。目前安全问题已成为电子商务的核心问题。由于Internet 本身的开放性,使电子商务系统面临着各种各样的安全威胁。

　　大量的事实说明,要保证电子商务的正常运作,就必须高度重视电子商务的安全问题。防火墙已经成为保护网络和计算机的代名词,只有全面理解防火墙的作用、防火墙的部署、防火墙的不同类型等才能完善安全防范手段。

　　本书从电子商务信息安全技术角度出发,讲授构建和实施安全电子商务系统所必需的基本理论、方法和技术,全书在编排上注意由浅入深和循序渐进,力求通俗易懂、简洁实用。本书主要内容包括:电子商务网络安全基础、网络体系结构与协议、电子商务密码技术、电子商务安全认证体系、Windows 操作系统安全、防火墙基础、防火墙技术与应用、防火墙管理与测试、综合实训。本书观点新颖,论述深入浅出,内容丰富,可读性好,实践性强,特别适合作为高职高专学校电子商务、信息安全、管理信息系统、计算机科学技术等专业的教材,也可以作为计算机和电子商务领域研究人员和专业技术人员的参考书。

　　本书由浙江经贸职业技术学院陈孟建、浙江工商大学徐金华和邹玉金共同编写。在编写过程中,得到了张贵君、陈奕婷、李锋之、袁志刚、傅俊等专家、教授们的帮助,在此表示衷心的感谢!

　　由于编者水平有限,书中不当之处敬请读者批评指正。

编　者

2011 年 3 月于杭州

目　录

第 1 章

电子商务网络安全基础

电子商务运营在因特网上,因此,电子商务网络的安全问题正日益突出且越来越复杂。一方面电子商务网络为用户提供了丰富的共享资源;另一方面,电子商务网络的脆弱性和网络安全问题的复杂性使得电子商务应用变得更为复杂。本章主要介绍电子商务网络安全的基础知识。通过本章的学习,要求:

(1) 掌握电子商务网络安全的基本概念。

(2) 了解威胁电子商务网络安全的主要攻击手段。

(3) 掌握电子商务网络安全模型。

(4) 掌握电子商务网络安全保障机制。

1.1 计算机网络概述

1.1.1 计算机网络定义

随着计算机技术的发展和应用的深入,越来越多的用户希望能共享信息资源,也希望各台计算机之间能互相传递信息。微型计算机的硬件和软件配置一般都比较低,其功能也有限,因此希望将大型与巨型计算机的硬件和软件资源以及它们所管理的信息资源共享给众多的微型计算机,以便充分利用这些资源。基于这些原因,计算机开始向网络化发展,分散的计算机被联成网,组成计算机网络。

1. 计算机网络定义

资源共享观点将计算机网络定义为"以能够相互共享资源的方式互联起来的自治计算机系统的集合"。也就是说,将在地理上分散的、具有独立功能的多台计算机通过通信媒介连接在一起,按照网络协议进行数据通信,实现相互之间的通信和信息交换,并配以相应的网络软件,实现资源共享(包括硬件和软件)的系统,称为计算机网络。

通过对计算机网络定义的分析,可以看出作为一个计算机网络必须具备以下基本要素。

(1) 至少有两台具有独立操作系统的计算机。

(2) 计算机之间要采用一定的通信手段相互连接起来。

(3) 计算机之间要遵守相互通信的规则,也就是协议。

（4）配有网络软件。

（5）实现计算机资源共享。

从资源、用户和管理角度来看，计算机网络的定义如下。

（1）从资源角度来看，网络是能够共享外部设备（例如，打印机、专用设备、外部大容量磁盘等）和公共信息的系统（例如，公共数据库系统、数据库等）。

（2）从用户角度来看，网络是能够把个人与众多的计算机用户连接在一起的系统。

（3）从管理角度来看，网络是能够对数据进行集中管理的系统（例如，备份服务、系统软件安装服务等）。

2. 计算机网络的功能

（1）资源共享

资源共享是计算机网络的主要功能，也是计算机网络最具有吸引力的地方。资源共享指的是网络上的用户都能够部分或全部地享受网络中的各种资源，如文件系统、外部设备、数据信息以及各种服务等，使网络中各地区的资源互通有无，分工协作，从而大大提高系统资源的利用率。

（2）远程传输

计算机已经由科学计算向数据处理方面发展，由单机向网络方面发展，且发展迅速。相距很远的用户可以互相传输数据信息，互相交流，协同工作。

（3）集中管理

计算机网络技术的发展和应用，已使现代办公、经营管理等发生了很大变化。目前，已经有许多 MIS（Management Information System，管理信息系统）、OA（Office Automation，办公自动化）系统等，通过这些系统可以实现日常工作的集中管理，提高工作效率，增加经济效益。

（4）实现分布式处理

网络技术的发展，使得分布式计算成为可能。对于大型的课题，可以将其分为许多小题目，由不同的计算机分别完成，然后再集中起来解决问题。

（5）负载平衡

负载平衡是指工作被均匀地分配给网络上的各台计算机。网络控制中心负责分配和检测，当某台计算机负载过重时，系统会自动将部分工转移给负载较轻的计算机去处理。

（6）综合信息服务

通过计算机网络可以向全社会提供各种经济信息、商业信息、物流信息、科研情报和咨询服务等。特别是最近掀起的电子商务热潮，就是利用 Internet 实现企业与企业之间、企业与消费者之间、消费者与消费者之间、企业与政府之间的各种综合信息的服务。又如，综合业务数据网络就是将电话、传真机、电视机、复印机等办公设备纳入计算机网络中，提供数字、声音、图形、图像等多种信息传递功能的系统。

3. 计算机网络的特点

虽然各种计算机网络系统的具体用途、系统结构、信息传输方式等各不相同，但这些网络系统都具有一些共同的特点,就是可靠性高、可扩充性强、易于操作和维护、效率高、成本低,可实现资源共享等。

1.1.2 计算机网络组成

1. 计算机资源子网和通信子网

从网络系统功能的角度来看,计算机网络是由资源子网和通信子网组成的,如图 1-1 所示。

(1)资源子网主要负责全网的信息处理,为网络用户提供网络服务和资源共享功能等。它主要包括网络中所有的主计算机、I/O 设备、终端、各种网络协议、网络软件和数据库等。

(2)通信子网主要负责全网的数据通信,完成数据传输、转接、加工和变换等通信处理工作。它主要包括通信线路(即传输介质)、网络连接设备(如网络接口设备、通信控制处理机、网桥、路由器、交换机、网关、调制解调器、卫星地面接收站等)、网络通信协议和通信控制软件等。

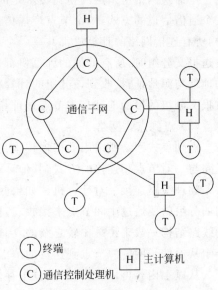

图 1-1 资源子网和通信子网

2. 计算机网络硬件

计算机硬件包括主机、终端、用于信息变换和信息交换的通信节点设备、通信线路和网络互联设备等。

(1)主机负责处理网络中的数据、执行网络协议、进行网络控制和管理等工作,也包括管理供用户共享访问的数据库,它与其他主机系统互联后构成网络中的主要资源。

(2)终端是用户访问网络的设备,其主要作用是把用户输入的信息转变为适合传送到网络上的信息,或把网络上其他节点输出的、经过通信线路的信息转变为用户能识别的信息。

(3)用于信息变换和信息交换的通信节点设备主要有通信控制处理机、调制解调器、集中器和多路复用器等。通信控制处理机是在数据通信系统或计算机网络系统中执行通信控制与处理功能的设备;调制解调器是把用户数据设备与模拟通信线路连接起来的一种接口设备,它主要实现数字信号与模拟信号的变换功能;集中器是设置在终端密集处、完成终端一侧的通信处理与复用的设备;多路复用器是实现多路信号在同一条线路上传输的设备。

(4)通信线路是传输信息的媒体,计算机网络中的通信线路有有线线路(包括双绞线、同轴电缆、光纤)和无线线路(包括微波线路和卫星线路等)。

(5)网络互联设备用于将两个或两个以上的网络连接起来,构成一个更大的互联网络系统,常用的网络互联设备有网桥、路由器、交换机和网关等。

1.1.3　计算机网络类型

1. 根据网络传输技术进行分类

网络所采用的传输技术决定了网络的主要技术特点,因此,根据网络所采用的传输技术对网络进行分类是一种很重要的方法。

(1) 广播式网络

广播式网络所采用的传输技术是广播通信信道技术,该传输技术采用多个节点共享一个通信信道的方式,一个节点广播信息,其他节点必须接收信息。因此,在广播式网络中,所有连接网络的计算机都共享一个公共通信信道。当一台计算机利用共享通信信道发送报文分组时,所有其他的计算机都会"接收"到这个分组。由于发送的分组中带有目的地址与源地址,接收到该分组的计算机将检查目的地址是否与本节点地址相同,如果接收报文分组的目的地址与本节点地址相同,则接收该分组,否则丢弃该分组。

(2) 点到点式网络

点到点式网络所采用的传输技术是点到点通信信道技术,该传输技术采用一个信道线路与一对节点相连接的方式,其他计算机都不能"接收"信息。因此,在点对点网络中,每条物理线路连接一对计算机。如果两台计算机之间没有直接连接的线路,那么,它们之间的分组就要通过中间节点来接收、存储、转发直至目的节点。由于连接多台计算机之间的线路结构一般来说是比较复杂的,因此,从源节点到目的节点可能存在多条路由,决定分组从通信子网的源节点到达目的节点的路由需要通过路由选择算法来计算。

从以上内容可以看出,采用分组存储转发还是采用路由选择是区分广播式网络和点到点式网络的重要依据之一。

2. 根据网络的覆盖范围进行分类

根据网络的覆盖范围来划分网络类型,通常可划分为局域网(Local Area Network,LAN)、城域网(Metropolitan Area Network,MAN)、广域网(Wide Area Network,WAN)等类型。

(1) 局域网

局域网是属于某一个单位在某一个小范围内(即某一幢大楼、某一个建筑物、某一个学校内、某一所医院等)组建的计算机网络,该网络一般在10km范围内。该网络具有组网方便、使用灵活、操作简单等特点,组成该网络的计算机并不一定是微型计算机,该网络是目前计算机网络中发展最为活跃的一种网络,它起源于20世纪80年代初期,是随着微型计算机的大量使用而迅速发展起来的一种新型的网络技术。如果这一网络中的计算机都是微型计算机,则称这种网络为微机型局域网。

局域网具有以下几个特点。

① 局域网覆盖有限的地理范围,适用于学校、机关、公司、工厂等有限距离内的计算机、终端与各类信息处理设备的联网。

② 局域网一般为一个单位所有,易于建立、维护和扩展。

③ 局域网具有高数据传输速率(10~100Mb/s,甚至高达1Gb/s)、低误码率的高质量数据传输环境。

④ 决定局域网特性的主要技术要素有网络拓扑、传输介质、介质访问控制方法等。

⑤ 局域网从介质访问控制方法的角度可以分为两类,即共享介质局域网与交换局域网。

（2）城域网

城域网的范围可以覆盖一组单位（如一个地区教育局及所属的所有学校）甚至一个城市。它基本上是一种大型的局域网,通常使用与局域网相同的技术,因此也可以归为局域网一类。其关键之处是使用了广播式介质,与其他类型的网络相比,极大地简化了设计。

（3）广域网

广域网是一种涉及范围较大的远距离计算机网络,即一个地区、一个省、一个自治区、一个国家以及在它们之间甚至全世界建立的计算机网络,因此,又称为远程网,例如,环球网 WWW、因特网 Internet 等。Internet 把全世界 180 多个国家的 30000 多万台计算机主机和近 3 亿个用户紧密地联系在一起,使用户之间互通信息,共享计算机和各种信息资源。

广域网传输的距离远,传输的装置和介质由电信部门提供,例如,长途电话线、微波和卫星通道、光缆通道等,也有使用专线电缆的。广域网是由多个部门或多个国家联合建立的,其规模大,能够实现较大范围内的资源共享。

广域网具有以下几个特点。

① 广域网覆盖地理范围广,信息传递距离可以从几十千米到几万千米甚至几十万千米。

② 信息传递速率比较低,一般都小于 0.1Mb/s。

③ 传输误码率在 $10^{-4}\sim10^{-6}$ 之间。

④ 广域网一般可以由多个局域网互联而成,广域网中包含了多种网络结构,并可以根据用户的需要进行随意组网。

1.2　电子商务网络安全概述

1.2.1　网络安全概述

1. 网络安全的定义

网络安全泛指网络系统的硬件、软件及其系统中的数据受到保护,不受偶然的或者恶意的原因而遭到破坏、更改、泄露,系统连续、可靠、正常地运行,网络服务不被中断。

网络安全包括系统安全和信息安全两个部分。系统安全主要指网络设备的硬件、操作系统和应用软件的安全;信息安全主要指各种信息的存储、传输的安全,具体体现在保密性、完整性及不可抵赖性上。

2. 网络安全的内容

网络安全包括物理安全、网络安全、数据安全、信息内容安全、信息基础设施安全与公共和国家信息安全。

（1）物理安全

物理安全是指保护计算机网络中的传输介质、网络设备和机房设施的安全。物理安全包括防盗、防火、防静电、防雷击和防电磁泄漏等方面的内容。

物理上的安全威胁主要涉及对计算机或人员的访问,可用于增强物理安全的策略有很多,将计算机系统和关键设备布置在一个安全的环境中,销毁不再使用的敏感文档,保持密码和身份认证部件的安全性,锁住便携式设备等。物理安全的实施更多依赖于行政的干预手段并结合相关技术。如果没有基础的物理保护,例如带锁的开关柜、数据中心等,物理安全是不可能实现的。

(2) 逻辑安全

计算机网络的逻辑安全主要通过用户身份认证、访问控制、加密等方法来实现。

① 用户身份认证。身份证明是所有安全系统不可或缺的一个组件。它是区别授权用户和入侵者的唯一方法。为了实现对信息资源的保护,并知道何人试图获取网络资源的访问权,任何网络资源拥有者都必须对用户进行身份认证。当使用某些更尖端的通信方式时,身份认证特别重要。

② 访问控制。访问控制是制约用户连接特定网络、计算机与应用程序,获取特定类型数据流量的方法。访问控制系统一般针对网络资源进行安全控制区域划分,实施区域防御的策略。在区域的物理边界或逻辑边界使用一个许可或拒绝访问的集中控制点。

③ 加密。加密是指在访问控制和身份验证过程中系统完全有效,在数据信息通过网络传送时,企业仍可能面临被窃听的风险。事实上,低成本和连接的简便性已使 Internet 成为企业内和企业间通信的一个极为诱人的媒介。同时,无线网络的广泛使用也在进一步加大网络数据被窃听的风险。加密技术用于针对窃听提供保护。它通过使信息只能被具有解密数据所需密钥的人员读取来提供信息的安全保护。

(3) 操作系统安全

计算机操作系统是一个"管家婆",担负着自身巨大的资源管理、频繁的输入输出控制,以及不可间断的用户与操作系统之间的通信任务。由于操作系统具有"一权独大"的特点,所有针对计算机和网络入侵及非法访问者是以摄取操作系统的最高权限作为入侵目的的。因此,操作系统安全的内容就是采用各种技术手段和采取合理的安全策略,以降低系统的脆弱性,使计算机处于安全、可靠的工作环境中。

(4) 联网安全

联网安全指的是保证计算机联网后操作系统安全运行和计算机内部信息的安全。联网安全性可以通过以下几个方面的安全服务来达到。

① 联网计算机用户必须采取适当的措施,确保自己的计算机不会受到病毒的侵袭。

② 访问控制服务,用来保护计算机和联网资源不被非授权使用。

③ 通信安全服务,用来认证数据机密性与完整性,以及通信的可信赖性。

1.2.2　影响网络安全的因素

影响网络安全的因素有以下几个。

1. 硬件系统

网络硬件系统的安全隐患主要来源于设计,主要表现为物理安全方面的问题,包括各种计算机或者网络设备,除了难以抗拒的自然灾害外,温度、湿度、静电、电磁场等也可能造成信息的泄露或失效。

2. 软件系统

软件系统的安全隐患来源于设计和软件工程中的问题。软件设计中的疏忽可能留下安全漏洞。软件系统的安全隐患主要表现在操作系统、数据库系统和应用软件上。

3. 病毒

计算机病毒将网络作为自己繁殖和传播的载体及工具,造成的危害越来越大。Internet 带来的安全威胁来自文件下载及电子邮件,邮件病毒凭借其危害性强、变形种类繁多、传播速度快、可跨平台发作、影响范围广等特点,利用用户的通讯簿散发病毒,通过用户文件泄密信息。邮件已成为目前病毒防治的重中之重。

4. 配置不当

安全配置不当会造成安全漏洞,例如,防火墙软件配置不正确将使得它失去应有作用。对特定的网络应用程序,当它启动时,就打开了一系列的安全缺口,许多与该软件捆绑在一起的应用软件也会被启用,除非用户禁止该程序或对其进行正确配置,否则,安全隐患始终存在。

5. 网络通信协议

目前在 Internet 上普遍使用的标准主要基于 TCP/IP 架构。TCP/IP 不是一个而是多个协议,TCP 和 IP 只是其中最基本也是主要的两个协议。TCP/IP 协议是美国政府资助的高级研究计划署(Advanced Research Projects Agency,ARPA)在 20 世纪 70 年代的研究成果之一,目的是使全球的研究网络联在一起形成一个虚拟网络,也就是国际因特网。由于最初 TCP/IP 是在可信任环境中开发出来的成果,在协议设计的总体构想和设计阶段基本上未考虑安全问题,不能提供人们所需要的安全性和保密性。概括起来,Internet 存在以下严重的安全隐患。

(1) 缺乏用户身份鉴别机制

由于 TCP/IP 使用 IP 地址作为网络节点的唯一标志,在 Internet 中,当信息分组在路由器间传递时,对任何人都是开放的,路由器仅仅搜索信息分组中的目的地址,但不能防止其内容被窥视,其数据分组的源地址很容易被发现,由于 IP 地址是一种分级结构地址,其中包括了主机所在的网络,攻击者据此可以构造出目标网络的轮廓,因此使用标准 IP 地址的网络拓扑对 Internet 来说是暴露的。

另外,IP 地址很容易被伪造和更改,TCP/IP 缺乏对 IP 包中的源地址的真实性的鉴定和保密机制,因此,Internet 上的任何主机都可以产生一个带任意 IP 地址的 IP 包,从而假冒另一个主机 IP 地址进行欺骗,这样网上传输数据的真实性就无法得到保证。

(2) 缺乏路由协议鉴别认证机制

TCP/IP 在 IP 层上缺乏对路由协议的安全认证机制,对路由信息缺乏鉴别与保护。因此,可以通过 Internet 利用路由信息修改网络传输路径,误导网络分组传输。

(3) 缺乏保密性

TCP/IP 数据流采用明文传输,用户账号、口令等重要信息也无一例外。攻击者可以截获含有账号、口令的数据分组从而进行攻击。这种明文传输方式无法保障信息的保密性和完整性。

（4）TCP/IP服务的脆弱性

TCP/IP主要应用于Internet，即提供基于TCP/IP的服务，由于应用层协议位于TCP/IP体系结构的最顶部，因此下层的安全缺陷必然导致应用层的安全出现漏洞甚至崩溃，而各种应用层服务协议（如DNS、FTP、SMTP等）本身也存在安全隐患。

6. 物理电磁辐射引起的信息泄露

计算机附属电子设备在工作时能以过地线、电源线、信号线将电磁信号或谐波等辐射出去，产生电磁辐射，电磁辐射物能够破坏网络中传输的数据，这种辐射主要有以下两个来源。

（1）网络周围电子设备产生的电磁辐射和试图破坏数据传输而预谋的干扰辐射源。

（2）网络的终端、打印机或其他电子设备在工作时产生的电磁辐射泄漏，这些电磁信号在近处或者远处都可以被接收下来，经过提取处理，可以重新恢复成原信息，造成信息泄露。

7. 缺少严格的网络安全管理制度

网络内部的安全需要用完备的安全制度来保障，管理失败是造成网络系统体系失败非常重要的原因。网络管理员配置不当或者网络应用升级不及时造成的安全漏洞、使用脆弱的用户口令、随意使用从普通网站下载的软件、在防火墙内部架设拨号服务器却没有对账号进行认证等严格限制、用户安全意识不强、将自己的账号随意转借他人或与别人共享等，都会使网络处于危险之中。

1.2.3　网络安全的威胁

计算机网络安全的威胁包括以下几个方面。

1. 信息泄露

信息泄露是指敏感数据在有意、无意中被泄露、丢失或透露给某个未授权的实体。它通常包括：信息在传输中被丢失或泄露（如利用电磁波泄漏或搭线窃听等方式截获信息）；通过网络攻击进入存放敏感信息的主机后非法复制；通过对信息流向、流量、通信频度和长度等参数的分析，推测出有用信息（如用户账号、口令等重要信息）。

2. 软件漏洞

每个操作系统或网络软件都不可能是无缺陷和漏洞的，这就使计算机处于危险的境地，一旦连接入网，很可能会受到攻击。

3. 安全意识不强

用户口令选择不慎，或将自己的账号随意转借他人或与别人共享等都会给网络安全带来威胁。

4. 病毒

目前数据安全的头号大敌是计算机病毒，它是编制者在计算机程序中插入的破坏计算机功能或数据，影响计算机软件、硬件的正常运行并且能够自我复制的一组计算机指令或程序代码。计算机病毒具有传染性、寄生性、隐蔽性、触发性、破坏性等特点,因此,提高对病毒的防范刻不容缓。

5. 黑客

计算机数据安全的另一个威胁来自计算机黑客(Hacker),计算机黑客利用系统中的安全漏洞非法进入他人计算机系统,其危害性非常大,从某种意义上讲,黑客对信息安全的危害甚至比一般的计算机病毒更为严重。

6. 完整性破坏

以非法手段窃得对信息的管理权,通过未授权的创建、修改、删除和重放等操作而使数据的完整性受到破坏。

7. 服务拒绝

服务拒绝是指网络系统的服务功能下降或丧失,造成这种现象的原因有以下两个。

(1) 受到攻击所致。攻击者通过对系统进行非法的、根本无法成功的访问尝试而产生过量的系统负载,从而导致系统资源对合法用户的服务能力下降或者丧失。

(2) 由于系统或组件在物理上或者逻辑上遭到破坏而中断服务。

8. 未授权访问

未授权实体非法访问系统资源,或授权实体超越权限访问系统资源。例如,有意避开系统访问控制机制,对信息设备及资源进行非法操作;擅自提升权限,越权访问系统资源;假冒和盗用合法用户身份攻击,非法进入网络系统进行操作等。

9. SQL 注入攻击

SQL 注入攻击是指利用网站安全漏洞,然后在执行网站的数据库中植入恶意代码,从而掷出恶意指令感染网站数据库。同时,黑客们已经开发出自动化的工具,利用搜索引擎找出可能存在漏洞的网站,然后将代码植入其服务器中。网站安全漏洞特别是自动远程攻击如 SQL 注入攻击针对的安全漏洞将继续成为恶意软件散播的主要渠道。

10. 第三方广告机构和恐吓性软件

第三方广告机构和恐吓性软件是指采用 Flash 文件制作的实际藏有病毒的广告。用户单击这些广告后,这些广告会偷偷向用户的计算机传输恶意程序,这严重威胁到了电子商务或个人的数据安全。

11. 社交网站

随着社交网站的流行,这些网站已经逐步成为黑客的又一主要活动场所。在许多情况下,黑客盗取用户的账号和密码,向被攻击用户的好友发送销售信息或指示他们进入第三方网站。

1.2.4　威胁网络安全的主要攻击手段

威胁网络安全的主要攻击手段有以下几种。

1. 假冒攻击

假冒是指某个未授权的实体(人或系统)假装成另一个不同的可能授权的实体,使系统相信其是一个合法的用户,进而非法获取系统的访问权限或得到额外的特权。冒充通常与某些别的主动攻击形式一起使用,特别是消息的重放与篡改。攻击者可以进行以下几种假冒。

(1) 假冒管理者发布命令或调阅密件。

(2) 假冒主机欺骗合法主机及合法的用户。

(3) 假冒网络控制程序套取或修改使用权限、口令、密钥等信息,越权使用网络设备和资源。

(4) 接管合法用户欺骗系统,占用或支配合法用户资源。

2. 基于口令的攻击

基于口令的攻击是黑客最喜欢采用的入侵在线网络的方法。一般他们会逐个试口令直到成功为止,这种方法称为"字典攻击"。而在众多操作系统中,UNIX 是最容易受到字典攻击的对象,因为 UNIX 不像其他操作系统一样在登录(注册)失败一定次数后就封锁该用户。

3. 网络偷窥攻击

网络偷窥攻击是指黑客阻截在两地间传输的报文,获得报文后,打开它并盗取该报文的主机名、用户名及口令。黑客一般把报文窥探作为 IP 欺骗攻击的前奏,安全专家经常把报文窥探称为网络偷窥。

4. 利用受托访问的攻击

利用受托访问的攻击是指在受托访问机制操作系统的网络中进行攻击。特别是对 UNIX 系统而言,这些受托机制是极大的安全隐患。在这种系统中,用户能创建受托主机文件,该文件包含主机名或用户访问系统的地址。如果想拥有一个受托系统连接,只能使用 rlogin 或其他类似的命令,因此如果黑客能猜到受托主机的名字,他就能获得系统的扩展访问权。

5. IP 欺骗攻击

IP 欺骗是指利用主机之间的正常信任关系来发动攻击。这种攻击方式主要应用于用 IP 协议传送的报文中。所谓 IP 欺骗,无非就是伪造他人的源 IP 地址,其实质就是让一台机器来扮演另一台机器,借以达到蒙混过关的目的。IP 欺骗技术只能实现对某些特定的运行 TCP/IP 协议的计算机进行攻击。一般来说,任何使用 Sun RPC 调用的配置、利用 IP 地址认证的网络服务、MIT 的 X Window 系统、R 服务等易受到 IP 欺骗攻击。

为了伪装成被信任主机而不暴露,需要使其完全失去工作能力。由于攻击者将要代替真正的被信任主机,他必须确保真正的被信任主机不能收到任何有效的网络数据,否则将会被揭穿。

IP 欺骗攻击形式多种多样,从随机扫描到利用系统已知的一些漏洞。IP 欺骗攻击通常发生于一台主机被确信在安全性方面存在漏洞之后,此时入侵者已做好了实施一次 IP 欺骗攻击的准备,他(或她)知道目标网络存在漏洞并且知道该具体攻击哪一台主机。IP 欺骗攻击对技术的要求相当高,一度曾是费力费时的苦差事,现在变得简单多了,只要利用自动工具黑客就能在 20 s 内执行一次完全的 IP 欺骗攻击,幸运的是防卫攻击也不是很难。

6. 顺序号预测攻击

它是黑客用 IP 欺骗手段进入 UNIX 系统时使用的常见技术。任何 TCP/IP 连接在开始时都需要连接的计算机交换"握手"信息或含有顺序号的开始报文,计算机把顺序号当成每次传输的一部分,它依据内部时钟来创建顺序号。在 UNIX 的许多版本中,顺序号用在由人们熟知的算法创建的模板中。

7. 会话劫持攻击

会话劫持攻击比 IP 欺骗法更普遍,原因是它对进出网络的数据都能实施攻击,而且它不需要预测"握手"顺序号,从而使入侵变得易行。在这种攻击方式中,入侵者寻找一条现有的两台计算机间的连接,通常是服务器和客户间的连接,然后穿过未加保护的路由器或不合适的防火墙,就能检测到交换信息的计算机所用的相关顺序号。

入侵者得到合法用户的地址信息后,模仿用户地址来劫持用户通话。然后,主机断开与合法用户的连接,入侵者就获得了与合法用户同样的访问权。防卫会话劫持是非常困难的,就连检测它也不是件容易的事情。为了防止会话劫持,必须加强保护网络中可能被黑客劫持入侵的区域。例如,应删除不必要的默认账号,如 Windows NT 中的 guest 账号;要修补好网络的安全漏洞以免路由器或防火墙遭受未授权的访问的侵袭。另外,加密也是一种防卫措施。检测会话劫持在没有用户实际交流的情况下几乎不可能成功,因为劫持者是以被劫持用户的身份出现在网络中的。

8. 利用弱点的攻击

利用弱点的攻击包括受托访问攻击和其他很多内容。各种主要的操作系统都有弱点,只是访问的难易程度有所不同。此外,在黑客活动期遭遇到网络弱点的可能性是十分渺小的。

1.3 电子商务网络安全模型

1.3.1 网络安全基本模型

网络安全是指在一个特定的环境里,保证为计算机网络提供一定级别的安全保护所必须遵守的规则。网络安全技术策略是一套指导用户对自身面临的威胁进行风险评估,决定其所需要的安全服务种类,选择相应的安全机制,然后集成先进的安全技术,形成一个全方位的安全系统的行动规则,而安全技术策略模型是从技术的角度对实现网络系统安全的方法所进行的科学、完整的描述。

1. 网络安全基本模型

网络安全技术策略基本模型如图 1-2 所示。通信一方要通过网络将消息传送给另一方,通信双方(称为交易的主体)必须协调努力共同完成消息变换。通过定义网络上从源到宿主的路由,然后在该路由上执行通信主体共同使用的通信协议(如 TCP/IP)来建立逻辑信息通道。

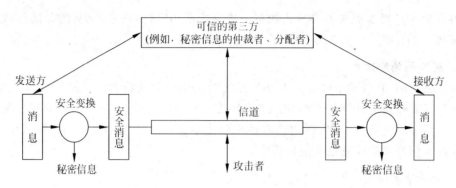

图 1-2　网络安全技术策略基本模型

从图 1-2 中可知,一个安全的网络通信必须考虑:设计并执行安全相关的加密算法、用于加密算法的秘密信息(如密钥)、秘密信息的发布和共享、使用加密算法和秘密信息以获得安全服务所需的协议等几个方面。

如果需要保护信息传输以防攻击者危害其保密性、真实性,则需要考虑通信的安全性。安全传输技术包括以下两个基本部分。

(1) 消息的安全传输

消息的安全传输是指对消息的加密和认证。加密的目的是将消息按照一定的方式重新编码以使攻击者无法获得真正的消息内容;认证的目的是验证发送者的身份。

(2) 发送双方共享信息

发送双方共享某些秘密信息,例如,加密密钥。为了保证信息安全传输,需要有可信的第三方,负责向通信双方发送秘密信息而对攻击者保密,或者在通信双方有争议时进行仲裁。

2. 未授权访问模型

为了保护信息系统的安全,对未授权访问者设置了未授权访问模型,如图 1-3 所示。

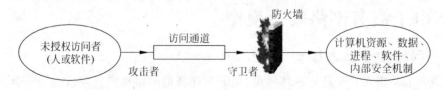

图 1-3　未授权访问模型

未授权访问的安全机制可以分为两道防线:第一道称为守卫者,它包括基于口令的登录程序和屏蔽逻辑程序,分别用于拒绝非授权用户的访问、检测和拒绝病毒;第二道防线由一些内部控制部件构成,用于管理系统内部的各种操作和分析所存储的信息,以检查是否有未授权的入侵者。

1.3.2　PDRR 网络安全模型

PDRR 网络安全模型如图 1-4 所示,主要内容包括:概括了网络安全的整个环节,即防护(Protect)、检测(Detect)、响应(React)、恢复(Restore);提出了人、政策(包括法律、法规、制度、管理)和技术三大要素;归纳了网络安全的主要内涵,即鉴别、保密、完整性、可用性、不可抵赖性、责任可核查性和可恢复性;提出了信息安全的几个重点领域,即关键基础设施的网络安全(包括电信、油气管网、交通、供水、金融等)、内容的信息安全(包括反病毒、电子信箱安全和有害内容过滤等)和电子商务的信息安全;认为密码理论和技术是核心,安全协议是桥梁,安全体系结构是基础,安全的芯片是关键,监控管理是保障,攻击和评测的理论和实践是考验。

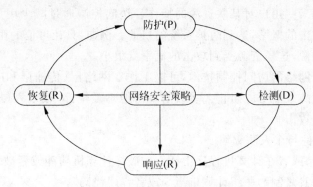

图 1-4   PDRR 网络安全模型

1. 网络安全策略

网络安全策略的每一部分包括一组相应的安全措施来实施一定的安全功能。网络安全策略分成以下几个部分。

(1) 防护。根据系统已知的所有安全问题采取防护措施,例如,打补丁、访问控制、数据加密等。防护是安全策略的第一个战线。

(2) 检测。攻击者如果穿过了防御系统,检测系统就会检测出来。这个安全战线的功能就是检测出入侵者的身份,包括攻击源、系统损失等。

(3) 响应。一旦检测出入侵,响应系统就开始工作了,包括事件处理和其他业务。

(4) 恢复。在入侵事件发生后,把系统恢复到原来的状态。每次发生入侵事件,防护系统都要更新,保证相同类型的入侵事件不能再发生,所以整个安全策略包括防护、检测、响应和恢复,这 4 个方面组成了一个信息安全周期。

2. 防护

网络安全策略 PDRR 模型最重要的部分是防护(P)。防护是预先阻止攻击可能发生的条件产生,让攻击者无法顺利地入侵,从而减少大多数的入侵事件。

(1) 安全缺陷扫描

安全缺陷分为两种:允许远程攻击的缺陷和只允许本地攻击的缺陷。允许远程攻击的缺陷就是攻击者可以利用该缺陷通过网络攻击系统。只允许本地攻击的缺陷就是攻击者不能通过网络利用该缺陷攻击系统。

对于允许远程攻击的安全缺陷,可以用网络缺陷扫描工具去发现。网络缺陷扫描工具一般从系统的外边去观察,扮演了一个黑客的角色,只不过它不会破坏系统。其工作原理如下。

　　① 扫描系统所开放的网络服务端口。

　　② 通过该端口进行连接,试探提供服务的软件类型和版本号,并判断是否有缺陷。其方法是根据版本号,在缺陷列表中查出是否存在缺陷,或者是根据已知的缺陷特征,模拟一次攻击,如果攻击表示可能会成功,就停止模拟并认为存在缺陷(要停止攻击模拟以避免对系统造成破坏)。

　　(2) 访问控制及防火墙

　　访问控制限制某些用户对某些资源的操作。访问控制通过减少用户对资源的访问,从而减小资源被攻击的概率,达到防护系统的目的。例如,只让可信的用户访问资源而不让其他用户访问资源,这样资源受到攻击的概率就很小。

　　防火墙是基于网络的访问控制技术,可以工作在网络层、传输层和应用层,完成不同粒度的访问控制。防火墙可以阻止大多数的攻击但不是全部,很多入侵事件通过防火墙所允许的规则进行攻击。

　　(3) 防病毒软件与个人防火墙

　　病毒是指"编制或者在计算机程序中插入的破坏计算机功能或者破坏数据,影响计算机使用并且能够自我复制的一组计算机指令或者程序代码"。

　　计算机病毒的传统感染过程并不是利用系统的缺陷实现的。只要用户直接与这些病毒接触,例如,复制文件、访问网站、接受 E-mail 等,该用户的系统就会被感染。一旦计算机被感染上病毒,这些可执行代码就可以自动执行,破坏计算机系统。安装并经常更新防病毒软件会对系统安全起防护作用。防病毒软件根据病毒的特征,检查用户系统中是否有病毒。这个检查过程可以是定期检查,也可以是实时检查。

　　个人防火墙是防火墙和防病毒的结合。它运行在用户的系统中,并控制其他机器对这台机器的访问。个人防火墙除了具有访问控制功能外,还有病毒检测,甚至有入侵检测的功能,是网络安全防护的一个重要发展方向。

　　(4) 数据加密

　　数据加密作为一项基本技术是所有网络安全的基石。数据加密过程是由形形色色的加密算法来具体实施的,它以很小的代价来提供很大的安全保护。在多数情况下,数据加密是保证信息机密性的唯一方法。

　　一般把受保护的原始信息称为明文,编码后的称为密文。数据加密的基本过程包括对明文进行翻译,译成密文或密码的代码形式。该过程的逆过程称为解密,即将加密的编码信息转化为原来的形式的过程。

　　数据加密常用的方法有两类:保密密钥和公开/私有密钥。在保密密钥中,加密者和解密者使用相同的密钥,也被称为对称密钥加密,这类算法有 DES 和 IDEA。这种加密算法的问题是,用户必须让接收人知道自己所使用的密钥,这个密钥需要双方共同保密,任何一方的失误都会导致机密的泄露,而且在告诉收件人密钥的过程中,还需要防止其他人发现或偷听密钥,这个过程被称为密钥发布。有些认证系统在会话初期用明文传送密钥,这就存在密钥被截获的可能性,所以后来用保密密钥对信息加密。

　　另一类加密技术是公开/私有密钥,与单独的密钥不同,它使用相互关联的一对密钥,一个是公开密钥,任何人都可以知道,另一个是私有密钥,只有拥有该对密钥的人知道。

如果持有私有密钥的人接收到信息,他就可以用他的私有密钥进行解密,而且只有他持有的私有密钥可以解密。这种加密方式的好处显而易见,密钥只有一个人持有,也就更加容易进行保密,因为不需要在网络上传送私人密钥,也就不用担心别人在认证会话初期劫持密钥。

(5) 鉴别技术

鉴别技术和数据加密技术有着很紧密的关系。鉴别技术用在安全通信中,用于通信双方互相鉴别对方的身份以及传输数据。鉴别技术保护数据通信的两个方面:通信双方的身份认证和传输数据的完整性。鉴别技术主要使用公开密钥加密算法的鉴别过程,即如果个人用自己的私有密钥将数据加密为密文,那么任何人都可以用相应的公开密钥对密文解密,但不能创建这样的密文,因为没有相应的私有密钥。

数字签名是在电子文件上签名的技术,用于确保电子文件的完整性。数字签名首先使用消息摘要函数计算文件内容的摘要,再用签名者的私有密钥对摘要加密。在鉴别这个签名的时候,先对加密的摘要用签名者的公开密钥解密,然后与原始摘要比较。如果比较结果一致,则数字签名是有效的,也就是说数据的完整性没有被破坏。

身份认证需要每个实体(用户)登记一个数字证书。这个数字证书包含该实体的信息(如用户名、公开密钥)。另外,这个证书应该有一个权威的第三方签名,保证该证书上的内容是有效的。数字证书类似于生活中的身份证。数字证书用于确保证书上的公开密钥属于证书上用户 ID 代表的用户,要鉴别一个人的身份,只要用他的数字证书中的公开密钥就可以了。公钥基础设施 PKI 就是一个管理数字证书的机构,其中包括发行、管理、回收数字证书。PKI 的核心是认证中心 CA,它是证书认证链中有权威的机构,负责对发行的数字证书签名,并对数字证书上的信息的正确性负责。

3. 检测

PDRR 模型中的第二个环节是检测(D)。上面提到防护系统除掉入侵事件发生的条件,可以阻止大多数入侵事件的发生,但是它不能阻止所有的入侵,特别是那些利用新的系统缺陷、新的攻击手段的入侵,因此需要安全策略的第二个安全屏障:检测,即如果入侵发生就可检测出来,这个工具称为入侵检测系统(Intrusion Detection System,IDS)。

入侵检测是防火墙的合理补充,帮助系统对付网络攻击,扩展了系统管理员的安全管理能力(包括安全审计、监视、进攻识别和响应),提高了网络安全基础结构的完整性。它从计算机网络系统中的若干关键点收集信息,并分析这些信息,看看网络中是否有违反安全策略的行为和遭到攻击的迹象。入侵检测被认为是防火墙之后的第二道安全闸门,在不影响网络性能的情况下能对网络进行监视,从而提供对内部攻击、外部攻击和误操作的实时保护。

4. 响应

PDRR 模型中的第三个环节是响应(R)。响应就是已知一个攻击(入侵)事件发生之后,对其进行相应的处理。在一个大规模的网络中,响应工作都是由计算机响应小组这个特殊部门负责的。世界上第一个计算机响应小组 CERT(Computer Emergency Response

Team,计算机紧急情况响应小组),位于美国 CMU 大学的软件研究所(Software Engineering Institute,SEI),于 1989 年建立,是世界上最著名的计算机响应小组。从 CERT 建立之后,世界各国以及各机构也纷纷建立自己的计算机响应小组。我国第一个计算机紧急响应小组 CCERT 于 1999 年建立,主要服务于中国教育和科研网。

入侵事件的报警可以是入侵检测系统的报警,也可以是通过其他方式的汇报。响应的主要工作也可以分为两种,第一种是紧急响应;第二种是其他事件处理。紧急响应就是当安全事件发生时要采取应对措施,其他事件主要包括咨询、培训和技术支持。

5. 恢复

恢复是 PDRR 模型中的最后一个环节。恢复是事件发生后,把系统恢复到原来的状态,或者比原来更安全的状态。恢复也可以分为两个方面:系统恢复和信息恢复。系统恢复指的是修补该事件所利用的系统缺陷,不让黑客再次利用这样的缺陷入侵。一般系统恢复包括系统升级、软件升级和打补丁等。系统恢复的另一个重要工作是除去后门。一般来说,黑客在第一次入侵的时候都是利用系统的缺陷。在第一次入侵成功之后,黑客就在系统中打开一些后门,如安装一个特洛伊木马。

1.3.3 PDRR 网络安全模型术语

在图 1-5 中可以引进时间的概念。

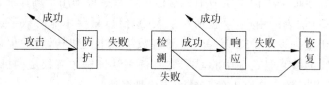

图 1-5 PDRR 网络安全模型

1. 防护时间 P_t

防护时间 P_t 是指从入侵开始到成功侵入系统的时间,即攻击所需时间。高水平的入侵及安全薄弱的系统都能导致攻击的有效性,使防护时间 P_t 缩短。

2. 检测时间 D_t

检测时间 D_t 是指系统安全检测的时间,包括发现系统的安全隐患和潜在攻击检测的时间。改进检测算法和设计可缩短 D_t。适当的防护措施可有效缩短检测时间。

3. 响应时间 R_t

响应时间 R_t 是指包括检测到系统漏洞或监控到非法攻击到系统启动处理措施的时间。例如,一个监控系统的响应可能包括监视、切换、跟踪、报警、反攻等内容。而安全事件的后处理(如恢复、事后总结等)不纳入事件响应的范畴之内。

PDRR 模型用数学公式的方法简明地解析了安全的概念:系统的保护时间应大于系统检测到入侵行为的时间和系统响应时间的和,即 $P_t > D_t + R_t$。也就是在入侵者危害安全目标之前就能够被检测到并及时处理。巩固的防护系统与快速的响应结合起来,就是真正的安全。例如,防盗门只能延长被攻破的时间。如果警卫人员能够在防盗系统被攻破之前作出迅速响应,那么这个系统就是安全的,这实际上给出了安全的一个全新的定义:及时的检测和响应就是安全。根据这样一种安全理论体系可以知道,构筑网络安全的宗旨就是提高系统的防护时间,降低检测时间和响应时间。

4. 系统暴露时间 E_t

系统暴露时间 E_t 是指系统处于不安全状况的时间,等于从检测到入侵者破坏安全目标开始,到将系统恢复到正常状态的时间。系统的暴露时间越长,系统就越不安全。例如,对 Web 服务器上被破坏的页面需要及时检测和恢复。

由 PDRR 模型可以得出这样一个结论:安全的目标实际上就是尽可能地增大保护时间,尽量减少检测时间和响应时间,在系统遭到破坏后,应尽快恢复,以减少系统暴露时间。

网络安全保障体系的建设策略是要采取网络安全防护措施,要具有隐患发现能力、网络响应能力、信息对抗能力。在建立我国的信息安全保障体系时,有人主张在 PDRR 的前面加上预警,在后面加上反击。

(1) 预警

预警的基本宗旨就是根据以前掌握的系统的脆弱性和了解的当前的犯罪趋势,预测未来可能受到的攻击和危害。作为预警,首先要分析威胁来源与方式,分析系统的脆弱性,评估资产与风险,考虑使用什么强度的保护可以消除、避免、转嫁风险,剩下的风险能否承受。如果认为这是能够承受的适度风险,就可以在这个基础上考虑建设系统。在系统建成运转起来后,这个时间段的预警对下个时间段的后续环节能够起到警示作用。例如,如果甲地在这个时间段里了解到黑客攻击、病毒泛滥等因素,乙地得到警示就可提前打好补丁,为下一个时段带来相应的好处。

(2) 反击

反击就是利用高技术工具,提供犯罪分子犯罪的线索、犯罪依据,依法侦查犯罪分子,处理犯罪案件,要求具有取证能力和打击手段,依法打击犯罪和网络恐怖主义分子。需要发展取证、证据保全、举证、起诉、打击等技术,发展媒体修复、媒体恢复、数据检查、完整性分析、系统分析、密码分析破译、追踪等技术工具。

综合安全保障体系可以由实时防御、常规评估和基础设施 3 部分组成。实时防御系统由入侵检测、应急响应、灾难恢复和防守反击等功能模块构成,入侵检测模块对通过防火墙的数据流进行进一步检查,以阻止恶意的攻击行为;应急响应模块对攻击事件进行应急处理;灾难恢复模块按照策略对遭受破坏的信息进行恢复;防守反击模块按照策略实施反击。常规评估系统利用脆弱性数据库检测与分析网络系统本身存在的安全隐患,为实时防御系统提供策略调整依据。基础设施由攻击特征库、隐患数据库以及威胁评估数据库等基础数据库组成,支撑实时防御系统和常规评估系统的工作。

1.3.4 静态数据完整性保护方案

根据 PDRR 模型,对处于存储状态的数据的完整性可以采取如下保护方案。

(1) 以文件为单位确定保护对象并做好记录。

(2) 对每一个保护对象进行某种哈希运算,并记录其哈希值。

（3）对每一个保护对象进行备份。

（4）对每一个保护对象进行访问检测,记录其被修改的情况。

（5）在之后的任何合适的时候对每一个保护对象再做相同的哈希运算,并用新的哈希值与原来的哈希值做比较:如果一致,则不必做任何处理;否则,如果是正常修改,则用新的哈希值取代原来的哈希值并启动备份系统,否则启动恢复系统。

1. 数据结构

为了实现上述方案,必须记录和利用一些相关信息。可以设计出以下 4 张表,表的结构示意如图 1-6 所示。

路径	文件名	…	对象 ID
…	…	…	…
…	…	…	…

（a）保护对象记录表

对象 ID	校验码	…	时间
…	…	…	…
…	…	…	…

（b）对象校验码记录表

对象 ID	备份路径	…	时间
…	…	…	…
…	…	…	…

（c）对象备份记录表

对象 ID	时间	…	合法否
…	…	…	…
…	…	…	…

（d）对象访问记录表

图 1-6　各表的结构示意

（1）保护对象记录表,主要是在保护对象认定子系统中用来认定需要保护的对象。

（2）对象校验码记录表,主要用来记录各保护对象的哈希运算结果,即校验码。

（3）对象备份记录表,主要用来记录各保护对象的备份情况。

（4）对象访问记录表,主要用来记录进程或用户对各保护对象的访问情况,主要是保护对象被进程或用户修改的情况,即进程或用户对保护对象的写操作。

2. 系统模块

完整性保护系统由以下功能模块构成。

（1）保护对象认定模块。

（2）对象备份模块。

（3）对象恢复模块。

（4）对象校验码生成模块。

（5）对象完整性检测模块。

（6）对象访问检测模块。

各功能模块以及各记录表之间的关系如图 1-7 所示。

其中:

（1）对象认定、备份和校验码生成模块构成保护对象认定子系统。

（2）完整性检测、备份、校验码生成和恢复模块构成对象完整性检测子系统。

（3）访问检测模块单独构成对象访问检测子系统。

因此,整个系统由 3 个子系统构成,这 3 个子系统的工作相对独立:保护对象认定子

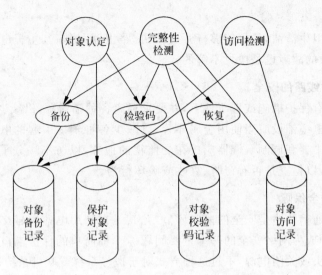

图 1-7　系统模块及各记录表之间的关系

系统可以在任何需要的时候由人工启动；完整性检测子系统既可以在任何需要的时候由人工启动，也可以在系统启动的时候自动启动；访问检测子系统则应由系统在系统启动的时候自动启动。需要指出的是，保护系统用到的数据——包括各种表格以及保护对象的备份——应该放在安全的地方。

1.4　电子商务网络安全保障机制

1.4.1　硬件安全保障机制

对硬件设施要进行全面体检，不同的企业应该有各自的 IT 设备运行与维护的标准和制度，并要求写入制度之中。

1. PC、服务器等设备的维护

（1）PC 检测

需要检测电源、硬盘和网卡等，应用程序和数据需要进行及时的备份。此外，杀毒软件病毒库、安装操作系统的最新补丁包等需要升级更新。

（2）服务器检测

服务器检测需要更为细致，在适当的时候对服务器进行一次冷关机断点，然后对其电源、硬盘、网卡、风扇等进行检查，确保其性能良好。若服务器做了 RAID，一定要检查 RAID 卡和热插拔硬盘工作状态是否正常。此外，数据文件的清理及应用程序的备份也非常重要，确保其有足够的磁盘空间以备份数据资料。

2. 交换机、路由器的检测及其清洁

（1）性能检测

在条件容许的情况下对交换机、路由器进行重启对其功能进行检测，检测的项目包括接口、性能、协议一致性和网络管理等，最好能进行远端检测。

（2）设备清洁

对设备进行卫生清洁，最好能够打开交换机/路由器，清除其主板电路上及其外围的灰尘，因灰尘导致的故障也是屡见不鲜的。

3. 保护传输线路的安全

传输线路应有保护措施或埋于地下，并要求远离各种辐射源，以减少由于电磁干扰引起的数据错误。电缆铺设应当使用金属导管，以减少各种辐射引起的电磁泄漏和对发送线路的干扰。集中器和调制解调器应放在受监视的地方，以防不法分子外连的企图。对连接应定期检查，以检查是否有窃听、篡改或破坏行为。

4. 端口的安全保障

远程终端和通信线路是安全的薄弱环节，尤其是在利用电话拨号交换的计算机网络中，因此端口保护成为网络安全的一个重要问题。一种简单的保护端口安全的方法是在不使用时拔下插头或关闭电源，不过这种方式对于拨号系统或联机系统是不可行的，因此通常采用的方法是利用各种端口保护设备进行保护。

5. 保密教育和法律保护

结合机房、硬件、软件和网络等各个方面的安全问题，对工作人员进行安全教育，提高工作人员的保密意识和责任心。加强工作人员的业务、技术的培训，提高其操作技能。教育工作人员严格遵守操作规程和各项保密规定，不断提高法律意识，防止人为事故的发生。国家应颁布相应的法律，以保护网络安全。

1.4.2　软件安全保障机制

对软件安全需要采用一些技术来保障，如数据加密、访问控制、鉴别机制、数字签名、选择机制、信流控制。

1. 数据加密

数据加密是网络中采用的最基本的安全技术。关于网络中的数据加密，除了需要选择加密算法和密钥之外，主要问题是加密方式、实现加密的网络协议层、密钥的分配及管理。网络中的数据加密方式有链路加密、节点加密和端对端加密等，数据加密可以在 OSI 协议参考层的多个层次上实现。数据加密算法常用的有 DES、AES、IDEA、RSA 和 PGP 等多种。

2. 访问控制

访问控制是从计算机系统的处理能力方面对信息提供保护，它按照事先确定的规则决定主体对客体的访问是否合法。当一个主体试图非法使用一个未经授权的资源时，访问控制机制将拒绝这一访问，并将这一事件报告审计跟踪系统。审计跟踪系统将给出报警，并记入日志档案。对文件和数据库设置安全属性，对其共享的程序予以划分，通过访问矩阵来限制用户的使用方式，如只读、只写、读/写、可修改、可执行等。数据库的访问控制还可以分为库、结构文件、记录和数据项 4 级进行。

3. 鉴别机制

鉴别是为每一个通信方查明另一个实体身份和特权的过程。它是在对等实体间交换认证信息,以便检验和确认对等实体的合法性,这是访问控制实现的先决条件。鉴别机制可采用报文鉴别,也可以采用数字签名或终端识别等多种方式。

报文鉴别是在通信双方建立联系后,由每个通信者对收到的信息进行验证,以保证所收到信息的真实性的过程,也就是验证报文的完整性。一旦得到这种鉴别信息,并且其准确性和完整性有保证,那么本地用户或系统就可以做出适当的判断——什么样的数据可以发送给对方。

4. 数字签名

数字签名是一个密文收发双签字和确认的过程。所用的签署信息是签名者所专有的、秘密的和唯一的,而对接收方检验该签署的信息和程序则是公开的。所谓数字签名就是通过某种密码运算生成一系列符号及代码组成电子密码进行签名,来代替书写签名或印章,对于这种电子式的签名还可进行技术验证,其验证的准确度是一般手工签名和图章的验证无法比拟的。数字签名是目前电子商务、电子政务中应用最普遍、技术最成熟、可操作性最强的一种电子签名方法。它采用了规范化的程序和科学化的方法,用于鉴定签名人的身份以及对一项电子数据内容的认可。它还能验证出文件的原文在传输过程中有无变动,确保传输电子文件的完整性、真实性和不可抵赖性。

5. 选择机制

在一个网络中,从源节点到目的节点可能有多条路径,一些路径可能是安全的,而另一些路径可能是不安全的。路由选择机制可以使信息的发送者选择特殊的路径,以保证数据的安全。路由选择机制实际上就是流向控制。在一个大型网络系统中,选择一条安全路径是一个重要问题。这种选择可以由用户提出申请,在自己的程序和数据前打上路由标志;也可以由网络安全控制机构在检测出不安全路由后,通过动态调整路由表,限制某些不安全通路。

6. 信流控制

信流攻击是一种特殊的被动型攻击。攻击方通过分析网络中某一路径的信息流量和流向,就可以判断出某事件的发生。例如,在军用网络中发现某一站点的报文流量突然激增,由此便可以判断某地发生了某种军事行动。为了对付这种攻击,可在某些站点间传送信息时,持续地传送伪随机数据,使攻击方不知道哪些是有用信息,哪些是无用信息,从而挫败通信流分析攻击。信息流的安全控制包括掩盖通信的频率、掩盖报文的长度、掩盖报文的形式、掩盖报文的地址等。

1.4.3　电子商务网络安全体系

电子商务的安全体系结构涉及安全基础设施、安全机制、安全服务和电子商务应用系统,还有法律、法规等,如图1-8所示。

1. 加强电子商务法律体系的建设

为了保证电子商务的交易安全,世界各国都加强了法律、法规建设,利用司法力量,规范电子商务的交易行为。目前我国对电子商务具有重大影响的行政法规有以下两部。

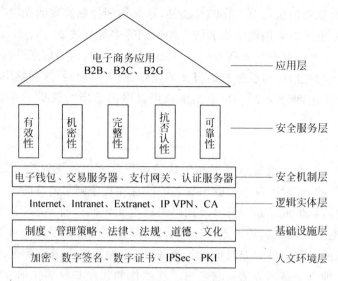

图 1-8　电子商务的安全体系结构

（1）由国务院颁布的《中华人民共和国计算机信息网络国际联网管理暂行规定》（以下简称《规定》）。

（2）由公安部颁发的《计算机信息网络国际联网安全保护管理办法》（以下简称《办法》）。

我国境内任何单位和个人的计算机信息网络国际联网安全保护均适用于《规定》和《办法》。《规定》和《办法》主要针对加强国际因特网出入信道的管理、市场准入、安全管理制度和安全责任以及行为处罚这些问题，而其他方面涉及很少。

在网上做生意避免不了发生纠纷，而网上纠纷又有其独特性。Internet 是一个缺乏"警察"的信息公路，它缺少协作和管理，信息的跨地区和跨国界的传输又难以公证和仲裁，而如果没有一个成熟的、统一的法律系统进行仲裁，纠纷就不可能解决。那么，这个法律系统究竟应该如何制定，由谁来制定，应遵循什么样的原则，其效力如何保证，这些都是现在制定法律时应该考虑的问题。

同时，电子商务的发展要求对原有法律概念进行变革和增加新的内容。从法律角度出发，就有一个怎样修改并发展现有的合同法以适应电子商务需要的问题；电子商务中采用电子支付方式，通过无纸化的电子票据进行结算，而我国现行的《中华人民共和国票据法》并不承认经过数字签章的非纸质电子票据的支付和结算方式；电子商务实施中涉及参与交易各方之间的关系和纠纷以及交易中的各种安全等问题，原有法律、法规条文没有涉及或有涉及但不完全适用的，都应根据新的情况进行修改补充或重新制定，这样才能使电子商务活动有法可依，健康发展。

2. 网络的安全目标

网络的安全目标包括以下几方面。

（1）防止未授权的数据被修改、窃取。

（2）防止未经发觉的遗漏或重复数据。

（3）防止利用隐含通道窃取机密信息。

（4）防止未授权地泄露数据。

（5）确保数据的发送者正确无误。

（6）确保数据的接收者正确无误。

（7）根据保密要求与数据来源对数据做标记，数据的发送者、接收者以及交换员仅仅对发送者与接收者是可见的，以确定用户的合法性。

（8）提供可供安全审计的网络通信记录，防止对用户进行欺骗。

（9）可对独立的第三方证明通信过程已经实现。

（10）在取得明确的可访问系统的许可（授权）后，才能与该系统通信。

3. 网络安全的服务功能

（1）对等实体认证服务

对等实体认证服务用于两个开放系统同等层中的实体建立连接或数据传输阶段，对对方实体的合法性、真实性进行确认，以防假冒。

（2）访问控制服务

访问控制服务用于防止用户非法使用系统资源，它既包括用户身份的确认，也包括用户权限的确认。

（3）数据保密性服务

数据保密性服务是为了防止数据被截获或非法访问而泄密所提供的加密保护。由于开放系统互联参考模型中规定数据传输可采用连接方式和无连接方式，数据保密性服务也提供连接方式和无连接方式，为了方便用户，该服务提供了可选字段的数据保护及流量填充服务。

（4）数据完整性服务

数据完整性服务用于防止非法实体对所交换数据进行修改、插入、删除以及数据在数据交换过程中丢失，数据完整性服务分为带恢复功能的连接方式数据完整性、不带恢复功能的连接方式数据完整性、选择字段的连接方式数据完整性、选择字段的无连接方式数据完整性和无连接方式数据完整性。总之，数据完整性服务提供多种完整性服务，以适应用户的不同要求。

（5）信息流安全服务

信息流安全服务用于确保信息在从源节点到目的节点的整个流通过程中是安全的。它通过路由选择使信息流经过安全路径，通过数据加密使信息流不被泄露，通过信息流量填充阻止敌方的流量分析和流向分析攻击。

（6）数据源点认证服务

数据源点认证服务用于确保数据发自真正的源点，以防假冒。

（7）制止否认服务

制止否认服务用于制止发送方在发送数据后否认发送过数据的事实和发送数据的内容，制止接收方收到数据后否认收到数据的事实以及收到数据的内容，即向独立的第三方提供数据的来源和数据传递的证明。

1.4.4 网络安全形势及应对措施

1. 当前网络安全形势日益严峻

现如今,全球网民数量已接近 7 亿,网络已经成为人们生活离不开的工具,经济、文化、军事和社会活动都强烈地依赖于网络。网络环境的复杂性、多变性以及信息系统的脆弱性、开放性和易受攻击性,决定了网络安全威胁的客观存在。人们在享受到各种生活便利和沟通便捷的同时,网络安全问题也日渐突出,形势日益严峻。网络攻击、病毒传播、垃圾邮件等迅速增长,利用网络进行盗窃、诈骗、敲诈勒索、窃密等案件逐年增加,严重影响了网络的正常秩序,严重损害了网民的利益;网上色情、暴力等不良和有害信息的传播,严重危害了青少年的身心健康。网络系统的安全性和可靠性正在成为世界各国共同关注的焦点。

(1) 网络安全问题已经成为困扰世界各国的全球性难题。2009 年美国国防部遭受的网络袭击总共达到 3.6 亿次,相比于 2006 年的 600 万次,增加了 59 倍。仅仅在 2009 年下半年,美国为修复这些攻击带来的破坏至少已经花费了 1 亿美元。无独有偶的是,中国国防部网站上线首月即遭 230 万次攻击,力拓案牵扯出信息泄密漏洞更是让中国蒙受了 7000 亿元的损失,网络安全问题已经成为困扰全球的重大难题。

(2) 我国网络防护起步晚、基础差,解决网络安全问题刻不容缓。根据中国因特网信息中心 2010 年第 25 次发布的统计报告显示,我国因特网用户达到 3.84 亿人,网民数和宽带上网人数均居全球第二。同时,网络安全风险也无处不在,各种网络安全漏洞大量存在和不断被发现,计算机系统遭受病毒感染和破坏的情况相当严重,计算机病毒呈现出异常活跃的态势。面对网络安全的严峻形势,我国的网络安全保障工作尚处于起步阶段,基础薄弱,水平不高,网络安全系统在预测、响应、防范和恢复能力方面存在许多薄弱环节,安全防护能力不仅大大低于美国、俄罗斯和以色列等信息安全强国,而且排在印度、韩国之后。在监督管理方面缺乏依据和标准,监管措施不到位,监管体系尚待完善,网络信息安全保障制度不健全,责任不落实,管理不到位。网络信息安全法律、法规不够完善,关键技术和产品受制于人,网络信息安全服务机构专业化程度不高,行为不规范,网络安全技术与管理人才缺乏。

(3) 企业用户防范意识淡薄,网络安全问题随处可见。安全意识淡薄一直是网络安全的瓶颈,从企业到个人普遍存在侥幸心理,没有形成主动防范、积极应对的全民意识,网络安全处于被动的封堵漏洞状态,无法从根本上提高网络监测、防护、响应、恢复和抗击能力,在迅速反应、快速行动和预警防范等主要方面,更是缺少方向感、敏感度和应对能力,具体表现在以下几个方面。

① 网络门户多数敞着。各部门、企事业单位在构建自己的网络门户时,对防范攻击、保障安全等一系列问题意识淡薄。

② 管理混乱。网络常处于失控状态,目前,全国各地各部门、企事业单位网络应用安全隐患多数是人为造成的。据不完全调查,很多信息网络应用单位花费数十万元到数百万元买回设备,但构筑好网络平台后,却在管理上处于失控状态。最常见的问题是,该下载的补丁不下载,导致系统漏洞长期存在;该升级的防火墙不升级,导致系统防范攻击能力下降。

③ 技术能力低，面对攻击无能为力。要保障网络安全，技术是根本力量。在遭遇到各种攻击、病毒感染时，系统管理员的技术能力决定了信息网络应用单位构筑的网络能支持多久。而导致系统管理员整体技术不高的原因往往是经济。据不完全的调查，在很多网络应用单位中，从事网络管理工作的人员，由于技术上的弱点，正使网络暴露在攻击之下。例如，某地某部门网站遭到黑客攻击，主页被改得一塌糊涂。系统管理员在无法恢复的情况下，报警救助网络 110。网警赶到现场后，通过技术手段，中止了黑客攻击，恢复了网站正常运行。但没想到，刚一离开，该网站又被黑客换了一种方法攻陷了。

2．主要应对措施

（1）通信主管部门进一步加大行业监管力度，不断提升政府的管理职能和效率。通信主管部门应立足长远，因地制宜，对网络安全进行战略规划，在技术相对弱势的情况下，采用非对称战略构建网络安全防御体系，利用强化管理体系来提高网络安全整体水平。同时通过进一步理顺职能部门责权关系，逐步改变主管、监管部门职能不匹配、重叠、交叉和相互冲突等不合理状况，为网络安全工作的有效开展创造最佳的监管环境。

① 发挥监管部门的主导作用，不断强化和充实管理职能。

② 尽快建立和完善与网络信息安全相关的规章制度。

③ 着眼建立与国际接轨的网络安全长效管理机制。

④ 组织企业及相关部门深入开展网络安全调研工作，及时研究、制定相关的管理措施和办法。

（2）电信基础运营企业进一步强化责任意识。网络安全不仅赋予通信行业在未来信息社会中的更多责任，也对电信基础运营企业构建面向信息社会的高可靠性、安全的网络提出了前所未有的挑战。面对历史的呼唤，通信人理应责无旁贷地肩负起建设更高质量、更安全的网络的重任，打造出一个可靠、安全、稳定的高质量电信网络，为整个信息社会的不断发展提供强大支撑和基础保障。

① 增强对网络安全重要性的认识。

② 强化安全风险意识，坚持积极防御、综合防范的方针。

③ 尽快建立健全的、行之有效的安全运行机制。

④ 不断创新网络安全防范技术，做到防患于未然。

⑤ 注重教育和培训，进一步提高网络人员的安全防护技能。

（3）电信增值运营企业积极唱响文明办网的主旋律。网络安全的概念和内涵不仅包含病毒侵入、逻辑炸弹、黑客攻击、信息泄露等信息安全，而且还包含政治和道德安全，或者说网络环境健康。以实际行动把因特网站建设成为传播先进文化的阵地、虚拟社区的和谐家园，同样是电信增值运营企业的工作重点。

① 明辨是非，积极倡导文明办网。

② 营造积极向上、和谐文明的网上舆论氛围。

③ 强化行业自律，提高行业管理水平。

④ 积极引导广大网民特别是青少年健康上网。

（4）动员社会一切力量，积极投入到营造和谐、安全、稳定的网络环境中来。网络安全问题不能依靠一个国家、一个企业或一种技术来解决，它涉及方方面面，是一个跨部门、跨行业、跨地区、跨国界的带有全球性的问题,是一项牵涉到政府、企业、个人和国际合作的复杂工程,需要各地区、各部门和全社会、每个人共同关心、积极参与、携手面对。

① 政企社会携手互动,是维护网络安全的现实需要。

② 政府主管及相关部门相互配合、齐抓共管、形成合力。

③ 积极营造宣传舆论氛围,确保各项管理制度落到实处。

3. 网络安全的法律保障机制

(1) 确立网络安全的保护理念

为使国家的政策法律能够适应社会存在的现实和需求,需要确立法制建设要保障和促进国家的信息化发展、法制建设为社会信息化发展提供全面服务的指导思想,修正传统的立法理念,从彻底改革国家传统的经济体制和保障机制入手,改变落后的调整方法,把信息网络安全法制保障的重点从单纯的规范和控制转移到首先为信息化的建设与发展扫障铺路上来,以规范发展达到保障发展,由保障发展促进发展,构筑促进国家信息化发展的社会环境,形成适于信息网络安全实际需要的法治理念。

(2) 构建完整的网络安全法律体系

信息化的社会秩序主要由 3 个基础层面的内容所构成,即信息社会活动的公共需求、信息社会生活的基本支柱和信息社会所特有的社会关系。国家信息化建设所应有的政策法律环境也就必然是由对应的指导政策、技术标准和法律规范 3 项内容所共同构建的三位一体的能够发挥促进、激励和规范作用的有机体系。

(3) 提高网络安全法律效率

信息网络安全政策法律的促进作用不应仅仅是被动适应和滞后,更多地还应表现为对技术的主动规范性和前瞻性。网络安全政策法律必须促进信息技术的进步,因此要强化网络安全政策法律的效率。在制定政策和创设法律时应当注意政策和法律符合技术的特殊要求,同时为技术的发展和完善预留空间,排除可能阻碍技术发展的可能性,提高法律对信息社会的适应性。

(4) 借鉴国际信息安全的立法并加强合作

由于信息化建筑在因特网的国际互联基础之上,信息网络的政策和法律就必然具有国际化的属性,在制定政策和法律的时候,应该特别注意和现有的国际规则的兼容,包括在立法思想、方式方法上和具体法律规定等各方面的相互兼容;要积极主动地参与国际规则的创设,维护我国的实际利益。

习题一

一、判断题

1. 资源共享观点将计算机网络定义为"以能够相互共享资源的方式互联起来的自治计算机系统的集合"。　　　　　　　　　　　　　　　　　　　　　　　　　(　　)

2. 网络系统都具有一些共同的特点,就是可靠性高、可扩充性强、易于操作、不易维护、效率高、成本低,可实现资源共享等。　　　　　　　　　　　　　　　　(　　)

3. 网络安全包括物理安全、网络安全、数据安全、信息内容安全、信息基础设施安全

与公共、国家信息安全、网络民众安全。　　　　　　　　　　　　　　　（　　）

4. 一个安全的网络通信必须考虑：设计执行安全相关的加密算法、用于加密算法的秘密信息（如密钥）、秘密信息的发布和共享、使用加密算法和秘密信息以获得安全服务所需的协议等几个方面。　　　　　　　　　　　　　　　　　　　　　　（　　）

5. PDRR 网络安全模型概括了网络安全的整个环节，即保护（Protect）、检测（Detect）、响应（React）、恢复（Restore）。　　　　　　　　　　　　（　　）

6. 保护时间 P_t 是指从入侵开始到成功侵入系统的时间，即保护所需的时间。（　　）

7. 对 PC 进行检测，包括检测电源、硬盘和网卡等，应用程序和数据需要进行及时的备份。　　　　　　　　　　　　　　　　　　　　　　　　　　　　（　　）

8. 对软件安全需要用一些技术来保障，如数据加密、访问控制、鉴别机制、数字签名、选择机制、信流控制等。　　　　　　　　　　　　　　　　　　　　（　　）

9. 访问控制是从计算机系统的处理能力方面对信息提供保护的，它按照事先确定的规则决定主体对客体的访问是否合法。　　　　　　　　　　　　　　（　　）

10. 电子商务的安全体系结构涉及安全基础设施、安全机制、安全服务和电子商务应用系统，还有法律、法规、民众的文化等。　　　　　　　　　　　　　　（　　）

二、填空题

1. 网络安全泛指网络系统的_____、_____及其系统中的_____，不受偶然的或者_____原因而遭到_____、更改、泄露。

2. 网络安全包括系统安全和信息安全两个部分。系统安全主要指_____、操作系统和_____的安全；信息安全主要指各种_____、_____的安全，具体体现在_____、_____及_____上。

3. 网络安全包括_____、_____、_____、信息内容安全、_____与_____。

4. 影响网络安全的因素有_____、_____、_____、配置不当、_____、_____、_____等。

5. 计算机网络安全的威胁包括_____、_____、_____、未授权访问、_____、_____、_____等几个方面。

6. 威胁网络安全的主要方法有_____、_____、_____、利用受托访问的攻击、_____、_____、_____等。

7. 网络安全的威胁和攻击可能来自_____、_____、_____等几方面。

8. 网络安全策略分成_____、_____、_____、_____4 个部分。

9. 对软件安全需要用一些技术来保障，如_____、_____、鉴别机制、_____、_____、_____等。

10. 电子商务的安全体系结构涉及_____、_____、安全服务、_____、_____等。

三、思考题

1. 简述计算机网络的定义。

2. 简述计算机网络的功能。

3. 简述计算机资源子网和通信子网的组成部分。

4. 简述计算机网络类型。

5. 简述网络安全的含义。

6. 简述网络安全内容。

7. 简述影响网络安全的几个因素。

8. 简述计算机网络安全的几个威胁。

9. 简述网络安全基本模型。

10. 简述 PDRR 网络安全模型。

11. 简述硬件安全保障机制。

12. 简述软件安全保障机制。

13. 简述网络安全结构模型。

14. 简述网络安全法律保障机制。

第 2 章

网络体系结构与协议

计算机网络是由多个互联的相互独立的计算机组成的,计算机之间要不断地交换数据和控制信息。要做到有条不紊地交换数据,每个计算机用户都必须遵守事先约定好的规则,这些规则明确地规定了所交换数据的格式和时序。这些为进行网络数据交换而建立的规则、约定或标准称为网络协议。网络协议依赖于网络体系结构,由硬件和软件协同工作以实现计算机之间的通信。本章主要介绍此方面的内容,通过本章的学习,要求:

(1) 掌握网络体系结构。

(2) 掌握 OSI 参考模型。

(3) 掌握 OSI 数据链路层的基本概念。

(4) 掌握 OSI 网络层的基本概念。

(5) 掌握 OSI 传输层的基本概念。

2.1 网络体系结构

2.1.1 网络体系结构概述

1. 网络体系结构的定义

计算机网络系统是由多个互联的节点组成的,各节点可以是计算机或各类终端通信介质连接起来的复杂系统。节点与节点之间的距离视网络类型而定,局域网类型中的节点可能在一间房屋与另一间房屋之间,也可能在一幢大楼与另一幢大楼之间,而广域网类型中的节点可能在一个城市与另一个城市之间,也可能在一个国家与另一个国家之间。因此,节点之间相互交换数据和控制信息时,都必须遵守一些事先约定好的规则,这些规则明确地规定了所交换数据的格式和时序,这些为网络数据交换而制定的规则、约定、标准称为网络协议(Network Protocol)。例如,OSI 网络协议、IEEE 802 网络协议、TCP/IP 网络协议等。

一个网络协议主要由语法、语义、时序三要素组成。

(1) 语法指的是用户数据与控制信息的结构与格式。

(2) 语义指的是需要发出何种控制信息,以及完成的动作与做出的响应。

（3）时序指的是对事件顺序的详细说明。

网络协议对计算机网络是必不可少的，一个功能完备的计算机网络需要制定一套复杂的协议集，对于复杂的计算机网络协议最好的组织方式是层次结构模型。将计算机网络层次结构和各层协议的集合定义为计算机网络体系结构（Network Architecture）。网络体系结构对计算机网络应该实现的功能进行了精确的定义，而这些功能是用什么样的硬件与软件去完成的，则是具体的实现问题。

目前国内流行4种类型的局域网络体系结构，即以太网（Ethernet）结构、令牌环网（Token Ring）结构、星型网（ARCnet）结构以及光纤分布式数据网（Fiber Distributed Data Interface，FDDI）结构。

2. 层次

层次（Layer）是人们处理复杂问题时采用的基本方法。一般人们对于一些难以处理的复杂问题，通常采用分级处理，即将它分解为若干个较容易处理的小一些的问题。层次结构体现出对复杂问题采用"分而治之"的模块化方法，它可以大大降低处理复杂问题的难度。

3. 接口

接口（Interface）是同一节点内相邻层之间交换信息的连接点。同一个节点的相邻层之间存在着明确规定的接口，低层通过接口向高层提供服务。只要接口条件不变，低层功能不变，低层功能的具体实现方法与技术的变化不会影响到整个系统的工作。因此，接口同样也是计算机网络实现技术中一个重要与基本的概念。

2.1.2 网络的标准化组织

1. 概述

计算机网络就是将独立的计算机和终端设备等实体通过通信线路连接起来的复合系统，在这个系统中，由于计算机的机型不同、终端各异，线路类型、连接方式、通信方式等不同，给网络中各节点间的通信带来了很多的不便，不同厂家不同型号计算机的通信方式各有差异，通信软件需要根据不同情况进行开发，特别是异型网络的互联，这不仅涉及基本数据的传输，同时还涉及网络的服务和应用等问题。为实现彼此间的通信，就需要有支持计算机间通信的硬件和软件，而各种不同型号的计算机之间的通信硬件和软件标准不一，开发研制就更为复杂。为了简化对复杂计算机网络的研制工作，各厂家需要有一个共同遵守的标准。采用的基本方法是针对计算机网络所执行的各种功能，设计出一种网络系统结构层次模型，这个层次模型包括两个方面的内容。

（1）将网络功能分解为许多层次，在每个功能层次中，通信双方共同遵守许多约定和规程以免混乱，称其为同层协议。

（2）层次之间逐层过渡，前一层次做好进入下一层次的准备工作，这个规则称为接口协议。接口协议可以用硬件来实现，也可以用软件来实现。

网络上所用到的标准是由某些团体组织所制定的，而这些团体组织可能是专业团体，也可能是政府或国际性的公司等。下面介绍3个制定网络标准的组织。

2. ISO 组织

国际标准化组织 ISO(International Standards Organization)是世界上最为著名的国际标准组织之一,它主要由美国国家标准组织 ANSI(American National Standards Institute)与其他国家的国家标准组织代表所组成。ISO 对网络最主要的贡献是为开放式系统互联 OSI(Open Systems Interconnection)建立了 7 层通信网络参考模型。

3. IEEE 组织

国际电子和电气工程师协会 IEEE(The Institute of Electrical and Electronic Engineer)是世界上最大的专业组织之一,对网络而言,IEEE 做了一项很大的贡献,即 IEEE 802 协议的定义。IEEE 802 主要用于定义局域网,比较著名的有 IEEE 802.3 的 CSMA/CD 与 IEEE 802.5 的令牌环。

4. ARPA 组织

ARPA(Advanced Research Projects Agency,美国国防部高级研究计划署)从 20 世纪 60 年代开始就不断致力于研究不同种类计算机间的互相连接,其内容是分组交换设备、网络通信协议、网络通信与系统操作软件等,1979 年,ARPA 的研究人员投入到 TCP/IP 协议的研究与开发之中,成功地开发出著名的 TCP/IP(Transmission Control Protocol/Internet Protocol,传输控制协议/网际协议)与 FTP(File Transfer Protocol,文件传输协议)。

2.1.3　开放系统互联参考模型(OSI)

1. OSI 标准

OSI 通信标准是由国际化组织 ISO 在 1979 年建立的一个分委员会专门研究的一种用于开放系统的体系结构,提出了 OSI 模型,这是一个定义连接异种计算机的标准主体结构。由于 ISO 组织的权威性,使 OSI 协议成为广大厂商努力遵循的标准。OSI 为连接分布式应用处理的“开放”系统提供了基础,“开放”这个词表示能使任何两个遵守参考模型和有关标准的系统都具备互联的能力。

OSI 标准分为三大类型,具体如下。

(1) 总体标准,具有总体指导作用。

(2) 面向各种应用的基本标准,用于定义层与层之间的接口关系和不同系统间同层的通信规则等。

(3) 功能标准,是为满足特定应用而从基本标准中选择的标准集合。

2. OSI 划分层次的原则

提供各种网络服务功能的计算机网络系统是非常复杂的,根据分而治之的原则,OSI 将整个通信功能划分为 7 个层次,划分层次的原则如下。

(1) 网络中的各节点都有相同的层次。

(2) 不同节点的同等层具有相同的功能。

(3) 同一节点内相邻层之间通过接口通信。

（4）每一层可以使用下层提供的服务，并向其上层提供服务。

（5）不同节点的同等层按照协议来实现对等层之间的通信。

3. OSI 参考模型简介

OSI 根据以上原则制定的开放系统互联参考模型结构如图 2-1 所示。

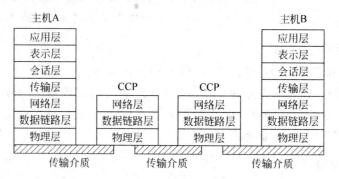

图 2-1 开放系统互联参考模型 OSI

OSI 采用了分层的结构化技术。ISO 分委员会的任务是定义一组层次和每层所完成的服务，层次的划分应该从逻辑上将功能分组。层次应该足够多，以使每一层小到易于管理，但是也不能太多，否则汇集各层的处理开销会太大。OSI 模型共有 7 层，分别是物理层、数据链路层、网络层、传输层、会话层、表示层、应用层。两个主机之间进行传输时，每层都有一个标准协议，通过标准协议的有关规定达到数据畅通的目的。

4. OSI 参考模型各层的主要功能

OSI 采用了分层的结构化技术，参考模型共分为 7 个层次。下面分别介绍各层的主要功能。

（1）物理层

物理层（Physical Layer）处于 OSI 参考模型的最低层，该层主要功能是利用物理传输介质为数据链路层提供物理连接。它会按照传送介质的电气机械特性的不同而采用不同的格式，传送单位是 bit，并将信息按位逐一从一个系统经物理通道送往另一个系统。

（2）数据链路层

数据链路层（Data Link Layer）位于第二层，该层主要功能是负责信息传送到目标的字符编码、信件格式、接收和发送过程等，检测和校正在物理层上传输可能发生的错误，其网络产品最多的是网卡。

数据链路层解决的主要问题是，发送方把需要发送的数据分别装在多个数据帧里，然后顺序地发送每一帧，并且处理接收方回送的确认帧。由于物理层只接收和发送比特流，并不考虑比特流的意义和结构，因此数据链路层需要产生和识别帧边界，这是通过在帧的前头和末尾附加上特殊的二进制编码来实现的。

（3）网络层

网络层（Network Layer）位于第三层，该层主要功能是负责网络内任意两个通信子网间的数据交换，为信息的路由提供选择方案。

　　网络层解决的主要问题是,对主机发来的报文进行检查,并且给予认可,然后把报文转换成报文分组,确定从源地到目的地的路径,再把报文分组按照选定的路径发向目的地。

　　(4) 传输层

　　传输层(Transport Layer)位于第四层,该层主要功能是负责接收高层的数据,并将数据分成较小的信息单位传送到网络层,实现两传输层间无差错地传送。

　　传输层解决的主要问题是,接收从会话层发出的数据,根据需要把数据划分为许多很小的单元,即报文,传送给网络层。

　　(5) 会话层

　　会话层(Session Layer)位于第五层,该层主要功能是负责不同机器上用户的会话关系。会话层解决的主要问题是,把要求建立会话的用户所提供对话的用户地址转换成相应的传送开始地址,以实现正确的传送连接。

　　(6) 表示层

　　表示层(Presentation Layer)位于第六层,该层主要功能是负责对用户进行各种转换的服务。表示层解决的主要问题是,用标准编码方式对数据进行编码,对该数据结构进行定义,并管理这些数据。

　　(7) 应用层

　　应用层(Application Layer)位于第七层,是 OSI 的最高层,该层主要功能是提供各用户访问网络的接口,为用户提供在 OSI 环境下的服务。应用层解决的主要问题是,实现网络虚拟终端的功能与实现用户终端功能之间的映射,依照不同的应用环境,提供文件传送协议,提供电子邮件、远程任务录入、图形传送协议、公用电信服务和其他各种通用的或专用的功能。

2.1.4　局域网协议

1. LAN 标准

　　LAN(Local Area Network)标准是由国际电子与电气工程师协会 IEEE 下设的 IEEE 802 委员会研究的一种用于局域网上的数字设备连接的标准,所制定的 IEEE 802 局域网标准已得到了 ISO 的采纳。

　　IEEE 802 委员会是由 IEEE 计算机学会于 1980 年 2 月成立的,其目的是为局域网内的数字设备提供一套连接的标准,后来又扩大到城域网(MAN)。

　　LAN 标准包括以下内容。

　　(1) IEEE 802.1A:体系结构。

　　(2) IEEE 802.1B:寻址、网间互联和网络管理。

　　(3) IEEE 802.2:逻辑链路控制 LLC。

　　(4) IEEE 802.3:以太网 CSMA/CD 访问控制方法和物理层技术规范。

　　(5) IEEE 802.4:令牌总线访问控制方法和物理层技术规范。

　　(6) IEEE 802.5:令牌环访问控制方法和物理层技术规范。

　　(7) IEEE 802.6:城域网访问控制方法和物理层技术规范。

　　(8) IEEE 802.7:宽带局域网。

（9）IEEE 802.9：综合业务 LAN 接口。

（10）IEEE 802.10：LAN & MAN 安全数据交换。

（11）IEEE 802.11：无线 LAN 介质访问控制方法和物理层技术规范。

（12）IEEE 802.12：优先度要求的访问控制方法。

2．LAN 参考模型简介

IEEE 802 LAN & MAN 参考模型如图 2-2 所示。

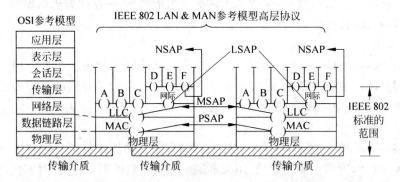

图 2-2　IEEE 802 LAN & MAN 参考模型

该模型仿照了国际标准化组织 OSI 提出的参考模型 OSI/RM，IEEE 802 标准包括了 OSI/RM 最低两层（物理层和数据链路层）的功能，也包括网间互联的高层功能和管理功能。

图 2-2 中的 SAP(Service Access Point)为服务访问点，主要用来定义上下层间的通信接口；LLC(Logical Link Control)为逻辑链路控制子层，主要用来建立逻辑链路，并提供差错恢复和流量控制功能；MAC(Media Access Control)为介质访问控制子层，主要用来完成介质访问控制功能。

2.1.5　广域网协议

1．TCP/IP 的发展

TCP/IP 通信标准是由美国高级研究计划署首先开发的 ARPAnet 网络模式，ARPAnet 最初使用的协议为"网络控制程序"（Network Control Program，NCP），它在 1980 年被 DCA 和 DARPA 研制成功的 TCP/IP 协议所取代。

TCP 协议最早由斯坦福大学的两名研究人员于 1973 年提出。1983 年，TCP/IP 被 UNIX 4.2 BSD 系统采用。随着 UNIX 的成功，TCP/IP 逐步成为 UNIX 机器的标准网络协议。Internet 的前身 ARPAnet 最初使用 NCP（Network Control Protocol）协议，由于 TCP/IP 协议具有跨平台特性，ARPAnet 的实验人员在对 TCP/IP 进行改进以后，规定连入 ARPAnet 的计算机都必须采用 TCP/IP 协议。随着 ARPAnet 逐渐发展成为 Internet，TCP/IP 协议就成为 Internet 的标准连接协议。

2．TCP/IP 的特点

Internet 上的 TCP/IP 协议之所以能迅速发展，不仅仅因为它是美国军方指定的协议，更重要的是它恰恰适应了世界范围内数据通信的需要。TCP/IP 具有以下几个特点。

（1）开放的协议标准，可以免费使用，并且独立于特定的计算机硬件与操作系统。

（2）把网络 IP 地址字段扩展到 16 字节，允许有超过 160 亿个网络地址。

（3）提供预定带宽服务。

（4）独立于特定的网络硬件，可以运行在局域网、广域网中，更适用于因特网中。

（5）统一的网络地址分配方案，使得整个 TCP/IP 设备在网中都具有唯一的地址。

（6）标准化的高层协议，可以提供多种可靠的用户服务。

（7）支持移动用户和新型网络终端设备。

3. TCP/IP 参考模型

TCP/IP 协议分层包括层次结构和对各层次功能的描述，TCP/IP 的层次比 OSI 参考模型的少，图 2-3 所示的是 TCP/IP 参考模型与 OSI 参考模型的层次对应关系。

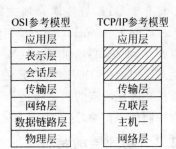

图 2-3 TCP/IP 与 OSI 参考模型

4. TCP/IP 的层次

（1）TCP/IP 中的最低层，主机—网络层相对应于 OSI 的物理层和数据链路层。

（2）TCP/IP 中的最高层，应用层与 OSI 应用层相对应。

（3）TCP/IP 中的传输层对应于 OSI 中的传输层。

（4）TCP/IP 中的互联层对应于 OSI 中的网络层。互联层的主要功能是负责将源主机的报文分组发送到目的主机，源主机与目的主机可以在一个网上，也可以在不同的网上。它的功能主要包括以下 3 个方面的内容。

① 处理来自传输层的分组发送的请求。

② 处理接收的数据报文。

③ 处理互联的路由、流控与拥塞问题。

2.2 OSI 物理层

2.2.1 物理层的基本概念

1. 物理层的定义

物理层是 OSI 参考模型的最低层，向下直接与物理传输介质相连接，向上与数据链路层相连接。设立物理层的目的是实现两个网络物理设备之间的透明二进制比特流传输，对数据链路层起到屏蔽传输介质的作用。物理层中的协议是所有网络设备进行互联时必须遵守的最低层协议。国际标准化组织 ISO 在其"开放系统互联"的 7 层参考模型中对物理层的定义如下：

物理层为启动、维护和释放数据链路层实体之间二进制比特传输的物理连接提供了机械的、电气的、功能的和规程的特性。这种物理连接可以通过中间系统，每次都在物理层内进行中继的二进制位传输，允许进行全双工或半双工的二进制比特流的传输。物理层的数据服务单元为比特(即二进制位),可以通过同步方式或异步方式进行传输。

2. DTE 与 DCE

(1) DTE

在几种常用的物理层标准中,通常将具有一定数据处理能力和具有发送及接收能力的设备称为数据终端设备 DTE(Data Terminal Equipment)。这种设备通常可以是一台计算机、终端、主机、服务器、文字处理机、多路复用机,也可以是一台输入/输出设备。

(2) DCE

将介于 DTE 与传输介质之间的设备称为数据电路端接设备 DCE(Data Circuit-terminating Equipment),DCE 在传输介质与 DTE 之间提供信号变换与编码的功能,并负责建立、维护和释放物理连接。DCE 最典型的设备是与电话线路连接的调制解调器。在物理层通信中,DCE 将 DTE 传送的数据按比特流顺序逐位发往传输介质,同时将传输介质按接收比特流的顺序传送给 DTE。因此,在 DTE 与 DCE 之间既有数据信息传输,也有控制信息传输,这就需要高度协调地工作,需要制定 DTE 与 DCE 接口的标准。

2.2.2　物理层的特性

反映在物理接口协议中的物理接口的 4 个特性是:机械特性、电气特性、功能特性与规程特性。

1. 机械特性

物理层的机械特性规定了物理连接所使用的可接插连接器的形状和尺寸,以及连接器中引脚的数量与排列情况等。

2. 电气特性

物理层的电气特性规定了物理连接上传输二进制比特流时线路上信号电平的高低、阻抗及阻抗匹配、传输速率与距离限制。早期的标准定义了物理连接边界点上的电气特性,而较新的标准定义了发送器和接收器的电气特性,同时还给出互连电缆的有关规定。物理层接口的电气特性主要分 3 类:非平衡型、新的非平衡型和新的平衡型,如图 2-4 所示。

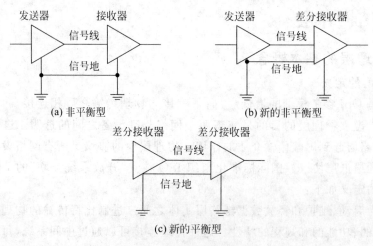

(a) 非平衡型　　　　(b) 新的非平衡型

(c) 新的平衡型

图 2-4　物理层的电气特性

(1) 非平衡型的信号发送器和接收器采用非平衡方式工作,每个信号用一根导线传输,所有信号公用一根地线。信号的电平使用＋5～＋15V 表示二进制 0,用－5～－15V 表示二进制 1。信号传输速率限于 20Kb/s 以内,电线长度限于 15m 以内。由于信号线是单线,所以,线间干扰大,传输过程中的外界干扰也很大。

(2) 在新的非平衡型标准中,发送器采用非平衡方式工作,接收器采用平衡方式工作(即差分接收器)。每个信号用一根导线传输。所有信号公用两根地线,即每个方向一根地线。信号的电平使用＋4～＋6V 表示二进制 0,用－4～－6V 表示二进制 1,当传输距离达到 1000m 时,信号传输速率在 3Kb/s 以下,随着传输速率的提高,传输距离将缩短。在 10m 以内的近距离时,传输速率可达 300Kb/s。由于接收器采用差分接收,且每个方向独立使用信号地,因此,可减少线间干扰和外界干扰。

(3) 在新的平衡型标准中,发送器和接收器均以差分方式工作,每个信号用两根导线传输,整个接口无需公用信号就可以正常工作,信号的电平由两根导线上信号的差值表示,当差值在＋4～＋6V 时表示二进制 0,差值在－4～－6V 时表示二进制 1。当传输距离达到 1000m 时,信号传输速率在 100Kb/s 以下,当在 10m 以内的近距离时,速率可达 10Mb/s。由于每个信号均用双线传输,因此,线间的干扰和外界的干扰大大削弱,具有较高的抗共模干扰能力。

3. 功能特性

物理层的功能特性规定了物理接口上各条信号线的功能分配和确切定义。物理接口信号线一般分为数据线、控制线、定时线和地线等。

4. 规程特性

物理层的规程特性规定了利用信号线进行二进制比特流传输的一组操作过程,包括各信号线的工作规则和时序。

2.2.3 物理层接口标准

常用的物理层接口标准有 EIA-232-D、EIA RS-499 以及 X.21 建议等。

1. EIA-232-D 接口标准

EIA-232-D 是美国电子工业协会 EIA(Electronic Industries Association)制定的物理接口标准,也是目前数据通信与网络中应用最广泛的一种标准。它的前身是 EIA 在 1969 年制定的 RS-232-C 标准。RS 表示是 EIA 的一种"推荐标准"(Recommendation Standard),232 表示标准号。RS-232-C 是 RS-232 标准的第三版。RS-232-C 是一种应用十分广泛的物理接口标准,经 1987 年 1 月修改后定名为 EIA-232-D。EIA-232-D 与 EIA RS-232-C 在物理接口标准中基本上是等同的,简称"RS-232 标准"。

EIA RS-232-C 接口标准的作用就是定义 DTE(终端、计算机、文字处理机和多路复用机等)和 DCE(将数字信号转换成模拟信号的调制解调器)之间的接口。图 2-5(a)所示的是一个数据通信模式,在这一模式中,调制解调器的一端通过标准插座和传输设施连接在一起,调制解调器的另一端通过接口与终端连接在一起,这就是 RS-232-C 接口,它参与 DTE 和 DCE 设备之间的连接。图 2-5(b)所示的是 DTE 与 DTE 设备之间的连接,在 DTE 设备之间使用 RS-232-C 接口标准。

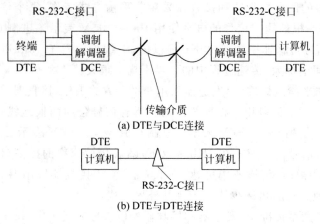

图 2-5   数据通信模式

2. EIA RS-499 接口标准

EIA RS-499 由以下 3 个标准组成。

(1) RS-499 标准规定了接口的机械、电气、功能与规程特性,采用标准的 37 针连接器。

(2) RS-423-A 规定了 DTE 与 DCE 连接中采用非平衡输出与平衡输入时的电气特性。当 DTE 与 DCE 连接电缆长度不超过 10m 时,数据传输速率达到 300Kb/s。

(3) RS-423-A 规定了 DTE 与 DCE 连接中采用平衡输出与平衡输入时的电气特性。在这种情况下,当 DTE 与 DCE 连接电缆长度为 10m 时。数据传输速率为 10Mb/s,当连接电缆长度为 1000m 时,数据传输速率仍可达 100Kb/s。

3. X.21 建议书

X.21 建议书是为了在数字信道上传输数据而制定的一种物理接口标准。它由两部分组成,其中一部分属于物理层,描述了在公共数据网上进行同步操作的 DTE 与 DCE 之间的通用接口;另一部分涉及许多数据链路层与网络层的内容,用于线路交换网的呼叫控制规程,适用于线路交换网中 DTE 之间的连接。

(1) X.21 的机械特性采用 15 针连接器。

(2) X.21 的电气特性设计目标是 DTE 与 DCE 之间的长距离和高速率传输。

(3) X.21 的功能特性设计目标是减少信号线的数目,它定义了 8 条信号线的名称和功能。

(4) X.21 的规程特性将 DTE 与 DCE 接口的工作定义为四个阶段,即空闲中、呼叫控制、数据传送与清除等。

2.2.4   物理层常用的通信技术

1. 同步技术

数据的位是通过特定信号特性的状态变化而编码到模拟或数字信号上去的,接收方通过对该特性进行度量后重新获得数据,因此,接收方必须知道应该在何时去测量,然后将信号解码,从中得到数据的位。

所谓同步指的是要求接收方按照发送方所发送码元的重复频率与起止时间接收数据,使得收发双方在时间基准上保持一致。在数据通信过程中,接收方根据发送方数据的起止时间和重复频率校正自己的时间基准与重复频率的过程称为位同步过程。同步可分为位同步、字符同步和帧同步 3 种。

(1) 位同步

位同步(Bit Synchronous)指的是使用接收方接收的每一位数据信息都要和发送方准确地保持同步。实现位同步的方法如下。

① 外同步法。该同步法指的是根据发送方同步时钟作为接收方的同步标准。

② 内同步法。该同步法指的是从自己内部含有时钟编码的发送数据中提取同步时钟的方法。

(2) 字符同步

字符同步(Character Word Synchronous)方式分为以下两种。

① 异步式。该方式指的是在传输字符的过程中,将每个字符作为一个独立的整体进行发送,字符之间的时间间隔任意。为进行字符的同步,在每个字符的第一位前加 1 位起始位,即逻辑 1,在字符的最后位加上 1 位或 2 位的终止位,即逻辑 0。

② 同步式。该方式指的是在传输字符的过程中,将字符组成组连续传送,每个字符内不附加逻辑位,但在每组字符之前必须加上一个或多个同步字符 SYN。接收方接收到 SYN 字符后,根据 SYN 来实现比特同步与确定字符起始位。同步传输方式比异步传输方式效率高,适用于高速传输要求。

(3) 帧同步

帧同步(Frame Synchronous)指的是在数据传输过程中,数据和控制信息按一种特殊的帧结构来组织。帧结构有以下两类。

① 面向字符帧方式。该方式是由面向字符型数据链路控制协议产生的,在该协议中,所有用于同步及其他数据链路控制的信息均用一个特定的字符表示,例如,同步字符 SYN 的二进制编码为 0110100(ASCII)。

② 面向比特帧方式。该方式是由面向比特型数据链路控制协议产生的,在该协议中,只规定用一个特殊的帧标志字符 F(F 编码为 01111110)来表示一帧数据传输的开始与结束,同时 F 也起到比特同步的作用。

2. 带宽使用技术

一个信道就是传输介质整个带宽的一部分。它是通过对传输介质所拥有的电磁频带进行划分而得到的。带宽分为以下两种。

(1) 基带

基带(Baseband)指的是用传输介质的整个容量作为一个信号信道。基带网络可传输模拟数据,也可传输数字数据。

(2) 宽带

宽带(Broadband)指的是系统使用传输介质的容量提供多重信道,使用频分多路复用技术对传输介质带宽进行划分,产生多重信道。使用模拟信号,宽带网络可以直接支持多重并发对话。

3. 多路复用技术

为了有效地利用传输系统,人们希望通过同时携带多个信号来高效率地使用传输介质,这就是所谓的多路复用技术。多路复用技术又分为频分多路复用和时分多路复用。

2.3　OSI 数据链路层

2.3.1　数据链路层的基本概念

1. 数据链路层定义

数据链路层是 OSI 参考模型的第二层,向下与物理层相连接,向上与网络层相连接。设立数据链路层的目的是为了将一条原始的、有差错的物理线路变为对网络层无差错的数据链路。为了实现这个目的,数据链路层必须执行链路管理、帧传输、流量控制和差错控制等任务。数据链路层的作用是,通过物理层建立起来的链路,将具有一定意义和结构的信息正确地在实体之间进行传递,并为上一层网络层提供有效的服务。或者说,通过一些数据链路层协议(即链路控制规程),在不太可靠的物理链路上实现可靠的数据传输。

2. 链路和数据链路

所谓链路指的是数据传输过程中任何两个相邻节点间的点到点的物理线路段,链路间没有任何其他节点存在,网络中的链路是一个很基本的通信单元。对计算机之间的通信来说,从一方到另一方的数据通信通常是通过许多的链路串接实现的,这就是通路。

所谓数据链路指的是一个数据管道,在这个管道上面可以进行数据通信,因此,数据链路除了必须具有一条物理线路外,还必须有一些必要的规程用以控制数据的传输。把用来实现控制数据传输规程的硬件和软件加到链路上,就构成了数据链路。

2.3.2　帧结构

1. 帧与报文

所谓报文是对用户而言的,数据传输的内容是报文,它是由一定位数的二进制代码按一定规则编制而成的数据信息。

所谓帧是从网络通信的角度看,信息的传输实质上是比特流的传输,如果把通信链路上传输的一组信息称为帧,则意味着在网络传输中(包括网络层在内的各低层数据传输)数据传输的基本单位是帧,帧是发送方与接收方之间通过链路传送的一个完整的消息组的信息单位。

帧与报文都是信息传送的基本单位,在数据传输过程中,报文是按系统通信规程规定的帧格式传输的。用户要传输的报文的信息量可能非常大,也可能很小,它的大小是不固定的。但在网络中,数据传输必须按系统通信规程进行,也就是说,系统中帧的大小、规格是有限制的,在通信中,一个报文需要几帧进行传输取决于帧的大小和报文的大小。

2. 帧结构

高级数据链路控制 HDLC(High-level Data Link Control)是重要的数据链路控制协议,它已得到广泛的使用,而且是其他许多重要的数据链路控制协议的基础。HDLC 采用同步传输方式,所有的传输都以帧为单位来进行,而所有的数据和控制信息的交换也都使用帧的格式,图 2-6(a)所示的是 HDLC 帧结构。在信息域之前的标识、地址和控制域称为报头,在信息域之后的 FCS 和标识域称为报尾。

图 2-6 HDLC 帧结构

（1）标识域

标识域作为帧的两端的界限,都是 01111110,同一标识既可作为前面一帧的结束标识,又可作为下一帧的起始标识。用户网络接口的接收器一直在搜索标识序列,以确定帧的界限,达到帧的同步。

（2）地址域

地址域一般是 8 位,但若事先经过约定可将其长度扩展到 7 位的整数倍,如图 2-6(b)所示。每个字节的最高位可以设置为 1 或 0。

（3）控制域

HDLC 定义了 3 种帧,它们具有不同的控制域格式,这 3 种帧分别是：①信息帧(I-帧),用于携带发送给用户的数据,此外,流控和差错控制数据可以由信息帧捎带；②监督帧(S-帧),实施 ARQ 机制,用于没有采用捎带的情况；③无编号帧(U-帧),提供补充的链路控制功能。

控制域的头 1 位或 2 位表示帧的类型,其他位则组成不同的子域,如图 2-7 所示。

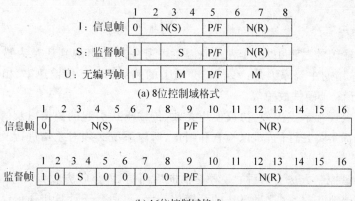

图 2-7 控制域格式

图 2-7(a)所示为 8 位控制域的格式,其中,N(S)为发送顺序号;N(R)为接收顺序号;S 为监督功能位;M 为无编号功能位;P/F 为查询或结尾位。图 2-7(b)所示为 16 位控制域的格式。

（4）信息域

在 I-帧和某些 U-帧中才有信息域,域中可以包括任何位流,但必须是字节的整数倍。域的长度可达到系统定义的最大值。

（5）FCS 域

FCS 域是检错码,计算时不包括帧的标识。常用 16 位 CRC-CCITT,也可用 32 位的 CRC-32。

2.3.3　数据链路层的服务

由于系统中所传输的数据是任何数目和任意模式的二进制位,所以数据链路层的服务就是实现系统实体间二进制信息块的正确传输,为网络层提供可靠、无错误的数据信息。

1. 帧同步

帧同步是指接收方应当从接收到的比特流中准确地区分出一帧的开始与终止位置。在数据链路层,数据传送的单位是帧,数据一帧一帧地传送,就可以在出现差错时,将有错的帧再传一次,而避免重传全部数据。

2. 链路管理

链路管理就是完成数据链路层连接的建立、维持和释放的操作。例如,甲、乙双方打电话,在甲、乙双方通话前,首先必须通过交换一些必要的信息,确认受话方已经准备好接电话,在甲、乙双方通话过程中要保持通话链路始终为"通"状态,当通话双方通话完毕后要释放链路,也就是释放连接,即挂机。

同样,在网络中的两个节点要进行通信时,数据的发送方必须确认接收方是否已处于准备接收的状态,为此,通信双方必须先交换一些必要的信息,用专业术语表达就是,必须先建立一条数据链路。在通信时要保持这条链路畅通,而在通信完毕后要释放这条数据链路。

3. 差错控制

在链路传输帧的过程中,由于种种原因不可避免地会出现到达帧为错误帧或帧丢失的现象,出现差错的主要原因是:①传输介质上的热噪声;②传输速率、相位和信号幅度不稳定;③串音;④硬件故障等。

差错主要表现在节点失效、协议使用无效、传输干扰引起的差错以及信息丢失等。差错的出现一般都是突发性的,难以检查和纠正,所以系统必须对差错进行及时有效的控制及恢复。

常用的差错控制方法有两种:一种是前向后纠错,即接收方收到有差错的数据帧时,能够自动将差错改正过来,这种方法的开销比较大,不适合于计算机通信。另一种是检错重发,即接收方可以检测出收到的帧中有差错(但不知道哪几个比特位有错),于是就让发送方重新发送该帧,直到接收方收到正确的一帧为止,这种方法在计算机通信中最常用。

4. 流量控制

在数据传输过程中,如果对信息流量控制不好,将会产生严重的过载和死锁现象,造成数据不能正常传输。为了使信息在网络中尽可能快地和均匀地流动,避免在网络数据传输过程中出现过载和死锁情况,就要对通信流量进行控制,流量控制的目的就是要避免阻塞和发生阻塞后能够解除阻塞,其实质就是要调节、控制网络内部信息的流动。

(1) 造成阻塞的原因如下。

① 发送方的传送数据和接收方的接收数据速度不同步。

② 发送方突然大量发送数据报文,使接收方来不及接收。

③ 当接收方将各个被划分成相当小的段的报文重新组合起来时,需要用缓冲空间。这样,有时会有大量的信息聚集到一个工作站上而导致缓冲区溢出,造成阻塞。

(2) 解决处理阻塞的最好方法是防止阻塞的产生,其方法如下。

① 通过对点到点的同步控制,来防止两台计算机传送数据与接收数据不同步的现象。

② 控制网络的输入,避免产生一个工作站突然将大量的数据报文提交给另一个工作站的现象。

③ 接收工作站在接收数据报文之前保留出足够的缓冲存储空间。

5. 将数据和控制信息分开

由于数据和控制信息都在同一个信道中传送,而在许多情况下,数据和控制信息处于同一帧中,因此,需要采用相应的措施使接收方能够将它们区分开来。

6. 寻址

在多点连接的情况下,必须保证每一帧都能够送到正确的地址。接收方应具有确定发送方是哪一个站的功能。

2.3.4 介质访问控制

介质访问控制(Material Access Control,MAC)是数据链路中的一个子层,它是控制对介质的访问权以避免信号的干扰,主要用来控制多台设备共享同一个介质通道。常用的介质访问控制方法有 3 种:竞争、令牌传递和轮询。

1. 竞争

竞争的介质控制方法是建立在介质访问允许先来先服务的原则基础上的,也就是说,每个网络设备都能竞争介质的控制权,竞争系统被设计成使网络上的所有设备在它们想要发送时能发送,这种做法最终会因碰撞的发生而导致数据丢失。每当有一个新设备上网时,碰撞次数都会呈指数增长。

为了减少碰撞次数,竞争的介质控制方法建立了一种新的竞争协议,要求各站点在发送之前首先对信道进行侦听。如果侦听站点检测到了一个信号,它就抑制自己发送,稍后再重试,这种协议称为载波侦听多重访问(Carrier Sense Multiple Access,CSMA)协议。

CSMA 协议可以用简单的软件和硬件来管理,除非传输量超过了带宽的 30%。虽然,CSMA 协议极大地减少了碰撞,但不能消除碰撞,当有两个站点对电缆进行侦听,发现信道空闲,然后,同时发送时,仍会发生碰撞。

2. 令牌传递

(1) 令牌传递原理

在令牌传递系统中,想要传送的设备必须等待令牌(一个小的数据帧)的到来,才被允许传递。当设备结束传送时,它把令牌传给网上的下一台设备。每台设备都知道自己该从哪台设备接收令牌,然后该向哪台设备传递令牌,每台设备都周期性地获取令牌,完成自己的任务,再将令牌传递给一台设备。各协议都对每台设备持有令牌的时间加以限制。图 2-8 所示的是令牌传递法在令牌环网上的实现过程。

常用的令牌传递协议有 IEEE 802.4 令牌总线、IEEE 802.5 令牌环、FDDI 分布式光纤数据接口等。

令牌传递法可以用站点优先数或其他方法来防止某个站点独占全网。因为,当令牌在网上传递时,每台计算机都有机会发送,所以每个站点都可确保在某个最小时间间隔内有发送的机会。

(2) 令牌传递法与竞争法的区别

① 作为访问控制机制,令牌传递法明显优于竞争法。但是,局域网标准的以太网采用竞争访问控制法。

② 令牌传递法需要一些复杂硬件和软件的控制才能正常工作,而竞争法则只需要简单的硬件或软件就可以正常工作了。

③ 令牌传递法成本比竞争法高。

令牌传递法与竞争法从性能角度来比较,两者没有哪一个在本质上比另一个更优异。在某一特定的环境下,即在流量拥挤时令牌传递法比竞争法具有更高的效率,但在传输负担较轻时却相反。图 2-9 所示的是采用各种访问控制方法得到的网络性能。

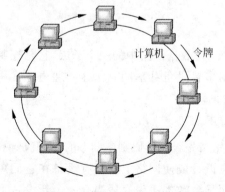

图 2-8　令牌在环网上传递

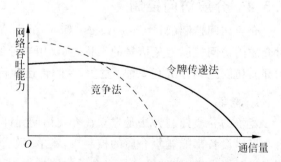

图 2-9　竞争法与令牌传递法的比较

3. 轮询

(1) 轮询法原理

轮询法是指定一台中央设备来管理对网络的访问权的一种介质访问控制方法。被指定的中央设备称为主设备,这台主设备以一些事先定好的顺序访问网络中的每一台设备(称为次设备),看它们是否有信息要发送。当次设备被查询后,它可以发送一批符合网络所用协议的数据,次设备只有经主设备查询后才能发送数据。轮询能保证给每一台设备一定的网络访问权,而且适合于时间关键数据。图 2-10 所示的是轮询法示意图。

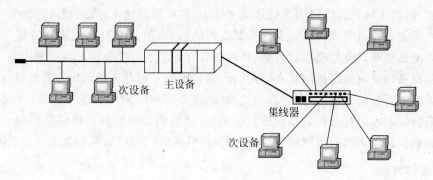

图 2-10　轮询法

(2) 轮询法的特点

① 介质访问权在时间上可预测,访问是确定的。

② 可指定访问的优先级。

③ 无冲突。

(3) 几种介质访问控制方法的比较

表 2-1 所示的是竞争法、令牌传递法和轮询法 3 种介质访问控制方法的比较。

表 2-1　访问控制方法比较一览表

访问控制方法	优　点	注意事项
竞争法	① 软件简单 ② 一旦获得访问权,设备将拥有对介质的完全控制权限	① 访问是有概率性的 ② 没有优先权机制 ③ 冲突呈指数上升
令牌传递法	① 每台设备都保证可以访问介质 ② 可设优先级 ③ 无冲突 ④ 重负载时有高输出	① 硬件和软件复杂 ② 可能需要中央设备
轮询法	① 每台设备都保证能访问介质 ② 可设置优先级 ③ 无冲突	① 要用去可观的带宽 ② 需要额外带宽,即使对那些不传输信息的设备

4. 寻址方式

计算机网络实体要区别网络上的设备,需要采用一种寻址的方式,这种寻址方式就好比邮政服务,邮递员是根据街道、城市和国家的名字,及建筑物号来投递信件的。目前,也使用邮政编码来代表这些不同地址的名字。

同样计算机网络使用软件进程、物理设备和网络号或网络名给每一个计算机网络实体赋予一个唯一的地址。通常,计算机网络也可用逻辑名或逻辑号来代表一个较长的地址。

用于特定网络的标准应决定地址格式,由于地址格式与采用的介质访问控制方法有关,物理设备地址又常常称为介质访问控制地址,所以数据链路层使用的是 MAC 地址。

虽然,网络上的计算机可用物理地址来标识,但在局域网上,真正传输数据时,是将一帧发送给网络上的所有设备。每台设备都读帧的地址,但只有自己的物理地址与读到的地址相匹配的那台设备才能接收数据,其他所有设备都不再接收这一帧的剩余部分。

物理设备地址也被网桥用来在分离的传输介质段之间有选择地重发数据信号。透明网桥不要求进行初始化设置,安装后,它们就能自动"记住"网络设备的位置,并建立一个设备/网段匹配表,通过分析数据包的目的地址,网桥能合理地向前传递数据包。如果目的地址在数据包发来的那个网段上,那么网桥将被丢弃,否则,数据包被发往适当的网段。

5. 连接服务

网络层提供以下 3 种类型的连接服务。

第一种是无确认的无连接服务,以没有流量控制、差错控制或包的顺序控制的方式发送和接收数据。

第二种是面向连接的服务,使用确认机制,提供流量控制、差错控制及包顺序控制。

第三种是带确认的无连接服务,使用确认机制,在点到点传输过程中提供流量和差错控制。

(1) LLC 一级流量控制

数据链路层还包含一个逻辑链路控制层 LLC,负责建立并维护通信设备间的连接。该层具有控制从一台设备发向另一台设备的数据量的功能,还有检测传输差错并请求重传等功能。常用的 LLC 有窗口流量控制和确定速率的流量控制两种方法。

① 窗口流量控制法。窗口流量控制是一种使发送者和接收者在得到应答信号之前发送多帧的技术,可以把多帧放进一个缓冲区以等待处理,发送者在接到应答前可发送的帧数称为它的窗口。窗口控制有静态和动态两种类型。

静态窗口流量控制把窗口大小限制在特定数目的帧,通常由能放在接收者输入缓冲区中的帧数来定义。如果窗口的大小定义为 7,那么发送者可以有 7 个在外帧(放出但尚未确认的帧)。而第 8 帧不能传送,直到在外帧的某一个应答到达才能传送,如图 2-11 所示。

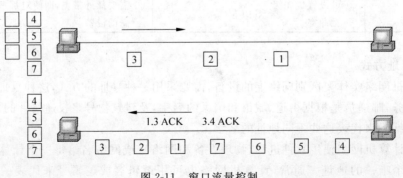

图 2-11　窗口流量控制

当接收方每收到一帧后,就回送一个确认消息,提示帧已收到,并已准备好接收下一帧。如果发送方已将所有 7 帧都发送完了,那么,在其中某一序号的帧未被确认前,不能再使用该序号给下面的帧编码,因此,任何时候最多有 7 帧未被确认。

动态窗口流量控制技术允许通信设备调整窗口大小以提高效率,该技术称为动态或滑动窗口流量控制技术。在一种动态窗口协议中,当接收者的输入缓冲区接近它所能承受的数量时,它可以发送"抑制包"帧,告诉发送方放慢速度。发送方收到一个抑制包后,先将发送的速度放慢下来,然后再慢慢加大传输速率,直到收到另一个抑制包。这样,窗口的大小被不断地向上或向下调节,带宽利用得到优化。

② 确定速率的流量控制。采用确定速率的流量控制,发送设备与接收设备协商双方都可接受的传输速率。通常这个速率在整个传输过程中保持不变。为确保帧被正确接收,有些协议要求接收者在对每一帧进行处理后给出应答。如果没有错误,接收方返回一个应答帧,指示发送方发送下一帧。如果检测到有错误,则接收方或者发一个重传请求帧,或者等到发送方超时自己重传。

本质上,确定速率流量控制要求接收方为每一个单元传输所有报文单位(帧或位)。这种方法很不灵活,而且常常不能使传输者、接收者以及介质以最大可能效率工作。

(2) LLC 子层差错控制

简单来说,LLC 级的差错控制就是接收方通知发送方有帧丢失或破坏。LLC 级差错控制分为以下两种情况。

① 当接收方收到一个包时,在使用面向连接或带确认的无连接服务时,如果发送方没有收到确认,则发送方就认为出错了,然后再重传那个未确认包。

② 当接收方接收到一个外来帧时,先计算出一个校验和,然后,把它与发送方送来的校验和值进行比较。如果两个值不匹配,即校验和不匹配时,就是发生了数据错误,接收方将请求发送方重新发送此帧。

2.4　OSI 网络层

2.4.1　网络层的基本概念

1. 网络层定义

网络层是 OSI 参考模型的第三层,向下与数据链路层相连接,向上与传输层相接。设立网络层的目的就是为使报文分组以最佳路径通过通信子网达到目的主机提供服务,而网络用户不必关心网络的拓扑结构与所使用的通信介质。

网络层是 OSI 参考模型中最复杂的一层,一部分是由于现有的各种通信子网事实上并不遵循 OSI 网络层服务定义,同时,网络互联问题也为网络层协议的制定增加了很大的难度。

2. 网络层的主要功能

OSI 参考模型规定网络层的主要功能如下。

(1) 路径选择与中继

在点到点连接的通信子网中,信息从源节点出发,要经过若干个中继节点的存储转发后才能到达目的节点,通信子网中的路径是从源节点到目的节点的一条通路,它可以表示为从源节点到目的节点之间相邻节点及其链路的有序集合。一般在两个节点之间都会有多条路径,因此,必然存在路径的选择问题。路径选择是指在通信子网中,源节点和中间节点为将报文分组传送到目的节点而对其后继节点的选择,这是网络层所要完成的主要功能之一。

(2) 流量控制

网络中的多个层次都存在流量控制问题,网络层的流量控制是对进入分组交换网的通信量加以一定的控制,以防止因通信量过大而造成通信子网性能下降。

(3) 网络连接建立与管理

在面向连接的服务中,网络连接是传输实体之间传送数据的逻辑的、贯穿通信子网的端与端通信通道。

3. 网络层提供的服务

从 OSI 参考模型的角度来看,网络层所提供的服务可分为两类:一类是面向连接的网络服务(Connection-Orientation Network Service,CONS);另一类是无连接的网络服务(Connectionless Network Service,CLNS)。

面向连接的网络服务又称为虚电路服务,它包括网络连接建立、数据传输和网络连接释放 3 个阶段,是可靠的报文分组按顺序传输的方式,适用于定对象、长报文、会话型传输要求。面向连接的网络服务是指在进行数据交换之前,必须建立连接,当数据交换结束后,终止这个连接。

无连接网络服务的两实体之间的通信不需要事先建立好一个连接,通信所需的资源无须事先预定保留,所需的资源是在数据传输时动态地进行分配的。无连接网络服务具有以下 3 种类型。

(1) 数据报类型。这种类型不要求接收应答,因此,可靠性无法保证,但可减少额外的开销。

(2) 确认交付类型。这种类型要求接收方对每个报文分组产生一个确认。使用这种方法的数据具有可靠性和正确性,但额外开销较大。确认交付的类型相当于挂号的电子邮件。

(3) 请求回答类型。这种类型要求接收方用户每收到一个报文均给发送方用户发回一个应答报文,发送方在收到应答报文后再继续发送第二个报文,以确保每一次发送的报文都是准确无误的。

2.4.2 寻址方法

发送方与接收方需要采用一种方法来区别国际网上的其他实体,这项工作是通过地址来完成的。与邮政寻址相似,网上各个设备的地址也是由在个体、本地和全球性级别上的命名和编号规则来决定的。对于要相互通信的网络实体来说,它们必须能引用特定的地址。这些地址包括 MAC 地址,一个逻辑网络地址(用于分组在网际网中选择某一个特定网)和一个特定的服务地址(引导分组传到目的设备上的特定处理过程)。网络层就是使用这两个地址进行寻址的。

1. 逻辑网络地址

在一个网际网上传输数据，需要使用逻辑网络地址。一个逻辑地址是一个用来逻辑地区分一个网际网上的两个不同网络的标识符，逻辑网络地址是在配置网络时指定的。每个网络地址在特定因特网中是唯一的，网络地址使路由器能够引导帧穿过因特网而到达正确的网络。

路由器是将两个具有不同逻辑网络地址的网络连接起来的网际网互联设备。根据每个数据包的网络地址，通过路由寻找和路由选择方法，路由器就知道该向何处发送数据。网络寻址使得路由选择成为可能。

在建立局域网和广域网时，需要分配一个逻辑网络地址，并遵循网络的命名与编号规则，确保分配的网络名在网络上是唯一的。

2. 服务地址

将物理设备和逻辑网络地址结合在一起，用于在网际网上的设备间传输数据。每台计算机或其他网上设备可以同时充当不同的角色。每一个实体（实体指的是完成每一独立任务的硬件或软件）必须有它自己的地址，以便能发送和接收数据，这个地址称为服务地址（某些特定的协议称为端口 Ports 或软插座 Sockets），一个服务地址标识一个特定的上层软件层或协议。网上任何一台运行多个网络应用程序的计算机可分配多个服务地址。图 2-12 给出了这些不同寻址机制是怎样相互关联的。

有些网络保留一个地址库用来标识那些公用的网络服务。每一个网络服务的提供者也可提供它自己的唯一服务地址。两个实体若要通信，应把服务地址附加到逻辑网络地址和物理设备地址上。其中：

（1）逻辑网络地址指的是源或目的网络的地址。

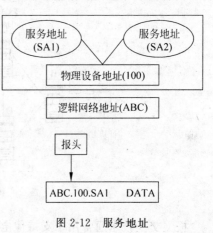

图 2-12　服务地址

（2）物理设备地址指的是标识源或目的的计算机。

（3）服务地址就是运行在源或目的计算机上的特定的网络应用进程。

2.4.3　交换技术

在大型网际网中，发送方与接收方之间会有多条路径相连接，与火车在铁轨上转轨相似，信息在通过各种通信信道时也会被交换，用来为报文选择路径。在网络层中选择路径使用 3 种交换技术，即电路交换技术、报文交换技术和分组交换技术。

1. 电路交换技术

电路交换技术使用的是一条单一路径将发送方与接收方连接起来，这种连接一直持续到对话结束。例如，电话交换设备使用地址号（采用国家、地区、中心局和中继线代码的格式）建立一条连接发送方和接收方电话的路径，这种连接一旦建立，这条专用路径就一直存在，直到通话结束为止。

电路交换技术在网际网上的操作,与在电话系统中的非常相似。电话交换能提供一条专用通路和很好的带宽,但是,在设备之间建立一个连接比较费时,由于别的通信不能共享已分配的信道,带宽可能未充分利用,而且,电路交换网要求有一定的盈余带宽,所以构建比较昂贵。

2. 报文交换技术

报文交换技术不是在整个对话的两个站点之间建立一条专门的路径,而是将对话划分为一个个报文,每一个报文用它的目的地址包装起来,然后通过网络,从一台设备传到另一台设备。中间的设备起到接收报文、存储报文并将报文传送到下一站设备的作用,直到到达终点为止,就好像运动会中的接力棒比赛一样,所以,有时将这种类型的网络称为存储-转发网络。

一台报文交换设备通常采用一台通用计算机来充当,它需要有足够的存储空间来暂时存放外来的报文,在交换过程中,通常根据最有效的路由信息进行编程,将报文转发到最短路径的下一台交换设备中。但是,这种情况还依赖于网络状况,不同的报文可能通过不同的路由传送,如图 2-13 所示。

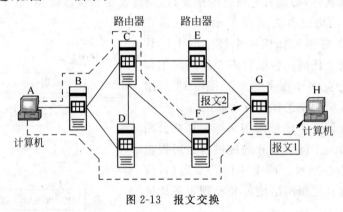

图 2-13　报文交换

报文交换技术通常用于支持像电子邮件、日程表安排、工作流程和群件这样的服务。对于电子邮件,在传递邮件时,允许延迟,这不同于两个计算机实时交换数据的要求。报文交换使用费用相对较低的设备转发报文,并且在相对慢的通信信道中工作效果很好。

报文交换技术的优点如下。

(1) 通信设备之间可共享数据信道,提高了有效带宽的使用效率。

(2) 在信道有效前,报文交换机能存储外来的报文,从而减小网络冲突的概率。

(3) 在管理网络通信时,可使用报文优先级,有利于优先传送重要的报文。

(4) 采用递送报文到多个目的地的方法,使广播寻址有效利用网络带宽。

3. 分组交换技术

分组交换技术是结合报文交换和电路交换的优点,并将两者缺点最小化的一种选择。在分组技术中,将报文划分成较小的分组,每个分组都携带有其源、目的和中间站点的地址信息,以便在网络传输中能独立选择路由。分组有严格定义的最大长度并可被存储在RAM 中,而不是存储在硬盘上。与报文交换相比,分组交换在网络中转发分组非常迅速有效,分组交换的方法有很多,下面主要讨论的是数据报分组交换和虚电路分组交换。

（1）数据报分组交换

数据报分组交换与报文交换有某些相似之处,也就是每一个报文都是一个带有完整寻址信息的独立单元。数据报可取各种可能的路径通过网络,但由于报文被划分成许多小块,发送的分组选择不同的路径,可能导致分组的顺序被搞乱,因此,每个分组上都加上了顺序号。数据报通过最合适的路径发送信息,例如,假设在图 2-14 中,节点 B 看到节点 D 很忙,节点 B 就将第一个分组送到节点 C,每台设备都为每个分组选择最佳的路径。因为有些分组会在传输途中被延迟,所以,处于另一端的设备收到的各分组可能已错序了,接收端的设备要将这些分组按已定的序号重新排序,并重新组合成原来的报文。

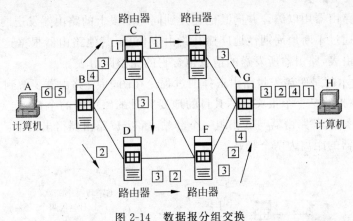

图 2-14　数据报分组交换

数据报经常在局域网中使用。网络层协议负责传送帧到适当的网络,因为每个数据报都会有其目标地址的信息,在局域网中的设备能识别和接收发送给它们的数据报。分组交换满足了在物理层所能提供的相当小的帧中传送大报文的需要。网络层负责把高层传送来的报文分成适合物理层的较小的数据报,同时还负责把接收到的数据报重组成报文。

（2）虚电路分组交换

虚电路是发送方与接收方之间建立的一个逻辑连接。这个逻辑连接是在对话开头发送方与接收方交换信息时建立起来的。这些信息允许发送方和接收方在一些对话参数上取得一致意见,例如,最大的报文长度、通信窗口、网络路径以及其他用来建立和维护对话的各种变量等。虚电路从网络传输和设备通信角度看是一个定义很好的通路,这条虚电路可以是临时的,既可持续到一次对话结束,也可以是永久性的,持续到发送方和接收方的计算机关机为止。

（3）分组交换技术的优点

① 分组交换优化了带宽的使用,在给定的时间里,一个交换机可能传送分组到不同的目的设备,为了获得尽可能好的效率,该交换机可调整路由。

② 因为全部报文不需要存储在交换机里顺序转发,不需要很大的存储空间,所以费用比较低。

③ 交换设备不需要很大的存储空间,与报文交换相比,传输延迟大大减少。

④ 分组交换能避开故障链路,转向最短路径传送数据报。

2.4.4 路由寻找

要将分组从一个节点传递到另一个节点,分组交换或报文交换网都必须不断地为数据确定和使用正确的路径。这个确定路径的任务叫做路由选择。一个网络实体在开始进行路由选择之前,它必须首先找到一条可使分组到达目的地的路由,这就是路由寻找。

路由寻找方法有距离矢量方法和链路状态方法两种。

(1) 距离矢量方法

距离矢量路由器用以编译并向其他连接到同一个段上的路由器发送网络路由表。每一个路由器都通过不断地周期性地广播其路由表信息,其他路由器根据这个信息组合和修改各自的路由表,路由器所发送的信息包含它的完整路由表。

图 2-15 所示的是距离矢量路由选择的过程。在图中,D 路由器了解到 C 路由器通过一个驿站(驿站指的是一个报文到达其目的地要穿过的路由器的个数)能到达 B 路由器,因为 D 路由器知道 C 路由器与其相距一个驿站,所以 D 路由器得出结论:它通过 C 路由器到达 B 路由器的距离为两个驿站。

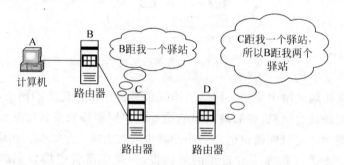

图 2-15 距离矢量路由选择过程

由于网际网通常会很大,很复杂,而且因为每台设备只能从周围已吸收了更新信息的邻点得到更新信息,所以距离矢量方法要将整个网上的所有地址表都改变,相对来说,需要大量的时间。另外,经常性的广播路由选择信息会导致高层的网络通信性能的下降。

使用距离矢量方法,通过增加来自其他表的驿站、滴答数(滴答数指的是要到达目的地所需的时间量)或相对费用(相对费用指的是用一给定连接所需耗费的度量,包括钱的消费)信息来收集费用信息。也就是说,如果路由器 B 告诉路由器 C,它可以用 6 个驿站到达网络 100,那么,在路由器 C 的路由表上列出的就是 7 路到达网络 100。

(2) 链路状态方法

链路状态方法减少了为修改路由表而花费的网络通信费用。新近附加到网络中的路由器可以从与其相邻的路由器中获得路由选择信息。在送出一个初始报文后,路由器就只在有变化时才通知其他路由器。这些报文包括它们自己网段上的状态信息。因为每个路由器都广播过这些信息,所以接收设备可以建立一张网络地址表。

2.4.5　连接和网关服务

网络层连接服务提供网络层流量控制、差错控制、分组顺序控制、网关服务 4 种连接服务。

1. 网络层流量控制

流量指的是网络通信量,网络层流量控制能在一条给定路由上控制数据传输量,所以,流量控制在网络各层中均有普遍的意义。另外,网络层的流量控制也可通过保速协商或通过静态和动态窗口来实现。

如果在某段时间内,在某一层协议的执行过程中,对某类网络资源的需求量超过该资源所能提供的可用数量,则这一资源在该段时间内出现拥挤,若网络中的各种资源同时发生拥挤,则网络性能将明显下降。网络吞吐量随输入负荷的增大而下降的现象称为网络的拥挤。当输入负荷增大到一定程度,网络的吞吐量下降为零时,网络完全不能工作,这就是所谓的死锁。解决网络拥挤的方法是流量控制。流量控制将动态地、有效地分配通信子网中的网络资源,包括通信信道、节点处理机和缓冲区等。

网络层流量控制可以起到以下作用。

(1) 防止网络因过载而造成吞吐量下降和网络延时增大。

(2) 避免死锁现象的出现。

(3) 在竞争的多用户中公平地分配资源。

2. 差错控制

网络层差错控制主要关心分组丢失、分组重复和数据被改变。尽管网络层的实现可用顺序号来通告前两种差错情况,但这个任务通常留给传输层来实现。一般通过给分组加上一个 CRC 或其他校验和来检测数据被改变这种差错。这些校验和在每一驿站都被重新计算一次。因为,分组报头的地址域在网际网上的每一个路由选择点上都会被改变。

3. 分组顺序控制

分组顺序控制是将到达的分组排成一个合适的顺序,以便重新装配成一层报文。显然,数据报网络需要这种类型的控制,因为在数据报网络中,各分组到达目的地时通常已排错序,即使对于大的虚电路网络也有可能。当一条链路故障出现时,又建立起一条新的链路并开始重传各帧时,就会出现错误。从第一条链路传来的延迟了的分组,在从第二条链路传来的具有相同序号的分组到达后也到达了。

虽然分组的顺序控制能由网络层来实现,但也常常由传输层来实现。

4. 网关服务

通常相互独立的网络使用不同的地址、路由寻找、路由选择和网络连接服务规则。为把这些网连成网际网,就必须解决它们之间的差异。这一功能通常在网关中实现。一个网关就是一台设备或将一组规则翻译成另一组规则的应用程序,但大多数网关在 OSI 的较高层实现。例如,两个网络可能将数据按不同尺寸分成段。一个网络层网关负责将数据分割和重新装配成两个网络都能接受的尺寸。因为网关要调节数据分组的尺寸,所以它必须符合每一个网络的连接服务要求,如分组排序和差错控制。

2.5　OSI 传输层

2.5.1　传输层的基本概念

1. 传输层定义

传输层是 OSI 参考模型的第 4 层,向下与网络层相连接,向上与会话层相接。设立传输层的目的就是要在源主机和目的主机进程之间提供可靠的端与端通信。传输层是 OSI 参考模型中较为特殊的一层,同时也是整个网络体系结构中十分关键的一层。

在 OSI 参考模型中,人们经常将 7 层分为高层和低层,如果从面向通信和面向信息处理角度进行分类,那么传输层一般划在低层,如果从用户功能与网络功能角度进行分类,传输层又被划在高层,如图 2-16 所示。从图 2-16 中可以看出传输层在 OSI 参考模型中的特殊地位和作用。

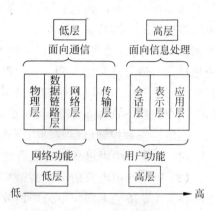

图 2-16　传输层在 OSI 参考模型中的地位

2. 传输层的主要功能

传输层主要提供建立、维护和拆除传送连接的功能,选择网络层提供的最合适的服务。它的作用是在系统之间提供可靠的、透明的数据传送功能,提供端到端的错误恢复和流量控制功能。传输层向高层屏蔽了下层数据通信的细节,因而是计算机通信体系结构中最关键的一层。

3. 传输层协议与网络层服务的关系

对传输层来说,高层用户对传输层服务质量要求是确定的,传输层协议内容取决于网络所提供的服务质量,网络层提供面向连接的虚电路服务和无连接的数据报服务。

如果网络层提供虚电路服务,它可以保证报文分组无差错、不丢失、不重复和顺序传输,在这种情况下,传输层协议相对要简单;如果网络层使用数据报方式,则传输层的协议要复杂得多。

2.5.2　寻址方法

1. 寻址

传输层寻址与两个计算机上某一对进程间传送报文相关,报文可用两种方法标识:连接标识符和事务标识符。

（1）连接标识符

连接标识符标记每一个对话,使一个进程能与其他设备上的进程通信。给每个对话分配一个数字标识,而较高级的 OSI 服务用这个连接号标识通信,同时,传输层直接用这个连接号进行低层寻址和报文传送。

（2）事务标识符

事务标识符用于设备间进行数据的多路交换,当交换由一个请求和一个应答组成对时,使用事务标识符。在设备间进行简单交换时,不会出现多报文对话。

2. 地址/名转换方法

许多计算机网络协议都为使用者提供了容易理解的名字,而不是复杂的难记的字母、数字串(通常网络地址使用 32 位长的二进制数表示)组成的地址。地址/名转换方法用于为名字和字母、数字串提供标识或映射函数(可以转换成网络设备或一个集中的名字)。而这个函数可以被网络的任何实体调用,或者被目录服务器(或名字服务器)上的专门服务调用。

(1) 服务请求方初始化的方法

用服务请求方初始化的方法是:每个请求方发出一个请求与一个名字、地址、服务类型的信息,由与该名字、地址、服务类型相关的设备来回答。

(2) 服务提供方初始化的方法

用服务提供方初始化的方法是:每一个服务提供方有规律地发出一个广播包宣布自己可供使用。这些广播包包括名字、地址信息。它们都可以被所有的网络实体接收或者被专门的目录服务器接收。目录服务器从广播包中接收信息,把它存入一个表中,并且负责向服务请求方询问。

3. 段组成

为了提高效率,传输层把多个小报文合成一个段,如图 2-17 所示。每个报文由连接标识符 CID 标识。接收设备的传输层根据 CID 传送每个报文到相应的进程。

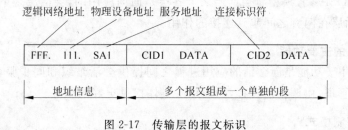

图 2-17 传输层的报文标识

2.5.3 连接服务

在 OSI 参考模型中,一些服务在多个层实现,除数据链路层和网络层外,传输层也负责某些连接服务。

1. 段排序

面向连接服务由传输层提供段的排序,并保证重新排序接收到的段。段排序的方法是,段同步给每个段附加一个段代码后再把段送给较低层的协议。当对应于一个报文的所有段都到达了目的地后,再重新排列出正确的段次序,得到原来的报文。

2. 差错控制

数据段可能在通过网络的过程中丢失或者延迟到达(在数据报网络中经常发生)。当一个数据段丢失,或者一个数据段到达时,其段代码和别的不同的段重码时,就发生差错。为了控制或者避免这些差错,传输层会采用以下方法。

（1）只用虚电路，对于任何一个会话只有一个虚电路被允许。

（2）保证段代码是唯一的。

（3）用一个超时信号的机制把那些在网络上停留过久的包去掉。

（4）传输层可用诸如校验和技术做端到端差错控制去检测失效的段。

3. 端到端流量控制

传输层在两个连接的设备之间通过确认来管理端到端的流量控制。除了确认和否定的机制外，传输层协议还可要求发送者重新传送最近的段，这些确认被称为"回退 n 确认"或"可选择的重复确认"。其中，回退 n 确认要求重传最后 n 个分组；而可选择的重复确认要求重传某些被丢失的特定的分组。这两种方法适用于当接收设备缓冲区溢出时还未能警告发送设备停止传送的情况。

2.6　OSI 会话层和表示层

2.6.1　会话层的基本概念

1. 会话层的定义

会话层是 OSI 参考模型的第五层，向下与传输层相连接，向上与表示层相连接。设立会话层的目的就是建立、维护、同步并且管理通信实体之间的对话，使得两个会话实体不考虑它们之间相隔多远，使用了什么样的通信子网等网络通信细节，进行透明、可靠的数据传输。从 OSI 参考模型看会话层之上各层是面向应用的，会话层之下各层是面向网络通信的，会话层在两者之间起到连接的作用。

2. 会话层的主要功能

会话层的主要功能是向会话的应用进程之间提供会话组织和同步服务，对数据的传送进行控制和管理，协调会话过程，为表示层实体提供更好的服务。

3. 会话控制模式

在会话层中有 3 种会话控制模式，它们指出了数据流动的方向，即单工会话模式、半双工会话模式和全双工会话模式。

（1）单工会话模式

① 概念：单工会话模式指的是两个实体之间的会话只允许在传输频道上的某一个方向上进行通信。只有一个设备可以发送信号，所有其他设备只能接收。频道的整个带宽都用来传送从发送设备到接收设备的信号。在一个单工频道上，规定发送设备不能用来作为接收信号的设备，同样，接收设备不能用来作为发送信号的设备，它们的功能是单一的。广播电台和电视台的这种会话模式都是典型的单工会话模式，如图 2-18 所示。

② 优缺点。

单工会话模式的优点如下。

* 对于硬件和软件的要求不高，因此，价格较低廉。

* 在会话过程中，没有信道的竞争。

* 频道覆盖范围宽。

(a) 广播单工会话模式   (b) 电视单工会话模式

图 2-18 单工会话模式

- 具有大量的接收目标。

单工会话模式的缺点是会话效率低,只能单向通信。

(2) 半双工会话模式

① 概念:半双工会话模式指的是在两个实体之间的会话中,每个设备都具有双向功能,即每个设备既可作为发送设备又可作为接收设备,但是在同一时刻只有一个设备可以发送。整个频道的带宽都被正在发送的设备占用(发送设备此时不能再作为接收设备)。一个设备占有频道限制了其他设备的使用。

民用无线电通信以及许多局域网中的数据传送都是半双工会话模式。

② 优缺点。

半双工会话模式的优点如下。

- 接收和发送信号时只需要使用一个频道。
- 可实现双向通信。

半双工会话模式的缺点如下。

- 任何时刻只能有一个设备发送。
- 比单工会话模式设备昂贵。
- 接收或发送信号时信道不能有效利用。

(3) 全双工会话模式

① 概念:全双工会话模式指的是在两个实体之间的会话中,允许每个设备同时发送或接收信号。全双工通信要求每个设备(一般只有两个设备)有两个物理的或逻辑的传输信道,一个信道用来发送,一个信道用来接收。现代电话系统就是典型的全双工会话模式,如图 2-19 所示。

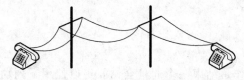

图 2-19 全双工会话模式

② 优缺点。

全双工会话模式的优点是两端可同时发送和接收信号。

全双工会话模式的缺点如下。

- 硬件比单工会话模式和半双工会话模式更昂贵。

- 需要更多的传输介质或宽带硬件和软件。
- 只有有限的或独占的目标能使用。

2.6.2　会话层管理

1. 会话层协议

会话层协议定义了会话层内部对等会话实体之间进行通信时所必须遵守的规则。这些规则说明了一个系统中的会话实体怎样与另一个系统中的对等会话实体交换信息,以提供会话服务,并说明其内部结构。会话协议详细规定并严格定义了对等会话实体之间用于数据和控制信息的协议规程及传送这些信息的基本元素的结构和编码。

通过下述 3 种方法具体定义规程。

(1) 通过交换会话协议数据单元 SPDU 产生对等会话实体之间的交互作用。

(2) 通过交换会话服务原语产生同一系统中的会话实体和会话服务用户之间的交互作用。

(3) 通过交换传送服务原语而产生会话实体的传送服务提供者之间的交互作用。

会话层协议可分成 3 个阶段,分别是建立连接阶段、数据传送阶段、连接释放阶段。

2. 建立连接阶段

建立连接阶段的工作是在两个会话实体之间建立一个会话连接,主要包括所有在网络上使用的实体相互识别,并执行通信所需的子任务,具体如下。

(1) 验证用户登录的姓名和口令。

(2) 建立连接识别码。

(3) 批准哪些服务被请求以及服务的时间范围。

(4) 决定哪个实体开始这个会话。

(5) 协调回答的编号次序以及重新传送的过程。

3. 数据传送阶段

数据传送阶段工作是在两个会话服务实体之间实现有组织的、同步的数据传送,它们是通过传送会话层协议数据单元(Session Protocol Data Unit,SPDU)并且利用已选择的那些功能单元来实现的。在数据传送阶段需要完成的子任务如下。

(1) 实际的数据传送。

(2) 数据接收到的确认(包括当数据没有收到时的否定的确认)。

(3) 恢复中断的通信。

4. 连接释放阶段

(1) 概念

连接释放阶段的工作是结束一个通信会话。可以使用下列功能来释放会话连接:有序释放、废弃和透明用户数据传送等。其中,有序释放就好像两个人在电话里说再见一样;废弃释放是以一种显式失去联系的方式结束一个通信会话的,就好像一个人不小心挂断了电话一样。当网络上的实体没有接收预期的确认或否认时,他们也认为连接已失去了。

(2) 会话协议数据单元 SPDU 的结构

会话协议数据单元 SPDU 的结构如图 2-20 所示,可以由以下几个字段组成。

SPDU	SI	LI	参数	用户信息

参数组标识	PGI	LI	参数

参数标识	PI	LI	

图 2-20 SPDU 的结构描述

① SI 字段,该字段主要用来标识 SPDU 的类型。

② LI 字段,该字段主要用来给出相关参数字段的长度。

③ 参数字段,该字段是由一系列相应的 PGI 和 PI 组成的。

④ 用户信息字段,该字段是由相应的 SPDU 的标准格式决定的。

(3) OSI 会话层的标准展望

由于分布式系统应用的要求不断加强,应用范围也不断扩大,OSI 会话层的标准也相应有所发展,主要包括以下几个方面。

① 对称同步服务,是指为会话服务用户提供以下两种新的功能:一是允许会话服务用户独立地在它所发送的数据流中插入同步点;二是提供一个更为准确可靠的重同步服务功能。

② 无连接会话服务,是指从系统的效率和实时性出发,可考虑采用面向无连接的控制方式,这是一种和现在的面向连接方式完全不同的模型。

③ 多连接方式服务,是指分布式处理系统不仅要求系统具有实时性,同时还要求系统能同时保持多条相互有联系的连接。在会话层中提供多连接服务是很有意义的,它能给系统应用进程提供更有效的控制手段来协调分布系统的处理,同时也提供了一种会话连接与应用联系,应用上下文间实际可能的对应关系。

2.6.3 表示层的基本概念

1. 表示层定义

表示层是 OSI 参考模型的第 6 层,向下与会话层相连接,向上与应用层相接。设立表示层的目的就是保证所传输的数据经传送后其意义不改变。表示层要解决的问题是如何描述数据结构并使之与机器无关。

2. 表示层的主要功能

表示层的主要功能是通过一些编码规则定义在通信中传送这些信息所需要的语法。表示层具有两个与语法有关的功能,如图 2-21 所示。

(1) 语法变换

计算机中的数据是一系列物理符号的序列,用于表示客观世界中的对象,任何数据都具有两个重要的特性,即值和类型。从较低层次

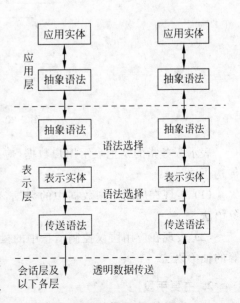

图 2-21 表示层功能

来看,任何类型的数据最终都将被表示成计算机的比特序列。一个比特序列本身并不能说明它自己所能表示的是哪种类型的数据。对比特序列的解释会因计算机体系结构、程序语言甚至于程序的不同而有所不同。这种不同归结为它们所使用的"语法"的不同。

在计算机网络中,相互通信的设备往往是不同类型的,不同类型的设备所采用的语法也是不相同的。对某一种具体设备所采用的语法称为"局部语法",局部语法的差异决定了同一个数据对象在不同设备中将被表示成不同的比特序列。为保证同一数据对象在不同设备中语义的正确性,必须对比特序列格式进行变换,将符合发送方局部语法的比特序列转换成符合接收方局部语法的比特序列,这一工作称为语法变换。

(2) 传送语法的选择

在表示层中存在着多种传送的语法,即使是一种应用协议,也会存在着多种传送语法,因此,在表示层中必须提供根据应用实体要求来选择适当的传送语法的手段,以及对所做出的选择进行修改的手段。

2.6.4 表示层的服务

1. 主要服务

表示层主要提供两种服务,即向应用层提供语法变换和上下文控制的服务。所谓语法变换指的是根据表示上下文控制要求进行对应的抽象语法与传送语法间的转换;所谓表示上下文指的是抽象语法与传送语法对应的关系,表示上下文控制是由表示实体提供给应用实体的各种手段,包括表示上下文的定义、选择、删除、翻译等。图 2-22 所示的是这两种表示服务示意图。

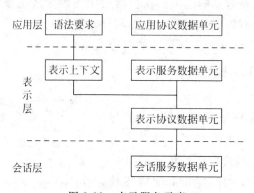

图 2-22　表示服务示意

表示服务指的是把表示用户数据(应用协议数据单元)中的下面两种抽象语法变换成传送语法。

(1) 表现在应用用户数据中的数据,包括文档、记录、终端界面输出数据等数据的抽象语法。

(2) 表现在应用协议控制信息中的操作,包括对文档记录的存取、作业的输入和启动等的抽象语法。

2. 主要手段

(1) 为了使进行通信的应用实体能相互合作理解,表示实体必须提供一致的表示上下文的环境。

（2）为了满足应用实体间的通信具有灵活性、高效率、安全性，以及其他特性的要求，就必须提供多种传送语法的手段，例如，压缩、翻译、加密等。

（3）如果一种抽象语法对应于多种传送语法，就必须提供语法的选择、语法的修改等手段。

3. 主要业务

（1）固有业务，即在服务中表示出表示层本质的那些服务，例如，连接建立和释放、上下文控制、数据传送等业务。

（2）与会话层有关的业务，根据会话服务组织和同步对话的要求，提供一个一致的上下文环境，例如，活动控制、同步控制等业务。

（3）穿透表示层的业务，即按照原样向应用层提供会话业务，不涉及上下文环境变化，例如，权标控制等业务。

2.6.5 翻译和加密系统

翻译系统包括位次序翻译、字节次序翻译、字符编码翻译、文件格式翻译等。

1. 位次序翻译

所谓位次序翻译指的是用多少个二进制位数表示数、字符、其他类型的数据，以及位是以什么次序进行排列的等内容。

例如，有两个不同的计算机系统要通信。一个系统采用 8 位表示一个字符，另一个系统则用 7 位表示一个字符，所以它们就采用了 4 位的中间方案来进行通信，这个方案用 3 个 0 和 1 个 1 表示 A 字母，用 1 个 1 和 3 个 0 表示 Z 字母。一个系统向另一个系统发送的 0001，如果没有其他的约定，这条信息可能被认为是字母 A，也可能被认为是字母 Z，这是因为这两个系统没有约定的次序，因此，位次序翻译是必须的。

2. 字节次序翻译

不同类型的计算机通常用不同数量和次序的字节表示数据。Intel 公司的微处理器用"小端"（或称为反序字节）的表示方法，即每个字节中的最低位总是在数据报文的第一位出现，而 Motorola 微处理器用"大端"的表示方法，即最高位在第一位出现。因此，当用不同字节次序的计算机通信时，字节次序翻译是必须的。

3. 字符编码翻译

计算机必须能以某种方式表示各种符号，例如，ASCII 是美国信息交换编码，是一种国际标准字符编码，它可以表示数字、英语字母、拼音字母及其他字符等。Shift-JIS 编码系统是日语字符编码，它可以表示日语的平假名和片假名等字符。

即使是一种语言的字母也会有多种编码。例如，ASCII 和扩展十进制交换码的二进制编码（EBCDIC）都可以表示英语字母，一个相同的字节可以表示两个不同的字符。因此，必须具有将一种编码翻译成另一种编码的功能。

4. 文件格式翻译

大多数现代计算机网络都是异构的，它们由多种本地和网络操作系统组成，每种操作系统又采用一种与别人不同的文件格式。当这些操作系统要共享文件时,必须将一种文件格式翻译成所需的另一种格式。网络系统经常要将一种文件格式的数据及其文件特性提炼并转化为网络上的另一种文件系统的数据。因此,文件格式翻译是必须的。

5. 加密概念

本地和网络操作系统经常要加密各种数据,以保护数据不被非法使用。所谓加密技术就是将数据进行编码,使它成为一种不可理解的形式,这种不可理解的内容叫做密文。加密技术能避免各种存储介质(硬盘、软盘、磁带)上的或通过网络传送的敏感数据被侵袭者窃取。由于原文加密带有机密性,因而加密技术也适用于检查信息的真实性与完整性。

解密是加密的逆过程,即将密文还原成原来的可理解的形式。加密和解密过程依靠"算法"和"密钥"两个基本元素,缺一不可。其中"算法"是进行加密或解密的一步一步的过程,而"密钥"是这个过程中需要的一串串数字。

6. 常规密钥密码体制

所谓常规密钥密码体制是指加密密钥与解密密钥是相同的。为使密文保密,往往按一定的规律将其转换成密码,收报人再按约定(协议)的规律将其译回原文。下面是一个传统的解密的例子。

将字母 A,B,C,D,…,W,X,Y,Z 变为 E,F,G,H,…,Z,A,B,C,将小写字母 a,b,c,d,…,w,x,y,z 变为 e,f,g,h,…,z,a,b,c,即变成其后的第 4 个字母,W 变成 A,A 变成 E,E 变成 I。字母按上述规律转换,非字母字符不变,例如,Student 变为 Wxyhisx。由于英文字母中各字母出现的频度早已有人统计过,加上英文字母只有 26 个,所以根据字母频度表可以很容易对这种代替密码进行破译。

从以上的例子可以看出,算法和密钥在加密和解密过程中缺一不可。在实际过程中,一般来说,加密算法是不变的,加密的算法也是屈指可数的,但是密钥是变化的,其方法也是多种多样的。也就是说,加密技术的关键是密钥。这种常规密钥密码体制的特点如下。

(1) 由于设计算法很困难,因此,基于密钥的变化来解决这一难题。

(2) 简化了信息发送方与多个接收方加密信息的传送,即发送方只需使用一个算法,即可使用不同的密钥向多个接收方发送密文。

(3) 如果密文被破译,换一个密钥就又可传送密文了。

7. 数据加密标准

数据加密标准(Data Encryption Standard,DES)是 IBM 公司为保护产品的机密,于 1971 年至 1972 年研制成功的,后被美国国家标准局和国家安全局选为数据加密标准,并于 1977 年颁布使用。DES 对 64 位二进制数据加密,产生 64 位密文数据。使用的密钥为 64 位,实际密钥长度为 56 位。解密的过程和加密相似,但密钥的顺序刚好相反。

DES 的保密性仅取决于对密钥的保密,而算法是公开的。DES 内部具有复杂的结构,至今还没有人找到破译的方法。

密钥的长度是指密钥的位数,一般来说,密钥位数越长,被破译的可能性就越小,反之,密钥位数越短,被破译的可能性就越大。密文往往是经黑客长时间测试密钥破译的,破获密钥后,解开密文。例如,一个 4 位的密钥具有 2 的 4 次方(16)种不同的密钥,顺序猜测 16 种密钥就可以将其破译。一个 16 位的密钥具有 2 的 16 次方(65536)种不同的密钥,顺序猜测 65536 种密钥对于计算机来说是很容易做到的。如果使用 DES 标准的 56 位密钥,计算机猜测密钥则需要好几百年。因此,密钥的位数越长,加密系统就越牢固。

8. 对称加密

所谓对称加密是指使用相同的密钥加密和解密,也就是说,一把钥匙开一把锁。发送者和接收者有相同的密钥,这样就解决了信息的保密性问题。使用对称加密方法将简化加密的处理,每个交易方都不必彼此研究和交换专用的加密算法,而是采用相同的加密算法并只交换共享的专用密钥。如果进行通信的交易方能够确保专用密钥在密钥交换阶段未曾泄露,那么机密性和报文完整性就可以通过对称加密方法加密机密信息和通过随报文一起发送报文摘要或报文散列值来实现。

数据加密标准是目前广泛采用的对称加密方式之一,主要应用于银行业中的电子资金转账(Electronic Funds Transfer,EFT)领域。DES 的密钥长度为 56 位,三重 DES 是 DES 的一种变形。这种方法使用两个独立的 56 位密钥对交换的信息(如 EDI 数据)进行 3 次加密,从而使其有效密钥长度达到 112 位。

9. 非对称加密

所谓非对称加密是指密钥被分解为一对(即一把公开密钥或加密密钥和一把专用密钥或解密密钥)。这对密钥中的任何一把都可作为公开密钥(加密密钥)通过非保密方式向他人公开,而另一把则作为专用密钥(解密密钥)加以保存。公开密钥用于对机密性信息进行加密,专用密钥则用于对加密信息进行解密。专用密钥只能由生成密钥对的交易方掌握,公开密钥可广泛发布,但它只对应于生成该密钥的交易方。

交易方利用该方案实现机密信息交换的基本过程如下。

(1) 交易方甲生成一对密钥并将其中的一把作为公开密钥向其他交易方公开。

(2) 得到该公开密钥的交易方乙使用该密钥对机密信息进行加密后再发送给交易方甲。

(3) 交易方甲再用自己保存的另一把专用密钥对加密后的信息进行解密。

(4) 交易方甲只能用其专用密钥解密由其公开密钥加密后的任何信息。

10. 对称密钥管理

对称加密是基于共同保守秘密来实现的。因此,通过公开密钥加密技术实现对称密钥的管理,使对称密钥管理变得简单、安全和可靠,同时也解决了纯对称密钥模式中存在的可靠性问题和鉴别问题。具体管理方法如下。

(1) 交易方可以为每次交换的信息(如每次的 EDI 交换)生成唯一的一把对称密钥并用公开密钥对该密钥进行加密。

(2) 将加密后的密钥和用该密钥加密的信息(如 EDI 交换)一起发送给相应的交易方。

由于每次信息交换都对应生成了唯一的一把密钥,因此,各交易方就不再需要对密钥进行维护和担心密钥泄露或过期。这种方式的另一优点是:即使泄露了一把密钥也只将影响一笔交易,而不会影响到交易双方之间所有的交易关系。这种方式还提供了交易伙伴间发布对称密钥的一种安全途径。

2.7　OSI 应用层

2.7.1　应用层的基本概念

1. 应用层定义

应用层是 OSI 参考模型的第七层,向下与表示层相连接,是 OSI 参考模型中的最高层。设立应用层的目的就是为用户的应用进程访问 OSI 环境提供服务。OSI 关心的主要是进程之间的通信行为,因而对应用进程所进行的抽象只保留了应用进程间交互行为的有关部分。这种现象实际上是对应用进程进行某种程度上的简化。经过抽象后的应用进程就是应用实体。

2. 应用层模型

应用层的模型如图 2-23 所示。

应用进程使用 OSI 定义的通信功能,一方面和其他系统上的应用进程通信,一方面执行预定的业务处理。应用进程间的这些通信功能是通过 OSI 基本参考模型的各层实体来实现的,但是,应用实体是应用进程利用 OSI 实现通信功能的唯一界面。一个应用实体通常是由若

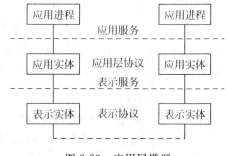

图 2-23　应用层模型

干个元素构成的,在这些元素中包括一个用户元素和若干个应用服务元素。

（1）应用实体

应用实体是被简化的应用进程,它是应用进程中与进程间交互行为有关的部分,即与 OSI 有关的部分。而将应用进程中与 OSI 无关的部分仍称为应用进程。

（2）用户元素

用户元素实际上是应用进程中非标准化模块的化身,用户元素是应用者,应用服务元素是 OSI 在应用层中定义了的标准化模块,它也是应用实体的一部分。应用服务元素具有提供为某一目的而用的 OSI 功能,通过应用服务元素为用户元素提供标准化服务。

2.7.2　服务器通告

服务器通告用于向网络用户说明它们能提供什么样的网络服务,服务器使用下面不同的服务通告方法。

1. 主动服务通告

在实现主动服务通告的时候,每一个服务器定期地发送消息以通告它所提供的服务。客户端也可以通过轮询网络上的设备来寻找某种服务,网络客户收集通告并建立当前可获得的服务表。

大多数网络使用主动服务通告,并且以特定的时间间隔来发送有效的服务通告。例如,假设网络协议规定每 5 分钟必须发送一次服务通告,客户端将那些在以前 5 分钟内没

有通告的服务从服务表中去掉。

2. 被动服务通告

服务器通过以目录方式登记它们的服务和地址,来实现被动服务通告。当客户想知道哪些服务可以得到的时候,他们只须简单地查询目录,就可以得到服务和服务地址。

3. 远程操作

远程操作是另一个极端的情况,本地操作系统知道网络的存在,并负责向网络服务器提交请求,但服务器并不知道客户的存在,所有的服务请求对于服务器的操作都是一样的,不管它们是在内部产生的还是从网络上传过来的。

4. 协同计算

有些操作系统是能够确定网络存在的。服务的请求者和服务的提供者都意识到对方的存在并且在一起工作、协调对服务的使用。这种类型的服务的典型应用是完成对等的合作计算。合作计算包含了完成同一任务所需要的处理能力的分配,这就意味着每一个操作系统必须知道对方的存在和能力,并且能够在完成任务的过程中进行合作。

5. 作业传送和操作

作业传送和操作(Job Transfer and Manipulation,JTM)的功能是在多个开放系统之间定义和执行作业所需的各种管理功能,以及为用户进行分布式处理提供方便。JTM 服务和协议不仅关系到开放系统之间数据的移动,而且关系到作业处理活动中监督、控制信息的移动,但对作业的内容并不做规定。JTM 服务模型如图 2-24 所示。

JTM 模型中引入了不同开放系统中分立的 JTM 实体,这些实体共同构成了 JTM 服务提供者。JTM 服务提供者自身并不具有处理作业的能力。这种能力依赖于各种开放系统的操作系统,JTM 服务提供者和操作系统合作才具有处理作业的能力。JTM 服务提供者和用于联合处理作业的本地系统环境上的功能接口称为代理,这些代理是 JTM 的服务用户。

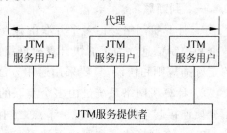

图 2-24　JTM 服务模型

JTM 可划分成 4 个功能模块。

(1) 作业提交系统:负责对要执行的作业发布命令。

(2) 作业处理系统:负责作业运行。

(3) 作业监督系统:负责作业运行情况报告。

(4) 操作提交系统:负责控制 JTM 的活动。

2.7.3　应用层协议类型

对等应用实体间的通信使用应用协议。应用协议的复杂性相差很大,有的仅涉及两个实体,有的涉及多个实体,而有的应用协议则涉及两个或多个系统。与其他 6 层不同,所有的应用协议都使用了一个或多个信息模型来描述信息结构的组织。低层协议实际上没有信息模型。因为低层没有涉及表示数据结构的数据流。应用层要提供许多低层不支持的功能,这就使得应用层变成 OSI 参考模型中最复杂的层次之一。

在 OSI 应用层体系结构概念的支持下,OSI 标准提供了如下应用协议。

(1) 文件传送、访问与管理(File Transfer Access and Management,FTAM)协议。FTAM 标准为虚拟文件系统的文件内容定义了一种树状的文件存取结构,这是一种带有普遍性的结构。为了适应不同的应用要求,使传送结构具有灵活性,FTAM 标准引入了文件存取上下文的概念。文件存取上下文就像一个过滤器,用户看到的是过滤后的文件结构,目前,FTAM 标准共定义了 7 种文件存取上下文。

(2) 虚拟终端协议(Virtual Terminal Protocol,VTP)。VTP 是指根据虚拟终端的特点,对其在网络环境中如何与对等的虚拟终端协调动作,如何与上下层网络实现接口做出严格的规定。

(3) 公共管理信息协议(Common Management Information Protocol,CMIP)。

(4) 事务处理(Transaction Processing,TP)协议。

(5) 远程数据库访问(Remote Database Access,RDA)协议。

(6) 制造业报文规范(Manufacturing Message Specification,MMS)协议。

(7) 目录服务(Directory Service,DS)协议。

(8) 报文处理系统(Message Handling System,MHS)协议。

习题二

一、判断题

1. 计算机网络是由多个互联的相互独立的计算机组成的,计算机之间要不断地交换数据和控制信息。为了加快计算机网络的通信,每个计算机用户可以不必遵守一些事先约定好的规则和协议,只要采用通用方法即可。   (   )

2. 计算机网络系统是由多个互联的节点组成的,各节点可以是计算机或各类终端通信介质连接起来的复杂系统。节点之间的距离视网络类型而定。   (   )

3. 一个网络协议主要由语法、层次、时序三要素组成。其中时序指的是对事件顺序的详细说明,定义为计算机网络体系结构。   (   )

4. 由于计算机的机型不同、终端各异,线路类型、连接方式、通信方式等不同,给网络中各节点间的通信带来了很多的不便,所以要有一个统一的协议。   (   )

5. OSI 划分层次的原则是:网络中的各节点都有相同的层次;不同节点的同等层具有相同的功能;同一节点内相邻层之间通过接口通信;每一层可以使用下层提供的服务,并向其上层提供服务;不同节点的同等层按照协议来实现对等层之间的通信。   (   )

6. Internet 上的 TCP/IP 协议之所以能迅速发展,不仅仅因为它是美国军方指定的协议,更重要的是它恰恰适应了世界范围内商务通信的需要。   (   )

7. 所谓同步指的是要求接收方按照发送方所发送码元的重复频率与起止时间接收数据,使得收发双方在时间和地点上保持一致。   (   )

8. 数据链路层是 OSI 参考模型的第二层,向下与应用层相连接,向上与网络层相连接。设立数据链路层的目的是为了将一条原始的、有差错的物理线路变为对网络层无差

错的数据链路。　　　　　　　　　　　　　　　　　　　　　　　　　　　（　　）

9. 帧同步是指接收方应当从接收到的比特流中准确地区分出一帧的开始与终止位置。在数据链路层，数据传送的单位是帧，数据一帧一帧地传送，就可以在出现差错时，将有错的帧再传一次，以避免将全部数据都进行重传。　　　　　　　　　　　　（　　）

10. 设立网络层的目的就是为使报文分组以最佳路径通过通信子网到达目的主机提供服务，而网络用户不必关心网络的拓扑结构与所使用的通信介质。　　　　　　（　　）

二、填空题

1. 一个网络协议主要由_____、语义、时序三要素组成。其中语义指的是需要发出何种控制信息，以及完成的_____与_____的响应。

2. 接口(Interface)是_____内相邻层_____的连接点。同一个节点的相邻层之间存在着_____的接口，低层通过_____向高层提供服务。只要接口_____不变，低层不变，低层功能的具体实现方法与技术的变化不会_____系统的工作。因此，接口同样也是计算机网络实现技术中一个重要与基本的概念。

3. 通信的硬件和软件，不同型号的计算机之间的_____和_____标准不一，开发研制就更为复杂。为了简化对复杂计算机网络的研制工作，各厂家需要有一个_____的标准。采用的基本方法是针对_____所执行的各种功能，设计出一种网络系统结构层次模型，称为_____协议和_____协议。

4. ISO 是世界上最为著名的国际标准化组织之一，它主要由美国国家_____与_____代表所组成。ISO 对网络最主要的贡献是建立了开放系统互联_____模型。

5. ARPA 是_____，从 20 世纪_____年代开始，ARPA 就不断致力于研究不同种类计算机间的互相连接，其内容是_____、_____、_____与系统操作软件等，1979 年，ARPA 的研究人员投入到 TCP/IP 协议的研究与开发之中，成功地开发出著名的_____与_____。

6. OSI 标准分为三大类型，分别是：总体标准——_____、面向各种应用的基本标准——_____，以及功能标准——_____。

7. OSI 采用了分层的结构化技术，OSI 参考模型共有 7 层，分别是_____、_____、_____、_____、_____以及应用层。两个主机之间进行数据传输时，每层都有一个_____，通过_____的有关规定达到数据畅通的目的。

8. LAN 标准是由国际_____协会 IEEE 下设的_____委员会研究的一种用于_____上的数字设备连接的标准，所制定的_____局域网标准已得到了 ISO 的采纳。

9. TCP/IP 通信标准是由_____首先开发的_____网络模式，该模式最初使用的协议为_____，它在 1980 年被_____和_____研制成功的 TCP/IP 协议所取代。

10. 物理层是 OSI 参考模型的_____，向下直接与_____相连接，向上与数据链路层相连接。设立物理层的目的是实现_____物理设备之间透明二进制比特流的，对数据链路层起到_____的作用。物理层中的协议是所有网络设备进行互联时必须遵守的_____协议。

三、思考题

1. 简述网络体系结构的定义。

2. 简述网络协议组成的三要素。

3. 简述 OSI 标准的类型和 OSI 划分层次的原则。

4. 什么是 LAN 标准？它包括哪些内容？

5. 什么是 TCP/IP 协议？它有哪些特点？

6. 简述物理层的特征和功能。

7. 什么是同步技术？同步技术可分为哪几种？它们各有什么特点？

8. 什么是宽带技术？若按电磁频带进行划分，请说出其中的两个类型。

9. 简述帧的概念和帧结构的具体内容和特点。

10. 什么是介质访问控制？常用的介质访问控制方法有哪 3 种？各有什么特点？

11. 网络层中提供了哪 3 种类型的连接服务？它们各自有哪些特点？

12. 什么是报文交换技术？它有哪些特点？

13. 会话层是如何定义的？常用的会话控制模式有哪几种？

14. 简述会话层中的会话是如何管理的。

15. 表示层中的翻译系统包括哪些内容？各有什么特点？

第 3 章

电子商务密码技术

随着因特网的迅速发展,网络已成为人们工作、生活不可缺少的一部分,电子商务也逐渐成为一种新的商务活动模式。由于电子商务以开放的网络环境作为运营的平台,因此不可避免会受到网络中存在的各种安全隐患的影响,在电子商务交易过程中往往涉及银行卡号、密码、电子合同等敏感信息,如果这些信息也受到各种安全威胁,产生的后果将不堪设想,因此,保证安全性是电子商务顺利发展的关键和核心。解决电子商务安全性问题的基本方法是采用密码学技术。本章主要介绍密码学概念、传统密码体制、对称密码体制、非对称密码体制、密钥管理等方面的基本知识,通过本章的学习,要求:

(1) 掌握密码学的基本概念。

(2) 掌握传统密码体制。

(3) 掌握对称密码体制。

(4) 掌握非对称密码体制。

(5) 了解密钥管理技术。

3.1 密码学概述

3.1.1 密码学的起源与发展

密码学是以研究秘密通信为目的的,即对所要传送的信息采取一种秘密保护措施,以防止第三者窃取信息的一门学科。密码通信的历史极为久远,其起源可以追溯到几千年前的埃及、巴比伦、古罗马和古希腊,古典密码术虽然不是起源于战争,但其发展成果却首先被用于战争。交战双方都为了保护自己的通信安全、窃取对方情报而研究各种方法,这正是密码学主要包含的两部分内容:一是为保护自己的通信安全进行加密算法的设计和研究;二是为窃取对方情报而进行密码分析,即密码破译技术。因而,密码学是这一矛盾的统一体。

几千年以来,无论是君主、女王还是将军都靠着有效的交流方式管理着他们的国家和军队。与此同时,他们也都意识到信息被错误散发之后的后果:珍贵的资料被敌对民族所知晓,致命的情报被敌军所获悉。正是这种来自敌对势力不断试图渗透己方信息的威胁,促进了秘密通信的长足发展。

1. 古典密码学

最早的秘密书写可以追溯到公元前 5 世纪,著名的历史学家 Herodotus 记录了希腊与波斯帝国之间的战争,根据他的记载,这是秘密书写第一次登上历史舞台,并拯救了希腊,使其免于万王之王泽克西斯统治下的波斯的侵略。

当泽克西斯当上波斯帝国的国王后,两国的冲突开始加剧,当时波斯正在建造自己的新首都——波斯波利斯泽,周边国家纷纷纳贡,只有雅典和斯巴达例外,于是泽克西斯这样说道"我们应将波斯帝国的疆域扩展到和神拥有的天空一样广阔,这样我们的领地里就不会有太阳照耀不到的地方"。他花了 5 年的时间,秘密地组建了一支部队,公元前 480 年,所有的部队组建完毕,泽克西斯正要发起一场奇袭。

然而,波斯的这一军事行动却被一名放逐到波斯的希腊人目睹了,他决定将这一秘密信息传递给斯巴达。为了避免他的秘密被发现,他把泽克西斯的行动雕刻在一块木板的反面,然后在上面涂上一层平整的腊。这块木板成功地骗过波斯卫兵的检查传递到了斯巴达。

上述方法通过简单地隐藏信息达到了秘密通信的目的,Demaratus 还记录了当时另外一种秘密通信的方式:把信使的头发剃光,将信息写在信使的头上。等信使的头发再次长出来后,信息自然就被覆盖了。

2. 密码学的发展史

密码学的发展经历了以下 3 个阶段。

(1) 第一阶段为古代到 1949 年

这一时期可以看做是科学密码学的前期,这个阶段的密码技术可以说是一种艺术,而不是一种科学,密码学专家常常是凭知觉和信念来进行密码设计和分析的,而不是通过推理和证明。

这个时期发明的密码算法在现代计算机技术条件下都是不安全的。但是,其中的一些算法思想,比如代换、置换,是分组密码算法的基本运算模式。

(2) 第二阶段为 1949—1975 年

1949 年香农发表的《保密系统的信息理论》为私钥密码系统建立了理论基础,从此密码学成为一门科学,但密码学直到今天仍具有艺术性,是具有艺术性的一门科学。在这段时期密码学理论的研究工作进展不大,公开的密码学文献很少。

(3) 第三阶段为 1976 年至今

1976 年 Diffie 和 Hellman 发表的文章"密码学的新动向"引发了密码学上的一场革命。他们首先证明了在发送端和接收端无密钥传输的保密通信是可能的,从而开创了公钥密码学的新纪元。从此,密码开始充分发挥它的商用价值和社会价值,普通人才能够接触到前沿的密码学。

3. 密码学与信息安全的关系

密码技术是保护信息安全的主要手段之一。密码学通常用来保证安全的通信,希望通过安全通信来获得以下 4 个特性。

(1) 保密性。保密性指的是只有应该收到的接收者能够解密,其他人拿到文件也无法获得里面的信息。

(2) 完整性。完整性指的是接收者可以确定信息在传送的过程中有无更改。

(3) 认证性。认证性指的是接收者可以认出发送者，也可以证明声称的发送者确实是真正的发送者。

(4) 不可抵赖性。不可抵赖性指的是发送者无法抵赖曾经发送过这个信息。

3.1.2　密码学概述

1. 密码学概念

"天王盖地虎，宝塔镇河妖……"大家一定在电影里看过对暗号的场面。其实，这种暗号是一种最朴素的密码。只不过这种密码过于简单，经不起密码学家的分析，非常容易破译。将密码当成一种科学来研究，就产生了密码学。

密码学是研究编制密码和破译密码的技术科学。研究密码变化的客观规律，应用于编制密码以保守通信秘密的学科，称为编码学；应用于破译密码以获取通信情报的学科，称为破译学，总称密码学。

密码是通信双方按约定的法则对信息进行特殊变换的一种重要保密手段。依照这些法则，变明文为密文，称为加密变换；变密文为明文，称为脱密变换。密码在早期仅对文字或数码进行加、脱密变换，随着通信技术的发展，对语音、图像等都可实施加、脱密变换。

密码学是在编码与破译的斗争实践中逐步发展起来的，随着先进科学技术的应用，现已成为一门综合性的尖端技术科学。它与语言学、数学、电子学、声学、信息论、计算机科学等有着广泛而密切的联系。它的现实研究成果，特别是各国政府现用的密码编制及破译手段都具有高度的机密性。

进行明密变换的法则，称为密码的体制。指示这种变换的参数，称为密钥。它们是密码编制的重要组成部分。

2. 密码体系构成

在密码学中，密码系统是指为实现信息隐藏所采用的基本工作方式，也可称为密码体制。密码系统主要包括以下几个基本要素。

(1) 明文。明文是指需要秘密传送的信息，也即原始信息。例如，要传送的原始信息是 Hello World。

(2) 密文。密文是指明文经过密码变换后的信息。例如，经过某种加密机制，上述的 Hello World 信息变为 jgnnq yqtnf，则 jgnnq yqtnf 就是密文信息。

(3) 加密算法。加密算法是指通过一系列的变换、替代或其他各种方法将明文转化为密文的步骤。

(4) 解密算法。解密算法与加密算法相反，是与加密算法相反的过程，是指通过一系列的变换、替代或其他各种方法将密文恢复为明文的步骤。例如，Hello World 信息隐藏为 jgnnq yqtnf 的过程是由加密算法完成的，解密算法则完成由 jgnnq yqtnf 信息恢复为 Hello World 的过程。

加密算法与解密算法一般都是公开的，那么如何才能让隐藏的信息恢复并且只能让那些"授权"的用户才能恢复呢？在这里需要知道的是"密钥"。

(5) 密钥。密钥就是开启密文的钥匙。密钥的功能与保险箱中的钥匙一样，只有拥有密钥或者知道密钥信息的人才能从密文中恢复明文的信息。如果攻击者像窃取保险箱的小偷那样窃取了密钥,那么也能够获得明文的信息,因此,密钥是密码系统的一个关键要素,其安全性关系着整个密码系统的安全。例如,上述将明文转换为密文时采用的方法就是将明文中的每一个字母往后移一位变成密文,这个字母往后移一位的信息就是"密钥",当得到这个密钥时,就可以将任何一组密文转换成明文了。

3. 密码系统数学模型

密码系统可以用数学的方式来表示,根据其构成,以 5 元组 (M,C,K,E,D) 表示,其中,M 是明文信息空间,C 是密文信息空间,K 是密钥信息空间,E 是加密算法,D 是解密算法。各元素之间的关系如下所示。

(1) E:$M \times K \rightarrow C$,表示 E 是 M 与 K 到 C 的一个映射。

(2) D:$C \times K \rightarrow M$,表示 D 是 C 与 K 到 M 的一个映射。

例如,在最早的凯撒密码体制中(凯撒密码是一个古老的加密方法,当年凯撒大帝行军打仗时用这种方法进行通信,因此得名。它的原理很简单,其实就是单字母的替换),明文信息空间是 26 个英文字母的集合,即:$M=\{a,b,c,d,\cdots,z,A,B,\cdots,Z\}$;密文信息空间也是 26 个英文字母的集合,即:$C=\{a,b,c,d,\cdots,z,A,B,\cdots,Z\}$;密钥信息空间是正整数的集合,即:$K=\{N|N=1,2,\cdots\}$。为了便于计算,将 26 个英文字母集合对应为 0～25 的整数,加密算法则是明文与密钥相加之和,然后模 26,因此,$E_K=(M+K) \bmod 26$;与之对应的解密算法是 D_K,$D_K=(C-K) \bmod 26$。例如,英文为 hello world,在密钥 $K=2$ 的条件下,对应的密文就是 jgnnq yqtnf。

密码系统的 5 个要素构成的简单加解密模型如图 3-1 所示。

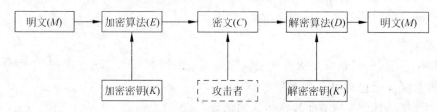

图 3-1 密码系统简单加解密模型

加密算法实际上是完成其函数 $C=f(P,K_e)$ 的运算。对于一个确定的加密密钥 K_e,加密过程可看做是只有一个自变量的函数,记作 E_k,称为加密变换。因此,加密过程也可记为:

$$C = E_k(P)$$

即加密变换作用到明文 P 后得到密文 C。

同样,解密算法也是完成某种函数 $P=g(K_d,C)$ 的运算,对于一个确定的解密密钥 K_d 来说,解密过程可记为:

$$P = D_k(C)$$

其中,D_k 称为解密变换,D_k 作用于密文 C 后得到明文 P。

由此可见,密文 C 经解密后还原成原来的明文,必须有

$$P = D_k(E_k(P)) = D_k \cdot E_k(P)$$

此处的符号"·"是复合运算,因此要求

$$D_k \cdot E_k = I$$

其中,I 为恒等变换,表明 D_k 与 E_k 是互逆变换。

3.1.3　密码体制分类

1. 处理方法分类

(1) 分组密码

分组密码的加密方式是:将明文序列以固定长度进行分组,每组明文用相同的密钥和算法进行变换,得到一组密文。分组密码是以块为单位,在密钥的控制下进行一系列线性和非线性变换而得到密文的。

分组密码的加密/解密运算是:输出块中的每一位是由输入块中的每一位和密钥的每一位共同决定的。在加密算法中重复地使用替代和移位两种基本的加密变换,即 Shannon 1949 年发现的隐藏信息的两种技术:打乱和扩散。

① 打乱:就是改变数据块,使输出位与输入位之间没有明显的统计关系(替代)。

② 扩散:就是通过密钥位转移到密文的其他位上(移位)。

分组密码的特点是具有良好的扩散性,对插入信息敏感,具有较强的适应性,加密/解密速度慢,差错会扩散和传播等。

(2) 序列密码

序列密码加密过程是:把报文、语音和图像等原始信息转换为明文数据序列,再将其与密钥序列进行"异或"运算,生成密文序列发送给接收者。接收者用相同的密钥序列与密文序列再进行逐位解密(异或),恢复明文序列。

序列密码加密/解密的密钥是采用一个比特流发生器随机产生二进制比特流而得到的。它与明文结合产生密文,与密文结合产生明文。序列密码的安全性主要依赖于随机密钥序列。

序列密码一直是在军事和外交场合使用的主要密码技术之一。它的主要原理是:通过有限状态机产生性能优良的伪随机序列,使用该序列加密信息流,得到密文序列。所以,序列密码算法的安全强度完全决定于它所产生的伪随机序列的好坏。产生好的序列密码的主要途径之一是利用移位寄存器产生伪随机序列。

目前要求寄存器的阶数大于 100 阶,才能保证必要的安全。序列密码的优点是错误扩散范围小、速度快、利于同步和安全程度高。

2. 密码体制数据变换的基本模式

密码体制通常采用代替法、移位法和代数法进行加密和解密,在加密和解密过程中,可以将一种或几种方法结合起来作为基本模式,下面举一个移位法的例子。

移位法也称为置换法,就是将明文中的字符位置变换并重新排列,而字符本身并不改变,例如,下面的移位法就是把文中的字母和字符倒过来写。

明文:I am a University Student from the United States

密文:setatS detinU eht morf tnedutS ytisrevinU A ma I

3. 对称密码体制

对称密码体制也称为私钥密码体制,是一种传统密码体制。在对称密码体制中,采用相同的加密和解密密钥,这就需要在通信时双方必须选择和保存他们共同的密钥,双方必须信任对方不会将密钥泄露出去,这样就可以实现数据的机密性和完整性,图3-2所示的是对称密码体制的原理。

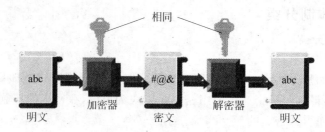

图 3-2　对称密码体制

对于小型网络来说,假设有 n 个用户的网络,需要 $n(n-1)/2$ 个密钥。对于大型网络,当用户群很大,也就是 n 足够大,分布足够广时,密钥的分配和保存就成了问题。

比较典型的算法有 DES(Data Encryption Standard,数据加密标准)算法及其变形 Triple DES(三重 DES),GDES(广义 DES);欧洲的 IDEA;日本的 FEAL N、RC5 等。

对称密码算法的优点是:计算开销小,加密速度快,是目前用于信息加密的主要算法。缺点是:①双方密钥安全交换存在问题;②若有几个贸易关系,就要维护几个专用密钥,也无法鉴别贸易发起方或贸易最终方;③对称密码算法只能提供数据的机密性,不能用于数字签名。

由于具有以上几个缺点,因而人们迫切需要寻找新的密码体制。

4. 非对称密码体制

非对称密码体制也称为公钥加密技术,是人们针对私钥密码体制的缺陷提出来的一种技术。在公钥加密系统中,加密和解密是相对独立的,加密和解密会使用两个不同的密钥,加密密钥(公开密钥)向公众公开,谁都可以使用,解密密钥(秘密密钥)只有解密人自己知道,非法使用者根据公开的加密密钥无法推算出解密密钥,故其可称为公钥密码体制,图3-3所示的是非对称密码体制的原理。

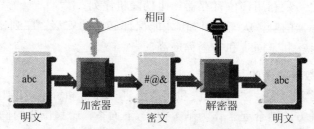

图 3-3　非对称密码体制

如果一个人选择并公布了他的公钥,其他任何人都可以用这一公钥来加密传送给那个人的消息。私钥是秘密保存的,只有私钥的所有者才能利用私钥对密文进行解密。

公钥密码体制的算法中最著名的代表是 RSA 系统,此外还有背包密码、McEliece 密码、Diffe_Hellman、Rabin、零知识证明、椭圆曲线、EIGamal 算法等。公钥密码的密钥管理比较简单,并且可以方便地实现数字签名和验证,但算法复杂,加密数据的速率较低。公钥加密系统不存在对称加密系统中密钥的分配和保存问题,对于具有 n 个用户的网络,仅需要 $2n$ 个密钥。公钥加密系统除了用于数据加密外,还可用于数字签名。公钥加密系统具有以下特性。

(1) 机密性,是指保证非授权人员不能非法获取信息,通过数据加密来实现。

(2) 确认性,是指保证对方属于所声称的实体,通过数字签名来实现。

(3) 数据完整性,是指保证信息内容不被篡改,入侵者不可能用假消息代替合法消息,通过数字签名来实现。

(4) 不可抵赖性,是指发送者不可能事后否认他发送过消息,消息的接收者可以向中立的第三方证实所指的发送者确实发出了消息,通过数字签名来实现。

由上可见,公钥加密系统可满足信息安全的所有主要目标。

3.1.4 密码系统设计原则

设计的任何密码系统都必须符合一些基本的原则。

1. 安全性原则

(1) 混乱原则。混乱原则指的是所设计的密码应使得密钥和明文以及密文之间的信赖关系相当复杂以致这种信赖性对密码分析者来说是无法利用的。

(2) 扩散原则。扩散原则指的是所设计的密码应使得密钥的每一位数字影响密文的多位数字以防止对密钥进行逐段破译,而且应使得明文的每一位数字也影响密文的多位数字以便隐藏明文数字的统计性。

2. 密码算法设计原则

(1) 算法可以公开。密码体制的安全性应当仅依赖于对密钥的保密,而不应基于对算法的保密,这既是数据加密算法标准化所要求的,同时也是网络保密通信赖以生存的基础。

(2) 能抵抗差分分析和线性分析。为使密码算法能抵抗差分分析,通常选取具有"本原转移概率矩阵"的 markov 型密码,通过对一个"弱"密钥函数进行多次迭代,而得到一个"强密码",为使密码算法能抵抗线性分析,通常要求算法中包含高度非线性密码函数。

(3) 没有弱密钥。当弱密钥或半弱密钥的个数较少时,它们对体制本身的安全性影响不大,在算法设计中稍做处理就可避免,而且随机选取一个密钥使弱密钥的概率随密钥空间的增大而趋于零。

3. 实现原则

(1) 抗攻击原则。即在现有的计算环境下,能够抵抗各种密码分析攻击,例如,已知密文,如果不知道密钥,则无法从密文推导出密钥和明文。

(2) 实现原则。软件实现的设计原则是加密和解密过程区别应该在密钥的使用方式不同,以便同样的器件既可用来加密,又可以用来解密。尽量使用规则结构,因为密码应有一个标准的组件结构,以便能用超大规模集成电路实现。

4. 密钥长度的设计原则

为使密码算法能抵抗对密钥的强力攻击,必须保证密钥长度尽可能大,比如,在近几年来新出现的各种算法中,密钥长度都已经要求至少为 128bit。

5. 分组密码长度原则

为阻止对分组密码进行统计分析,分组长度必须足够大,由于分组密码是一种简单代换密码,而明文有一定的多余度,因此在理论上可以对密文进行频率统计分析。当分组长度很大时,这种分析需要大量的密文数据,在计算上不可行。

3.2 传统密钥密码体制

3.2.1 传统密码数据的表示

1. 数据的概念

数据是人们用来反映客观世界而记录下来的、可以鉴别的符号,是语言、文字、图形等的有意义的组合。这种组合对事物进行了具体的描述。

对事物进行描述除了要使用表示数量概念的数值数据外,还会用到非数值数据,即在数据处理中使用的文字、图表、标点等各种符号。因此,现在人们所说的数据已不是过去"数值"的狭义概念,而是数值数据和非数值数据两者之和。

2. 传统加密中的数据

传统加密技术的主要对象是文字书信,其内容都是基于某个字母的,如英文字母表、汉语拼音字母表等。

现代密码技术是在计算机科学和数学基础上发展起来的,数据的各种表示形式在计算机系统中都是以某种编码方式存储的。数据加密就是以这些数字化的信息为研究对象的,所以,现代密码技术可以应用于所有在计算机系统中运用的数据。计算机系统普遍采用的是二进制数据,所以,二进制数据的加密方法在计算机系统信息安全中有着广泛的应用,它也是现代密码学研究的主要应用对象。

在计算机出现前,密码学由基于字符的密码算法构成。在不同的密码算法中字符之间或者是互相代换或者是互相之间换位,好的密码算法是将这两种方法结合起来,每次进行多次运算。现在变得复杂多了,但原理还是没变。重要的变化是算法对比特而不是对字母进行变换,实际上这只是字母表长度上的改变,从 26 个元素变为 2 个元素。大多数好的密码算法仍然是代替和换位的元素组合。

传统加密方法加密的对象是文字信息。文字由字母表中的字母组成,在表中字母是按顺序排列的,赋予它们相应的数字标号,即可用数学方法进行变换了,如表 3-1 所示。

表 3-1 英文字母表及其序号

字母	A	B	C	D	E	F	G	H	I	J	K	L	M
序号	1	2	3	4	5	6	7	8	9	10	11	12	13
字母	N	O	P	Q	R	S	T	U	V	W	X	Y	Z
序号	14	15	16	17	18	19	20	21	22	23	24	25	26

将字母表中的字母看做是循环的,则字母的加减形成的代码是用求"模"的运算来表示(在标准的英文字母表中,模数为 26)。如 $A+4=E,X+10=H(mod\ 26)$。这是

因为：

1＋4＝5	5(mod 26)＝5	序号 5 对应的字母为 E
24＋10＝34	34(mod 26)＝8	序号 8 对应的字母为 H

3.2.2 置换密码

置换密码又称为"换位"密码，是指变换明文中各元素的相对位置，但保持其内容不变的方法，即通过对明文元素重新排列组合来达到隐藏明文原始内容所表达含义的加密方法。最典型的置换密码技术有以下两种。

1. 栅栏密码技术

（1）加密技术

栅栏密码技术的加密算法如下所示。

① 将明文的元素按照两行的方式书写，并遵循从上到下、从左到右的规则。

② 按从上到下的顺序依次读出每一行的元素，所得到的组合就是密码。

例如，给定明文信息：mynamewangxiaoling，按照栅栏加密算法写成如图 3-4 所示的形式。

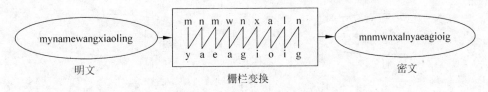

图 3-4 栅栏密码技术的原理

在栅栏密码技术的加密算法中，得到的密文是：mnmwnxalnyaeagioig。

（2）解密技术

当接收者收到该密文信息时，可按照以下的解密算法进行解密。

① 将接收到的密文信息按照从左到右的顺序写为两行，如果密文元素的个数为偶数 n，则每一行写 $n/2$ 个元素；如果密文元素的个数为奇数，则第一行排列 $(n＋1)/2$ 个元素，第二行排列 $(n－1)/2$ 个元素。

② 依次按从上到下、从左到右的规则读取各元素，所得到的字母序列就是所需的明文。

【例题 3.1】 给定明文：thisisamobilephone，用栅栏密码技术写出加密和解密过程。

答：（1）加密过程是：将明文按照两行的方式书写，并遵循从上到下、从左到右的规则，得到如下的形式。

```
t i i a o i e h n
h s s m b l p o e
```

其密文结果是：tiiaoiehnhssmblpoe。

（2）解密过程是：将密文 tiiaoiehnhssmblpoe 按照从左到右的顺序写为两行，然后，依次按从上到下、从左到右的规则读取各元素，最后得到明文 thisisamobilephone。

2. 矩阵密码技术

栅栏密码体制非常简单,攻击者只需要将收到的密文按照几种方法重新排列组合,很容易就能破译出明文。矩阵密码技术在栅栏密码体制基础上进行了一些改进,就是将明文元素以矩阵的方式排列,假设明文可以写成 n 行 m 列的矩阵,n 和 m 的数字划分要根据具体的明文元素的个数以及密钥来确定。

（1）加密技术

假设明文元素个数为 20,可以写成 4×5 的矩阵,也可以写 5×4 的矩阵,为此,可以规定矩阵列的阶为该算法密钥的长度,密钥的内容为读取该矩阵列的顺序编号。例如,如果知道密钥的长度为 m,那么加密算法的操作步骤如下。

① 按照 $n \times m$ 的矩阵格式从左到右依次写出明文元素。

② 根据密钥的内容指示读出相应各列的明文元素。

③ 所有读出的元素按一行的顺序排列,得到的结果即为密文。

例如,给定明文 welcomebacktobeijing,密钥内容为:32451,该数字序列表示矩阵各列的编号,按照矩阵加密算法写成如图 3-5 所示的 4×5 矩阵形式。

图 3-5　矩阵密码技术原理

根据密钥 32451,先读取矩阵的第 3 列:lboi;然后读取矩阵的第 2 列:eetj;以此类推,最后读取矩阵的第 1 列:wmki,从而得到 lboieetjcabnocegwmki 的密文。

按矩阵密码技术的加密算法得到的密文是:lboieetjcabnocegwmki。

（2）解密技术

当接收者收到密文信息时,可按照以下的解密算法进行解密。

① 将所给元素序列写成 4×5 的矩阵形式。

② 由于密钥是 32451,所以,lboi 排在第 3 列,eetj 排在第 2 列,cabn 排在第 4 列,oceg 排在第 5 列,wmki 排在第 1 列。

③ 按照从左到右、从上到下的规则,逐行读取矩阵元素内容,就能获得所需的明文。

以上所举的例子恰好满足条件,即明文所有的元素个数刚好构成了一个 4×5 的完整矩阵,如果明文元素个数不能形成一个 n 行 m 列的完整矩阵,则需要通过分组或者添加比特等方式来处理。

【例题 3.2】　给定明文信息:climbhealthbenefits!,用矩阵密码技术写出加密和解密过程,密钥为 42513。

答:（1）加密过程是:按照矩阵加密算法写成如下矩阵形式。

$$\begin{bmatrix} c & l & i & m & b \\ h & e & a & l & t \\ h & b & e & n & e \\ f & i & t & s & ! \end{bmatrix}$$

根据密钥 42513,先读取矩阵的第 4 列:mlns,然后读取矩阵的第 2 列:lebi,再读取矩阵的第 5 列:bte!,之后读取矩阵的第 1 列:chhf,最后读取矩阵的第 3 列:iaet。得到的密文是:mlnslebibte!chhfiaet。

(2) 解密过程是:将所给元素序列写成 4×5 的矩阵形式,由于密钥是 42513,从而得到如上所示的矩阵,按照从左到右、从上到下的规则,逐行读取矩阵元素内容,最后得到的明文是:climbhealthbenefits!。

3.2.3　替代密码

替代密码是指将明文中的每一个字符替换成密文中的另外一个字符。替代之后形成的新元素符号集合就是密文。接收者对密文进行逆替代就恢复出明文来。

替代密码在加密时将一个字母或一组字母的明文用另一个字母或一组字母替代,从而得到密文,解密就是对密文进行逆替代得到明文的过程。

替代密码会改变明文中各元素的内容,但是并不改变各元素的位置,这一点正好与置换密码方法相反,置换密码是改变各元素的相对位置,不改变其内容。例如,常用的替代方式是将明文的字母用数字或其他字母代替。例如,给定明文信息 welcome to hangzhou,密钥为 $n=3$,即将明文信息中的各元素字母顺序往后移 3 位,即得到密文信息:zhofrph wr kdqjckrx。接收者收到这个密文后,按照密钥 $n=3$,将密文信息中的各元素往前移 3 位便可得到明文信息。

1. 简单替代密码

简单替代密码也称为单表替代密码。简单替代就是将明文的一个字母用相应的一个密文字母代替,规则是根据密钥形成一个新的字母表,与原明文字母表有相应的对应(映射)关系。简单替代加密方法有移位映射法、倒映射法和步长映射法等,如图 3-6 所示。

例如,移位映射的移动距离为 +4(按字母顺序向右移动 4 个字母位置),则明文 A,B,C,…,W,X,Y,Z 可分别由 E,F,G,…,A,B,C,D 代替。如果明文是 student,则密文为 wxyhirx,其密钥 $K=+4$,如图 3-6(a)所示。图 3-6(b)所示是倒映射,图 3-6(c)所示是步长映射,其步长为 3。

【例题 3.3】　给定明文信息:Travel with us to Beijing,用移位映射密码技术写出加密和解密过程,密钥为 $K=+3$。

答:(1) 加密过程是:由于密钥 $K=+3$,则往后移 3 位,根据表 3-1,可得到密文信息 Wudyho zlwk xv wr Ehlmlqj。

(2) 解密过程是:由于密钥 $K=+3$,则往前移 3 位,根据表 3-1,可得到明文信息 Travel with us to Beijing。

2. 多名码替代密码

多名码替代密码与简单替代密码的替代规则相似,不同之处是单个明文字母可以映

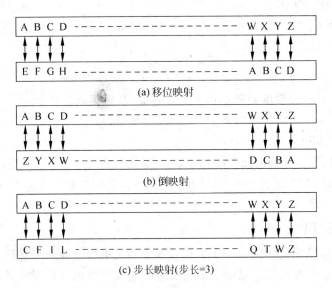

图 3-6 简单替代加密

射成几个密码字母,例如,A 可能对应于 5、13、25 或 56,B 可能对应于 7、19、31 或 42 等。

多名码替代密码出现在 15 世纪初,虽然它比简单替代密码更难破译,但仍不能掩盖明文字母的统计特性。用已知明文攻击破译该类密码很容易,用密文攻击法就要难一些,而在计算机上运行设计好的解密程序,只需要几秒钟就可完成破译。

3. 多表替代密码

在单表替代密码中明文中单字母出现的频率分布与密文中相同,多表替代密码使用从明文字母到密文字母的多个映射来隐藏单字母出现的频率分布,每个映射是简单替代密码中的一对一映射。多表替代密码将明文字母划分为长度相同的消息单元,称为明文分组,对明文成组地进行替代,同一个字母有不同的密文,改变了单表替代密码中密文的唯一性,使密码分析更加困难。

多表替代密码的特点是使用了两个或两个以上的替代表。著名的维吉尼亚密码和希尔(Hill)密码等均是多表替代密码。

(1) 维吉尼亚密码

维吉尼亚密码是最古老而且最著名的多表替代密码体制之一,与位移密码体制相似,但维吉尼亚密码的密钥是动态周期变化的。

该密码体制有一个参数 n。在加解密时,同样把英文字母映射为 $0\sim25$ 的数字再进行运算,并按 n 个字母一组进行变换。明文空间、密文空间及密钥空间都是长度为 n 的英文字母串的集合,因此可对加密变换进行如下定义:

设密钥 $k=(k_1,k_2,\cdots,k_n)$,明文 $m=(m_1,m_2,\cdots,m_n)$,加密变换为:
$$E_k(m)=(c_1,c_2,\cdots,c_n)$$
其中,$c_i=(m_i+k_i)(\bmod 26)$,$i=1,2,\cdots,n$。

对密文 $c=(c_1,c_2,\cdots,c_n)$,解密变换为:
$$D_k(c)=(m_1,m_2,\cdots,m_n)$$

其中：

$$m_i = (c_i - k_i)(\bmod 26), \quad i = 1, 2, \cdots, n$$

（2）希尔密码

希尔密码算法的基本思想是将 n 个明文字母通过线性变换转换为 n 个密文字母。解密只需做一次逆变换即可。

4. 一次一密密码

若替代码的密钥是一个随机且不重复的字符序列,这种密码则称为一次一密密码,因为它的密钥只使用一次。该密码体制是美国电话电报公司的 Joseph Mauborgne 在 1917 年为电报通信设计的一种密码,所以又称为 Vernam 密码。Vernam 密码在对明文加密前首先将明文编码为 $(0,1)$ 序列,然后再进行加密变换。

设 $m = (m_1\ m_2\ m_3 \cdots m_i \cdots)$ 为明文,$k = (k_1\ k_2\ k_3 \cdots k_i \cdots)$ 为密钥,其中 $m_i, k_i \in (0,1)$,$i \geqslant 1$,则加密变换为：$c = (c_1\ c_2\ c_3 \cdots c_i \cdots)$,其中 $c_i = m_i \ \&\mathrm{Aring};\ k_i, i \geqslant 1$,这里为模 2 加法（或异或运算）。

解密变换为：

$$m = (m_1\ m_2\ m_3 \cdots m_i \cdots)$$

其中：

$$m_i = c_i \ \&\mathrm{Aring};\ k_i, i \geqslant 1$$

在应用 Vernam 密码时,如果对不同的明文使用不同的随机密钥,这时 Vernam 密码为一次一密密码。由于每一密钥序列都是等概率随机产生的,攻击者没有任何信息用来对密文进行密码分析。香农（Claude Shannon）从信息论的角度证明了这种密码体制在理论上是不可破译的。但如果重复使用同一个密钥加密不同的明文,则这时的 Vernam 密码就比较容易破译。

若攻击者获得了一个密文 $c = (c_1\ c_2\ c_3 \cdots c_i \cdots)$ 和对应明文 $m = (m_1\ m_2\ m_3 \cdots m_i \cdots)$ 时,就很容易得出密钥 $k = (k_1\ k_2\ k_3 \cdots k_i \cdots)$,其中 $k_i = c_i \ \&\mathrm{Aring};\ m_i, i \geqslant 1$。故若重复使用密钥,该密码体制就很不安全。

实际上 Vernam 密码属于序列密码,加密解密方法都使用模 2 加,这使软硬件实现都非常简单。但是,这种密码体制虽然理论上是不可破译的,然而在实际应用中,真正的一次一密系统却受到很大的限制,其主要原因在于该密码体制要求：

（1）密钥是真正的随机序列；

（2）密钥长度大于等于明文长度；

（3）每个密钥只用一次（一次一密）。

这样,分发和存储这样的随机密钥序列,并确保密钥的安全都是很困难的；另外,如何生成真正的随机序列也是一个现实问题。因此,人们转而寻求实际上不对攻破的密码系统。

3.2.4　移位密码和其他

1. 移位密码

移位密码加密时只对明文字母重新排序,字母位置变化了,但它们没有被隐藏。移位密码加密是一种打乱原文顺序的替代法。

明文空间 M、密文空间 C 都是和密钥空间 K 有关的，并满足以下关系。

加密变换：

$$E = \{E: Z26 \to Z26, E_k(m) = m + k (\bmod 26) \mid m \in M, k \in K\}$$

解密变换：

$$D = \{D: Z26 \to Z26, D_k(c) = c - k (\bmod 26) \mid c \in C, k \in K\}$$

解密后再把 $Z26$ 中的元素转换成英文字母。显然，移位密码是前面单表替代密码的一个特例。当移位密码的密钥 $k = 3$ 时，就是历史上著名的凯撒密码（Caesar）。根据其加密函数特点，移位密码也称为加法密码。

例如，把明文 thisisabookmark 按行写出，分为 3 行、5 列，则成为以下形式：

```
t h i s i
s a b o o
k m a r k
```

按从上到下、从左到右的列顺序读出，可得到密文 tskhamibasoriok，则它的密钥就是 12345，即按列读出的顺序。

如果密钥是 42315，则密文为 sorhamibatskiok。

2. 仿射密码

仿射密码也是单表替代密码的一个特例，是一种线性变换。仿射密码的明文空间和密文空间与移位密码相同，但密钥空间为 $K = \{(k_1, k_2) \mid k_1, k_2 \in Z26, \gcd(k_1, 26) = 1\}$。

对任意 $m \in M, c \in C, k = (k_1, k_2) \in K$，定义加密变换为 $c = E_k(m) = k_1 m + k_2 (\bmod 26)$，相应解密变换为 $m = D_k(c) = k_1(c - k_2)(\bmod 26)$，其中，$k_1 = 1 \bmod 26$。很明显，$k_1 = 1$ 时为移位密码，而 $k_2 = 1$ 时则称为乘法密码。

3. 密钥短语密码

选用一个英文短语或单词串作为密钥，去掉其中重复的字母得到一个无重复字母的字符串，然后再将字母表中的其他字母依次写于此字母串后，就可构造出一个字母替代表。当选择上面的密钥进行加密时，若明文为 china，则密文为 yfgmk。显然，不同的密钥可以得到不同的替换表，对于明文为英文单词或短语的情况，密钥短语密码最多可能有 26! 个不同的替换表。

4. Playfair 密码

Playfair 密码是一种著名的双字母单表替代密码，实际上 Playfair 密码属于一种多字母替代密码，它将明文中的双字母作为一个单元对待，并将这些单元转换为密文字母组合。替代时基于一个 5×5 的字母矩阵。字母矩阵构造方法同密钥短语密码类似，即选用一个英文短语或单词串作为密钥，去掉其中重复的字母得到一个无重复字母的字符串，然后再将字母表中剩下的字母依次按从左到右、从上往下的顺序填入矩阵中，字母 i、j 占同一个位置。

3.3 对称密钥密码体制

3.3.1 对称密钥密码体制概念

对称密码体制是从传统的简单换位发展而来的，其基本思想就是"加密密钥和解密密钥相同或相近",由其中一个可推导出另一个,使用时两个密钥均必须保密,因此,该体制也称为单密钥密码体制。

对称密码算法有 DES、IDEA、TDEA(3DES)、MD5、RC5 和 AES 等,使用最广泛的是 DES(Data Encryption Standard)算法。

对称密码技术的安全性依赖于以下两个因素。

(1) 加密算法必须是足够强的,仅仅基于密文本身去解密信息,在实践上是不可能的。

(2) 加密方法的安全性依赖于密钥的秘密性,而不是算法的秘密性,因此,没有必要确保算法的秘密性,而需要保证密钥的秘密性。

对称加密系统的算法实现速度极快,从 AES 候选算法的测试结果看,软件实现的速度都达到了每秒数兆或数十兆比特。由于对称密钥密码系统具有加解密速度快和安全强度高的优点,目前被越来越多地应用在军事、外交以及商业等领域中。

3.3.2　数据加密标准 DES

1. DES 概述

数据加密标准 DES 是密码学史上非常经典的一个对称密码体制。1968 年,美国国家标准局就政府与民间对加密技术的需求,进行了一系列调查研究。结果表明,美国全国迫切需要一个统一的数据加密标准,以用于非绝密数据的存储与传输,并保障加密的可靠性。但是,绝密数据的加密仍属于国家安全局的管辖范围。

1973 年 5 月 15 日,国家标准局在"联邦注册"上发表公告,提出一系列的算法要求,征求对加密标准的建议。这些算法的要求如下。

(1) 算法必须提供较高的安全性。

(2) 算法必须是公开的,有清楚的解释,容易理解。

(3) 安全性必须完全取决于密钥,而不是算法本身。

(4) 算法必须能让任何用户使用。

(5) 算法必须很灵活,适用于多种应用场合。

(6) 算法的硬件实现应有较高的性能价格比。

(7) 算法的执行应有较高的效率。

(8) 算法的正确性应能证明。

(9) 算法和算法的硬件实现应满足美国的出口要求。

在征得的算法中,由 IBM 公司提出的算法 lucifer 中选。1975 年 3 月,NBS 向社会公布了此算法,以求得公众的评论,于 1976 年 11 月被美国政府采用,随后被美国国家标准局和美国国家标准协会(American National Standard Institute,ANSI)承认。1977 年 1 月以数据加密标准 DES 的名称正式向社会公布。

随着攻击技术的发展,DES 本身也在发展,如衍生出可抗差分分析攻击的变形 DES 以及密钥长度为 128 比特的三重 DES 等。

DES 使用 56 位密钥对 64 位的数据块进行加密,并对 64 位的数据块进行 16 轮编码。在每轮编码时,一个 48 位的"每轮"密钥值由 56 位的完整密钥得出来。DES 用软件进行解码需要用很长时间,而用硬件解码速度非常快。在 1977 年,人们估计要耗资两千万美元才能建成一个专门计算机用于 DES 的解密,而且需要 12 个小时的破解才能得到结果。

所以，当时 DES 被认为是一种十分强壮的加密方法。

DES 算法的基本原理是置换和替代操作，根据置换和替代算法的分析，无论是单一的置换还是单一的替代，攻击者都可以通过统计分析等方法很容易攻破密码系统。1990 年 S. Biham 和 A. Shamir 提出了差分攻击的方法，采用选择明文攻击，最终找到可能的密钥，M. Matsui 提出的线性分析方法利用 243 个已知明文，成功地破译了 16 圈 DES 算法，到目前为止，这是最有效的破译方法。

从 1997 年开始，RSA 公司发起了一个称为"向 DES 挑战"的竞技赛。在首届挑战赛上，罗克·维瑟用了 96 天时间破解了用 DES 加密的一段信息。

1999 年 12 月 22 日，RSA 公司发起"第三届 DES 挑战赛（DES Challenge Ⅲ）"。2000 年 1 月 19 日，由电子边疆基金会组织研制的 25 万美元的 DES 解密机以 22.5 小时的战绩，成功地破解了 DES 加密算法。DES 已逐渐完成了它的历史使命。

2. DES 算法基本原理

DES 的每一密文比特是所有明文比特和所有密钥比特的复合函数。这一特性使得明文与密文之间，以及密钥与密文之间不存在统计相关性，因而使得 DES 具有很高的抗攻击性。整个算法如图 3-7 所示。

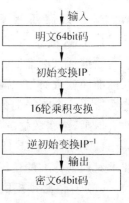

图 3-7　DES 算法

（1）算法概要

DES 对 64 位明文分组进行操作。通过一个初始置换，将明文分组分成左半部分和右半部分，各 32 位长。然后进行 16 轮完全相同的运算，这些运算被称为函数 f，在运算过程中数据与密钥结合。经过 16 轮后，左、右半部分合在一起经过一个末置换（初始置换的逆置换），算法就完成了。

在每一轮中，密钥位移位，然后再从密钥的 56 位中选出 48 位。通过一个扩展置换将数据的右半部分扩展成 48 位，并通过一个异或操作与 48 位密钥结合，通过 8 个 S 盒将这 48 位替代成新的 32 位数据，再将其置换一次，这 4 步运算构成函数 f。然后，通过另一个异或运算，将函数 f 的输出与左半部分结合，其结果即成为新的左半部分。将该操作重复 16 次，便实现了 DES 的 16 轮运算。1 轮 DES 如图 3-8 所示。

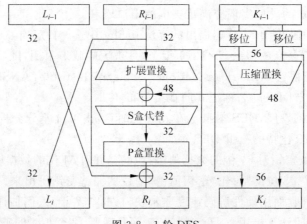

图 3-8　1 轮 DES

假设 B_i 是第 i 次迭代的结果，L_i 和 R_i 是 B_i 的左半部分和右半部分，K_i 是第 i 轮的 48 位密钥，且 f 是实现代替、置换及密钥异或等运算的函数，那么每一轮就是：

$$L_i = R_i - 1$$
$$R_i = L_i - 1 \oplus f(R_i - 1, K_i)$$

（2）初始置换

初始置换在第一轮运算之前进行，对输入分组实施如下所示的变换。初始置换把明文的第 58 位换到第 1 位的位置，把第 50 位换到第 2 位的位置，把第 42 位换到第 3 位的位置，以此类推。

58, 50, 42, 34, 26, 18, 10, 2, 60, 52, 44, 36, 28, 20, 12, 4
62, 54, 46, 38, 30, 22, 14, 6, 64, 56, 48, 40, 32, 24, 16, 8
57, 49, 41, 33, 25, 17, 9, 1, 59, 51, 43, 35, 27, 19, 11, 3
61, 53, 45, 37, 29, 21, 13, 5, 63, 55, 47, 39, 31, 23, 15, 7

初始置换和对应的末置换并不影响 DES 的安全性，它们的主要作用是使将明文和密文数据以字节大小放入 DES 芯片中变得更容易。

（3）密钥置换

由于不考虑每个字节的第 8 位，DES 的密钥由 64 位减至 56 位，每个字节的第 8 位作为奇偶校验以确保密钥不发生错误，如下所示。

57, 49, 41, 33, 25, 17, 9, 1, 58, 50, 42, 34, 26, 18
10, 2, 59, 51, 43, 35, 27, 19, 11, 3, 60, 52, 44, 36
63, 55, 47, 39, 31, 23, 15, 7, 62, 54, 46, 38, 30, 22
14, 6, 61, 53, 45, 37, 29, 21, 13, 5, 28, 20, 12, 4

在 DES 的每一轮中，从 56 位密钥产生出不同的 48 位子密钥（Subkey），这些子密钥是按以下方法确定的。

① 56 位密钥被分成两部分，每部分 28 位。

② 根据轮数，这两部分分别循环左移 1 位或 2 位。每轮移动的位数如下所示。

轮	1	2	3	4	5	6	7	8	9	10	11	12	13	14	15	16
位数	1	1	2	2	2	2	2	2	1	2	2	2	2	2	2	1

③ 移动后，从 56 位中选出 48 位。这个运算既置换了每位的顺序，也选择了子密钥，称为压缩置换（Compression Permutation）。下面所示即是压缩置换。

14, 17, 11, 24, 1, 5, 3, 28, 15, 6, 21, 10
23, 19, 12, 4, 26, 8, 16, 7, 27, 20, 13, 2
41, 52, 31, 37, 47, 55, 30, 40, 51, 45, 33, 48
44, 49, 39, 56, 34, 53, 46, 42, 50, 36, 29, 32

可以看出，第 33 位在输出时移到了第 35 位，而第 18 位被忽略了。

（4）扩展置换

这个运算将数据的右半部分从 32 位扩展到 48 位。这个操作有两个作用：①产生了与密钥同长度的数据以进行异或运算；②提供了更长的结果，从而可以在替代运算中进行压缩，如图 3-9 所示。

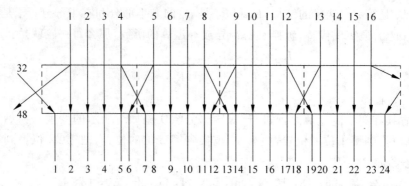

图 3-9　扩展置换

对每个 4 位输入分组，第 1 位和第 4 位分别表示输出分组中的两位，而第 2 位和第 3 位分别表示输出分组中的一位，下面给出了各输出位对应的输入位。

32， 1， 2， 3， 4， 5， 4， 5， 6， 7， 8， 9

　8， 9，10，11，12，13，12，13，14，15，16，17

16，17，18，19，20，21，20，21，22，23，24，25

24，25，26，27，28，29，28，29，30，31，32， 1

输入分组中的第 3 位移到了输出分组中的第 4 位，而输入分组的第 21 位则移到了输出分组的第 30 位和第 32 位。尽管输出分组大于输入分组，但每一个输入分组产生唯一的输出分组。

（5）S 盒代替

压缩后的密钥与扩展分组进行异或运算以后，将 48 位的结果送入，进行代替运算。替代由 8 个 S 盒完成，每一个 S 盒都有 6 位输入，4 位输出，且这 8 个 S 盒是不同的。48 位的输入被分为 8 个 6 位的分组，每一个分组对应一个 S 盒代替操作：分组 1 由 S 盒 1 操作，分组 2 由 S 盒 2 操作等，如图 3-10 所示。

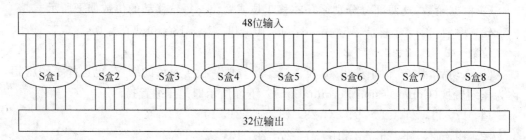

图 3-10　S 盒代替

每一个 S 盒是一个 4 行、16 列的表。盒中的每一项都是一个 4 位的数。S 盒的 6 个位输入确定了其对应的输出在哪一行哪一列。下面列出了 8 个 S 盒。

S 盒 1：

14， 4，13， 1， 2，15，11， 8， 3，10， 6，12， 5， 9， 0， 7

　0，15， 7， 4，14， 2，13， 1，10， 6，12，11， 9， 5， 3， 8

4, 1, 14, 8, 13, 6, 2, 11, 15, 12, 9, 7, 3, 10, 5, 0

15, 12, 8, 2, 4, 9, 1, 7, 5, 11, 3, 14, 10, 0, 6, 13

S盒 2：

15, 1, 8, 14, 6, 11, 3, 4, 9, 7, 2, 13, 12, 0, 5, 10

3, 13, 4, 7, 15, 2, 8, 14, 12, 0, 1, 10, 6, 9, 11, 5

0, 14, 7, 11, 10, 4, 13, 1, 5, 8, 12, 6, 9, 3, 2, 15

13, 8, 10, 1, 3, 15, 4, 2, 11, 6, 7, 12, 0, 5, 14, 9

S盒 3：

10, 0, 9, 14, 6, 3, 15, 5, 1, 13, 12, 7, 11, 4, 2, 8

13, 7, 0, 9, 3, 4, 6, 10, 2, 8, 5, 14, 12, 11, 15, 1

13, 6, 4, 9, 8, 15, 3, 0, 11, 1, 2, 12, 5, 10, 14, 7

1, 10, 13, 0, 6, 9, 8, 7, 4, 15, 14, 3, 11, 5, 2, 12

S盒 4：

7, 13, 14, 3, 0, 6, 9, 10, 1, 2, 8, 5, 11, 12, 4, 15

13, 8, 11, 5, 6, 15, 0, 3, 4, 7, 2, 12, 1, 10, 14, 9

10, 6, 9, 0, 12, 11, 7, 13, 15, 1, 3, 14, 5, 2, 8, 4

3, 15, 0, 6, 10, 1, 13, 8, 9, 4, 5, 11, 12, 7, 2, 14

S盒 5：

2, 12, 4, 1, 7, 10, 11, 6, 8, 5, 3, 15, 13, 0, 14, 9

14, 11, 2, 12, 4, 7, 13, 1, 5, 0, 15, 10, 3, 9, 8, 6

4, 2, 1, 11, 10, 13, 7, 8, 15, 9, 12, 5, 6, 3, 0, 14

11, 8, 12, 7, 1, 14, 2, 13, 6, 15, 0, 9, 10, 4, 5, 3

S盒 6：

12, 1, 10, 15, 9, 2, 6, 8, 0, 13, 3, 4, 14, 7, 5, 11

10, 15, 4, 2, 7, 12, 9, 5, 6, 1, 13, 14, 0, 11, 3, 8

9, 14, 15, 5, 2, 8, 12, 3, 7, 0, 4, 10, 1, 13, 11, 6

4, 3, 2, 12, 9, 5, 15, 10, 11, 14, 1, 7, 6, 0, 8, 13

S盒 7：

4, 11, 2, 14, 15, 0, 8, 13, 3, 12, 9, 7, 5, 10, 6, 1

13, 0, 11, 7, 4, 9, 1, 10, 14, 3, 5, 12, 2, 15, 8, 6

1, 4, 11, 13, 12, 3, 7, 14, 10, 15, 6, 8, 0, 5, 9, 2

6, 11, 13, 8, 1, 4, 10, 7, 9, 5, 0, 15, 14, 2, 3, 12

S盒 8：

13, 2, 8, 4, 6, 15, 11, 1, 10, 9, 3, 14, 5, 0, 12, 7

1, 15, 13, 8, 10, 3, 7, 4, 12, 5, 6, 11, 0, 14, 9, 2

7, 11, 4, 1, 9, 12, 14, 2, 0, 6, 10, 13, 15, 3, 5, 8

2, 1, 14, 7, 4, 10, 8, 13, 15, 12, 9, 0, 3, 5, 6, 11

假定将 S 盒的 6 位输入标记为 b1、b2、b3、b4、b5、b6，则 b1 和 b6 组合构成了一个

2 位数,从 0 到 3,它对应着表的一行。从 b2 到 b5 构成了一个 4 位数,从 0 到 15,对应着表中的一列。

例如,假设第 6 个 S 盒的输入为 110011,第 1 位和第 6 位组合形成了 11,对应着第 6 个 S 盒的第 3 行,中间 4 位组合形成了 1001,它对应着同一个 S 盒的第 9 列,S 盒 6 在第 3 行第 9 列的数是 14,则用值 1110 来代替 110011。

这是 DES 算法的关键步骤,所有其他的运算都是线性的,易于分析,而 S 盒是非线性的,它比 DES 的其他任何一步都提供了更好的安全性。

这个代替过程的结果是 8 个 4 位的分组,它们重新合在一起形成了一个 32 位的分组。

(6) P 盒置换

S 盒代替运算的 32 位输出依照 P 盒进行置换。该置换把每个输入位映射到输出位,任一位不能被映射两次,也不能被略去,下面给出了每位移至的位置。

16, 7, 20, 21, 29, 12, 28, 17, 1, 15, 23, 26, 5, 18, 31, 10
2, 8, 24, 14, 32, 27, 3, 9, 19, 13, 30, 6, 22, 11, 4, 25

第 21 位移到了第 4 位,同时第 4 位移到了第 31 位。

最后,将 P 盒置换的结果与最初的 64 位分组的左半部分进行异或运算,然后左、右半部分交换,接着开始另一轮。

(7) 逆初始置换 IP^{-1}

逆初始置换也称为末置换,是 DES 算法的最后一步,是一次简单的数码换位,也是线性变换,该变换与密钥无关。逆初始置换规则如下所示。

40, 8, 48, 16, 56, 24, 64, 32, 39, 7, 47, 15, 55, 23, 63, 31
38, 6, 46, 14, 54, 22, 62, 30, 37, 5, 45, 13, 53, 21, 61, 29
36, 4, 44, 12, 52, 20, 60, 28, 35, 3, 43, 11, 51, 19, 59, 27
34, 2, 42, 10, 50, 18, 58, 26, 33, 1, 41, 9, 49, 17, 57, 25

乘积变换过程经过 16 个轮回后,得到 L_{16} 和 R_{16},将 L_{16} 与 R_{16} 合并为 64 位码作为输入,进行逆初始置换,即得到 64 位密文输出。逆初始置换正好是初始置换的逆运算,例如,第 1 位经过初始置换后,处于第 40 位,而通过逆初始置换,又将第 40 位换回到第 1 位。逆初始置换的结果即为一组 64 位密文,该组密文与其他各组明文加密得到的密文合在一起,即为原报文的加密结果。

(8) DES 的解密

DES 使得用相同的函数来加密或解密每个分组成为可能,两者唯一的不同就是密钥的次序相反。

3.3.3 高级数据加密标准 AES

1. AES 概述

随着对称密码的发展,DES 数据加密标准算法由于密钥长度较小(56 位),已经不满足当今分布式开放网络对数据加密安全性的要求,因此 1997 年 NIST 公开征集新的高级数据加密标准,经过 3 轮的筛选,比利时 Joan Daeman 和 Vincent Rijmen 提交的 Rijndael 算法被建议为 AES 的最终算法。此算法成为美国新的数据加密标准而被广泛应用在各个领域中。尽管人们对 AES 还有不同的看法,但总体来说,AES 作为新一代的数据加密标准汇聚了强安全性、高性能、高效率、易用和灵活等优点。

2. AES 算法原理

AES 算法基于排列和置换运算。排列是对数据重新进行安排,置换是将一个数据单元替换为另一个。AES 使用几种不同的方法来执行排列和置换运算。AES 是一个迭代的、对称密钥分组的密码,它可以使用 128 位、192 位和 256 位密钥,并且用 128 位(16 字节)分组加密和解密数据。与公共密钥加密使用密钥对不同,对称密钥密码使用相同的密钥加密和解密数据。通过分组密码返回的加密数据的位数与输入数据相同。迭代加密使用一个循环结构,在该循环中重复置换和替换输入数据。

AES 是分组密钥,算法输入 128 位数据,密钥长度也是 128 位。用 N_r 表示对一个数据分组加密的轮数。每一轮都需要一个与输入分组具有相同长度的扩展密钥 Expandedkey(i)的参与。由于外部输入的加密密钥 K 长度有限,所以在算法中要用一个密钥扩展程序(Keyexpansion)把外部密钥 K 扩展成更长的比特串,以生成各轮的加密和解密密钥。

(1) 圈变化

AES 每一个圈变换由以下 3 个层组成。

① 非线性层——进行 Subbyte 变换。Subbyte 变换是作用在状态中每个字节上的一种非线性字节转换,可以通过计算出来的 S 盒进行映射。

② 线行混合层——进行 ShiftRow 和 MixColumn 运算。ShiftRow 是一个字节换位。它将状态中的行按照不同的偏移量进行循环移位,而这个偏移量也是根据 N_b 的不同而选择的。

③ 密钥加层——进行 AddRoundKey 运算。在 MixColumn 变换中,把状态中的每一列看做 GF(28)上的多项式 $a(x)$ 与固定多项式 $c(x)$ 相乘的结果。

④ 密钥加层运算(Addround)是将圈密钥状态中的对应字节按位进行异或运算。

⑤ 根据线性变化的性质,解密运算是加密变化的逆变化。

(2) 轮变化

对于不同的分组长度,其对应的轮变化次数也是不同的。

(3) 密钥扩展

AES 算法利用外部输入密钥 K(密钥串的字数为 N_k),通过密钥的扩展程序得到共计 $4(N_r+1)$ 字的扩展密钥。它涉及以下 3 个模块。

① 位置变换(Rotword),把一个 4 字节的序列[A,B,C,D]变化成[B,C,D,A]。

② S 盒变换(Subword),对一个 4 字节进行 S 盒代替。

③ 变换 Rcon,Rcon 表示 32 位比特字$[x_i-1,00,00,00]$。这里的 x 是(02),如 Rcon[1]=[01000000],Rcon[2]=[02000000],Rcon[3]=[04000000],…… 扩展密钥的生成:扩展密钥的前 N_k 个字就是外部密钥 K;之后的字 $W[]$ 等于它前一个字 $W[[i-1]]$ 与前第 N_k 个字 $W[[i-N_k]]$ 的“异或”,即 $W[]=W[[i-1]]+[[i-N_k]]$。但是若 i 为 N_k 的倍数,则 $W=W[i-N_k]$Subword(Rotword($W[[i-1]]$))Rcon$[i/N_k]$。

3.4　非对称密钥密码体制

3.4.1　非对称密钥密码体制概念

1. 概述

非对称加密算法又称为"公开密钥加密算法",在对称加密系统中,加密和解密的双方使用的是相同的密钥,非对称加密算法需要两个非对称加密算法密钥:公开密钥(Public Key)和私有密钥(Private Key)。公开密钥与私有密钥是一对,如果用公开密钥对数据进行加密,只用对应的私有密钥才能解密;如果用私有密钥对数据进行加密,那么只有用对应的公开密钥才能解密。因为加密和解密使用的是两个不同的密钥,所以将这种算法称为非对称加密算法。

在当今信息社会里,计算机及计算机通信网络已广泛用于社会的各个领域。利用计算机网络进行资金的转移、商业谈判、采购销售等商务活动比以前更加方便快捷,而这些商务活动的信息从某种意义上来说就是财富,因此将信息保密是人们迫切需要的。假如一个计算机网络有 n 个用户,那么网络就需要有 $n(n-1)/2$ 个密钥。当 n 较大时,这个数是很大的。同时为了安全的需要,通信双方要不断改变密钥,如此多的密钥要经常产生、分配与更换,其困难性是可想而知的,有时甚至是不可能实现的;另外,利用计算机网络进行以上活动,其信息的真实性也是人们迫切需要的。为了防止诈骗,通信双方必须对对方身份进行验证,有时还需要通信双方对信息进行签名,以便在发生纠纷时,能够提交第三者(如法院)进行仲裁。这一切都使传统的密码体制越来越不能满足计算机网络保密通信的要求了,人们迫切需要寻找新的密码体制。

大家知道,现实社会中存在一些所谓的单向"街道",沿着这些街道从 A 地到 B 很根容易,而从 B 地到 A 地就很难。又比如说,一个大城市的电话簿,给定一个人的姓名,就可以很容易用姓氏笔画查出他的电话号码;而任意给定一个电话号码,要知道是谁的电话号码就很困难,有时需要查阅整个电话簿。这有些类似于单向函数,下面给出单向函数的定义。

如果给定 x,求 $f(x)$ 是容易的;而给定 $f(x)$,求 x 则是困难的,这里的难意味着即使用世界上所有的计算机来计算这个难题,也要花费很长的时间,或者在一定的时间内解出,但对于实际问题已经没有意义,这样的函数 $f(x)$ 称为单向函数。

使用单向密码进行通信时,对密钥的分配和管理一般采用以下两种方式。

(1) 通信双方拥有一个共享的密钥,可以用人工方式传送双方的共享密钥,其成本较高,而且安全性要依赖于信使的可靠性。

(2) 借助于一个密钥分配中心,主要是依赖密钥分配中心的可靠性。

在非对称加密体系中,密钥被分解为一对,即公开密钥和私有密钥。这对密钥中的任何一个都可以作为公开密钥(加密密钥)通过非保密方式向他人公开,而另一把则作为私有密钥(解密密钥)加以保存。在加密系统中,公开密钥用于加密,私有密钥用于解密。私有密钥只能由生成密钥的交换方掌握,公开密钥可广泛公布,但它只对应于生成密钥的交换方。

2. 特点

非对称加密算法具有以下两个特点。

（1）用公开密钥加密的数据（消息），只有使用相应的私有密钥才能解密，这一过程称为加密。

（2）使用私有密钥加密的数据（消息），也只有使用相应的公开密钥才能解密，这一过程称为数字签名。

图 3-11 所示的是非对称密钥的加密和解密过程。

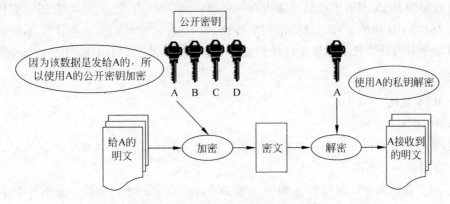

图 3-11 非对称密钥的加密和解密过程

假设某一个用户要给用户 A 发送一个数据，这时该用户在公开的密钥中找到与用户 A 所拥有的私有密钥所对应的一个公开密钥，然后，用此公开密钥对数据进行加密，加密后将数据发送到网络中传输。用户 A 在接收到密文后，便通过自己的私有密钥对数据进行解密，因为数据的发送方是使用接收方的公开密钥来加密数据的，所以，只有用户 A 才能够读懂该密文。当其他用户获得该密文时，因为他们没有加密该信息所对应的私有密钥，所以无法读懂该密文。

在非对称加密中，所有参与加密通信的用户都可以获得每个用户的公开密钥，而每一个用户的私有密钥由用户在本地产生，不需要事先分配。在一个系统中，只要能够管理好每一个用户的私有密钥，用户收到的通信内容就是安全的。任何时候，一个系统都可以更改它的私有密钥，并公开相应的公开密钥来替代它原来的公开密钥。

非对称加密方式可以使通信双方无须事先交换密钥就可以建立安全通信，广泛应用于身份认证、数字签名等信息交换领域。公开密钥体系是基于"单向陷门函数"的，即一个函数正向计算是很容易的，但是反向计算则是非常困难的。陷门的目的是确保攻击者不能使用公开的信息得出秘密的信息。例如，计算两个质数 p 和 q 的乘积 $n=pq$ 是很容易的，但是要分解已知的 n 成为 p 和 q 的乘积则是非常困难的。

3.4.2 RSA 加密算法

1. 概述

RSA 加密算法是一种非对称加密算法。在公钥加密标准和电子商业中 RSA 被广泛使用。RSA 是 1977 年由罗纳德·李维斯特（Ron Rivest）、阿迪·萨莫尔（Adi Shamir）和伦纳德·阿德曼(Leonard Adleman)一起提出的。当时他们 3 人都在麻省理工学院工作。RSA 就是由他们 3 人姓氏首字母拼在一起组成的。

1973 年,在英国政府通信总部工作的数学家克利福德·柯克斯(Clifford Cocks)在一个内部文件中提出了一个相应的算法,但他的发现被列入机密,一直到 1997 年才被发表。

对极大整数做因式分解的难度决定了 RSA 算法的可靠性。换言之,对一个极大整数做因式分解愈困难,RSA 算法愈可靠。假如有人找到一种快速因式分解的算法,那么用 RSA 加密的信息的可靠性就肯定会极度下降,但找到这样的算法的可能性是非常小的。今天只有短的 RSA 密钥才可能被强力方式解破。到 2009 年为止,世界上还没有任何可靠的攻击 RSA 算法的方式。只要密钥足够长,用 RSA 加密的信息实际上是不能被破解的。但在分布式计算技术和量子计算机理论日趋成熟的今天,RSA 加密的安全性也受到了挑战。

2. RSA 算法

(1) 密钥对的产生

假设 A 想要通过一个不可靠的媒体接收 B 的一条私人信息,可以用以下的方式来产生一个公钥和一个私钥。

① 随意选择两个大的质数 p 和 q(一般为 100 位以上的十进制数),p 不等于 q,计算 $n=pq$。

② 计算 $n=pq$ 作为 A 的公开模数。

③ 计算欧拉函数:$\phi(n)=(p-1)(q-1)(\bmod n)$。

④ 随机地选取一个与 $(p-1)(q-1)$ 互质的整数 e,作为 A 的公开密钥。

⑤ 用欧几里得算法,计算满足同余方程 $ed\equiv1(\bmod \phi(n))$ 的解,作为 A 用户的保密密钥。

其中,e 是公钥,d 是私钥(d 是秘密的)。A 将公钥 e 传给 B,而将私钥 d 隐藏起来。

(2) 加密

假设 B 想给 A 发送一条消息 m,他知道 A 产生的 n 和 e。他使用与 A 约好的格式将 m 转换为一个小于 N 的整数 n,比如可以将每一个字转换为这个字的 Unicode 码(一种通用的字符集),然后将这些数字连在一起组成一个数字。如果信息非常长,可以将这个信息分为几段,然后将每一段转换为 n,用下面这个公式可以将 n 加密为 c:

$$c = m^e (\bmod n)$$

计算 c 并不复杂,B 算出 c 后就可以将它传递给 A 了。

(3) 解密

A 得到 B 的消息 c 后,可以利用密钥 d 来解码,用以下这个公式来将 c 转换为 m:

$$m = c^d (\bmod n)$$

最后得到明文 m。

3. RSA 算法举例

假设有一个明文信息:HI,用 RSA 算法进行加密。

（1）密钥的产生

设 $p=5,q=11$，则

$$n=55, \quad \phi(n)=40$$

取 $e=3$（公钥），则可得到

$$d=27(\bmod 40)（私钥）$$

（2）加密

设明文编码为：空格$=00$，A$=01$，B$=02$，C$=03$，D$=04$，E$=05$，F$=06$，G$=07$，H$=08$，I$=09$，J$=10$，K$=11$，L$=12$，M$=13$，N$=14$，O$=15$，P$=16$，Q$=17$，$\cdots$，Z$=26$，则明文 HI$=0809$。

$$C_1 = M^e(\bmod n) = (08)^3 = 512 \equiv 17(\bmod 55)$$
$$C_2 = M^e(\bmod n) = (09)^3 = 729 \equiv 14(\bmod 55)$$
$$Q=17, N=14$$

所以，HI 的密文为 QN。

（3）解密

根据解密公式 $M=C^d(\bmod n)$ 得到：

$$M_1 = C^d(\bmod n) = (17)^{27} \equiv 08(\bmod 55)$$
$$M_2 = C^d(\bmod n) = (14)^{27} \equiv 09(\bmod 55)$$

因此，解得明文为 HI。

4. 对称与非对称密钥加密对比

对称与非对称密钥加密对比如表 3-2 所示。

表 3-2   对称与非对称密钥加密对比表

对称密钥加密	非对称密钥加密
加密/解密采用相同算法	加密/解密采用相同算法
使用同一个密钥	使用一对密钥进行加密和解密
发送方和接收方共享密钥和算法	发送方和接收方各自使用密钥对中的一个
密钥必须保密	密钥对中的一个必须保密
在不知道密钥的情况下破解密文在计算上不可行	对不知道密钥的情况下破解密文在计算上不可行
在已知算法和密文的条件下，要确定密钥在计算上不可行	在已知算法、密文和一个密钥的条件下，要确定另一个密钥在计算上不可行

3.4.3 其他非对称加密算法

1. DH 算法

DH(Diffie-Hellman)算法是一种"密钥交换"算法，它主要为对称密码的传输提供共享信道，而不是用于加密或数字签名的。

DH 算法的出现就是用来进行密钥传输的。DH 算法是基于离散对数实现的。下面介绍用户 A 和 B 如何利用 RSA 算法来传输密钥。

在通信前，用户 A 和 B 双方约定两个大整数 n 和 g，其中 $1<g<n$，这两个整数可以公开。

（1）A 随机产生一个大整数 a，然后计算 $K_a = g^a \bmod n$（a 需要保密）。

（2）B 随机产生一个大整数 b，然后计算 $K_b = g^b \bmod n$（b 需要保密）。

（3）A 把 K_a 发送给 B，B 把 K_b 发送给 A。

（4）A 计算 $K = K^{ba} \bmod n$。

（5）B 计算 $K = K^{ab} \bmod n$。

由于 $K^{ba} \bmod n = (g^b \bmod n)a \bmod n = (g^a \bmod n)b \bmod n$，因此可以保证双方得到的 K 是相同的，K 即是共享的密钥。DH 密钥的交换过程如图 3-12 所示。

2. 椭圆曲线密码

椭圆曲线密码（Elliptic Curve Cryptography，ECC）是基于椭圆曲线数学的一种公钥密码的方法。椭圆曲线在密码学中的使用是在 1985 年由 Neal Koblitz 和 Victor Miller 分别独立提出的。

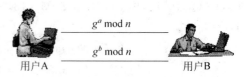

图 3-12　DH 密钥的交换过程

ECC 的主要优势是在某些情况下它比其他的方法使用更小的密钥——比如 RSA——提供相当的或更高等级的安全。ECC 的另一个优势是可以定义群之间的双线性映射，基于 Weil 对或是 Tate 对；双线性映射已经在密码学中发现了大量的应用，例如基于身份的加密。它的一个缺点是加密和解密操作的实现比其他机制花费的时间长。

椭圆曲线密码学的许多形式稍微有些不同，所有的都依赖于椭圆曲线离散对数问题上，对应有限域上椭圆曲线的群。

对椭圆曲线来说最流行的有限域是以素数为模的整数域 $GF(p)$，或是特征为 2 的伽罗华域 $GF(2m)$。后者在专门的硬件实现上计算更为有效，而前者通常在通用处理器上更为有效。下面介绍 ECC 的算法。

（1）系统的建立

选取一个基域 F_q，一个定义在 F_q 上的椭圆曲线 E 和 E 上一个为质数阶 n 的点 P，点 P 的坐标用 (x_p, y_p) 表示。有限域 F_q、椭圆曲线参数（即域元素 a 和 b，元素 a 和 b 用于定义椭圆曲线的参数）、点 P 和阶 n 是公开的。

（2）密钥的产生

系统建立以后，通信双方执行以下计算。

① 在区间 $[1, n-1]$ 中随机选取一个整数 d。

② 计算点 $Q = dp$。

③ 用户的公开密钥包含点 Q，用户的私有密钥是整数 d。

（3）加密

假设，当用户 B 发送信息 M 给用户 A 时，用户 B 将执行以下操作。

① 查找用户 A 的公钥 Q。

② 将数据 M 表示成一个域元素 M。

③ 在区间 $[1, n-1]$ 内选择一个随机整数 k。

④ 计算点 $(x_1, y_1) = KP$。

⑤ 计算点 $(x_2, y_2) = KQ$。

⑥ 计算 $C=Mx_2$。

⑦ 传送加密数据 (x_1,y_1,c) 给用户 A。

(4) 解密

当用户 A 解密从用户 B 收到的密文 (x_1,y_1,c) 时,用户 A 执行以下的操作。

① 使用用户 A 的私有密钥 d,计算点 $(x_2,y_2)=d(x_1,y_1)$。

② 通过计算 $M=c/x_2$,得到明文数据 M。

3.5 密钥管理

3.5.1 密钥管理概述

密钥的管理是一项复杂而细致的长期工作,既包含了一系列的技术问题,又包含了行政管理人员的素质问题。在密钥的产生、分配、注入、存储、更换、使用和保管等一系列环节中,必须注意到每一个细小的环节,否则就会造成意想不到的损失。每一个具体系统的密钥管理必须与具体的使用环境和保密要求相结合,万能的密钥管理体制是不存在的。实践表明,从密钥管理渠道窃取密钥比单纯从破译途径窃取密钥要容易得多,代价要小得多。

随着应用对象的不同,密钥的管理方式也不同。如对物理层加密,由于它只在相邻节点(或端节点)之间进行,与其他节点和端点无关,因此密钥管理比较简单;而对传输层和表示层加密(端对端加密),密钥管理就比较复杂。对于单节点构成的网络系统和多节点构成的分布式网络系统,在密钥的管理上就更复杂。

一个好的密钥管理系统应该尽量不依赖于人的因素,这不仅是为了提高密钥管理的自动化水平,根本的目的还是提高系统的安全程度。为此,有以下具体要求。

(1) 密钥难以被非法窃取。

(2) 在一定条件下,窃取了密钥也没有用。

(3) 密钥的分配和更换过程对用户是透明的,用户不一定亲自掌握密钥。

在设计一个系统时,首先要明确解决什么问题,有哪些因素要考虑,这是设计好一个系统的前提。一般来说,以下几个方面的因素必须考虑。

(1) 系统对保密强度的要求。

(2) 系统中哪些地方需要密钥,这些密钥采用什么方式预置或装入保密组件。

(3) 多长时间要更换一次密钥,即一个密钥规定使用的限期是多少。

(4) 密钥在什么地方产生。

(5) 系统的安全性与用户的承受能力。

上述有些因素是非技术性的,如第(2)条,它与系统的安全性密切相关。如果服务对象是商业界,要求的保密强度就不太高,密钥的使用限期就可以比较长;如果服务对象是军事或政府部门,密钥的使用限期就相对较短。其余几项都属于技术问题。只要对上述问题进行认真考虑,就能设计出一个好的保密系统。

无论是主机还是终端,或是网络,加密操作系统都必须在保密装置中进行。保密装置含有重要的密钥,一旦密钥装入,就不能被读出。防止某一主体对客体的非法存取是存取控制机制的责任,加密无法提高这一存取控制机制的安全性。若系统内的破坏者能破坏存取控制机制,便能非法偷窃文件或阅读甚至破坏信息。因此,密钥管理系统必须依赖于存取控制机制来控制对密钥的访问,密钥的管理方法必须保证从合法用户到系统程序员中的任何人都无法得到密钥。

在网络及其数据库中,系统的安全性依赖于唯一的主密钥。这样,一旦主密钥被偶然或蓄意泄露,整个系统就容易受到攻击。如果主密钥丢失或损坏,则系统的全部信息便成为不可访问的。因此可采用分散密钥管理方案,即把主密钥复制到多个可靠的用户保管,而且可以使每个用户具有不同的权利。其实现方法是权利大的人可以持有几个密钥,权利小的人只持有一个密钥。这种技术已被用到访问控制中。

3.5.2　密钥的种类和作用

1. 密钥的种类

密钥可以分为以下几种类型。

（1）基本密钥

基本密钥又称为初始密钥或用户密钥,是由用户选定或由系统分配给用户的,可以在较长时间(相对于会话密钥)内由一对用户所专用。

（2）会话密钥

两个通信终端用户在一次通话中或交换数据时使用的密钥。当它用于加密文件时,称为文件密钥,当它用于加密数据时,称为数据加密密钥。

（3）密钥加密密钥

用于对会话密钥或文件密钥进行加密时采用的密钥,又称为辅助(二级)密钥或密钥传送密钥。通信网中的每个节点都分配有一个这类密钥。

（4）主机主密钥

主机主密钥是对密钥加密密钥进行加密的密钥,存于主机处理器中。

（5）在非对称体制下,还有公开密钥、秘密密钥、签名密钥等。

2. 密钥的作用

密钥的作用是维持系统中各实体之间的密钥关系,以抗击各种可能的威胁。

（1）密钥的泄露。

（2）秘密密钥或公开密钥的身份的真实性丧失。

（3）经未授权使用。

3. 密钥的组织结构

从信息安全的角度看,密钥的生存期越短,破译者的可乘之机就越小。所以,理论上一次一密钥是最安全的。在实际应用中,尤其是在网络环境下,多采用层次化的密钥管理结构。用于数据加密的工作密钥平时不存于加密设备中,需要时动态生成,并由其上层的密钥加密密钥进行加密保护,密钥加密密钥可根据需要由其上一级的加密密钥进行保护。最高层的密钥被称为主密钥,它是整个密钥管理体系的核心。在多层密钥管理系统中,通常下一层的密钥由上一层密钥按照某种密钥算法来生成,因此,掌握了主密钥,就有可能找出下层的各个密钥。

一个密钥系统可能有若干种不同的组成部分,可以将各个部分划分为一级密钥、二级密钥,直到 n 级密钥,组成一个 n 层密钥系统,如图 3-13 所示。

多层密钥系统的基本思想是"用密钥保护密钥",在该系统中,最低层的密钥,直接对数据进行加密和解密,称为工作密钥。最高层的密钥,是密钥系统的核心,称为主密钥。其他的所有密钥,对下一层密钥进行加密,称为密钥加密密钥。

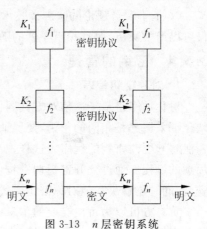

图 3-13　n 层密钥系统

假设有 3 层密钥系统,将用于数据加密的密钥称为三级密钥,也称为工作密钥。保护三级密钥的密钥称为二级密钥,也称为密钥加密密钥。保护二级密钥的密钥称为一级密钥,也称为主密钥。因此,二级密钥相对于三级密钥来说,是加密密钥,相对于一级密钥来说,又是工作密钥。

4. 密钥体制的层次选择

密钥体制的层次选择是由功能来决定的。

(1) 单层密钥体制:如果一个密钥系统的功能很简单,可以简化为单层密钥体制,如早期的保密通信体制。

(2) 多层密钥体制:如果密钥系统要求密钥能定期更换,密钥能自动生成和分配等其他的功能,则需要设计成多层密钥体制,例如,网络系统和数据库系统中的密钥体制。

3.5.3　密钥的生成

目前,密钥的产生主要利用了噪声源技术。噪声源的功能是产生二进制的随机序列或与之相对应的随机数,它是密钥产生设备的核心部件。

噪声源产生的随机序列,按照产生的方法可分为以下几种。

(1) 伪随机序列

伪随机序列是用数学方法和少量的种子密钥产生的周期很长的随机序列。对于一个序列,如果一方面它是可以预先确定的,并且是可以重复地产生和复制的;一方面它又具有某种随机序列的随机特性(即统计特性),便称这种序列为伪随机序列。伪随机序列一般都有良好的、能受理论检验的随机统计特征,但当序列的长度超过了唯一解的距离时,就成了一个可预测的序列。

(2) 物理随机序列

物理随机序列是用热噪声等客观方法产生的随机序列。实际的物理噪声往往要受到温度、电源、电路特性等因素的限制,其统计特性常常带有一定的偏向性。

(3) 准随机序列

准随机序列是将数学的方法和物理的方法结合起来产生的随机序列。准随机序列可以克服前两者的缺点。物理噪声源基本上有 3 类:基于力学的噪声源技术、基于电子学的噪声源技术、基于混合理论的噪声源技术。

① 基于力学的噪声源技术。通常利用硬币骰子抛撒落地的随机性产生密钥。

② 基于电子学的噪声源技术。这种方法利用电子学方法对噪声器件(如真空管、稳压二极管等)的噪声进行放大、整形后产生出密钥随机序列。

③ 基于混合理论的噪声源技术。混合理论是一门新学科。利用混合理论的方法,不仅可以产生噪声,而且噪声序列的随机性好,产生效率高。

3.5.4 密钥的管理

1. 对称密钥管理

对称加密是基于通信双方共同保守秘密来实现的。采用对称加密技术的贸易双方必须保证采用的是相同的密钥,要保证彼此密钥的交换是安全可靠的,同时还要设定防止密钥泄露和更改密钥的程序。这样,对称密钥的管理和分发工作将变成一件潜在危险的和烦琐的过程。通过公开密钥加密技术实现对称密钥的管理使相应的管理变得简单且更加安全,同时还解决了纯对称密钥模式中存在的可靠性问题和鉴别问题。

贸易方可以为每次交换的信息(如每次的 EDI 交换)生成唯一的一把对称密钥并用公开密钥对该密钥进行加密,然后再将加密后的密钥和用该密钥加密的信息(如 EDI 交换)一起发送给相应的贸易方。由于每次信息交换都对应生成了唯一的一把密钥,因此各贸易方就不再需要对密钥进行维护和担心密钥泄露或过期了。这种方式的另一优点是,即使泄露了一把密钥也只将影响一笔交易,而不会影响到贸易双方之间所有的交易关系。这种方式还提供了贸易伙伴间发布对称密钥的一种安全途径。

美国麻省理工学院开发了著名的密钥分配协议 Kerberos。Kerberos 协议通过密钥管理中心(Key Distribution Center,KDC)来分配和管理密钥。图 3-14 所示的是利用 KDC 进行密钥管理的一种实施方案,用户 A 和 B 都是 KDC 的注册用户,注册密钥分别为 K_a、K_b,密钥分配需要三个步骤(图中分别用①、②和③表示)。

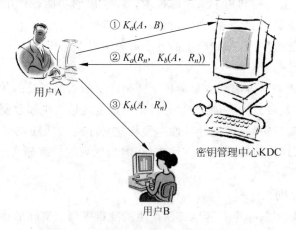

图 3-14　利用 KDC 管理密钥的一种方案

(1) 用户 A 向 KDC 发送自己的注册密钥 K、加密的报文 $K_a(A,B)$,告诉 KDC 希望与用户 B 建立通信关系。

(2) KDC 随机产生一个临时的密钥 R_n,供用户 A 和 B 在本次通信中使用。然后向 A 发送应答报文,报文中包括 KDC 分配的临时密钥 R_n 和 KDC 请 A 转给 B 的报文 $K_b(A,R_n)$。

此报文再用 A 自己的注册密钥 K_a 进行加密(因为是对称加密)。需要说明的是,虽然 KDC 向 A 发送了用 B 的注册密钥加密的报文 $K_a(A,R_n)$,但由于 A 并没有 B 的注册密钥,所以 A 根本无法知道明文的内容。

(3)用户 B 收到 A 转来的报文 $K_b(A,R_n)$ 时,一方面知道 A 要与自己通信,另一方面知道本次通信中使用的密钥是 R_n。

此后,用户 A 与 B 之间就可以利用密钥 R_n 进行通信了。由此可以看出,KDC 每次分配给用户的对称密钥是随机的,所以保密性较高。另外,KDC 分配给每个注册用户的密钥(如 K_a、K_b 等)都可以定期更新,以增强系统的安全性。

2. 非对称密钥管理/数字证书

贸易伙伴间可以使用数字证书(非对称密钥证书)来交换非对称密钥。国际电信联盟(ITU)制定的标准 X.509,对数字证书进行了定义。该标准等同于国际标准化组织(ISO)与国际电工委员会(IEC)联合发布的 ISO/IEC 9594-8:195 标准。数字证书通常包含有唯一标识证书所有者(即贸易方)的名称、唯一标识证书发布者的名称、证书所有者的公开密钥、证书发布者的数字签名、证书的有效期及证书的序列号等。证书发布者一般称为证书管理机构(CA),它是贸易各方都信赖的机构。数字证书能够起到标识贸易方的作用,是目前电子商务广泛采用的技术之一。

3. 密钥管理相关的标准规范

目前国际上有关的标准化机构都着手制定关于密钥管理的技术标准规范。ISO 与 IEC 下属的信息技术委员会(JTC1)已起草了关于密钥管理的国际标准规范。该规范主要由 3 部分组成:一是密钥管理框架;二是采用对称技术的机制;三是采用非对称技术的机制。该规范现已进入到国际标准草案表决阶段,并将很快成为正式的国际标准。

习题三

一、判断题

1. 密码学是以研究秘密通信为目的,即对所要传送的信息采取一种秘密保护措施,以防止第三者窃取信息的一门学科。　　　　　　　　　　　　　　　　　(　　)

2. 在密码学中,密码系统是指为实现信息隐藏、加密、解密、破译等所采用的基本工作方式,也可称为密码体制。　　　　　　　　　　　　　　　　　　　(　　)

3. 序列密码加密过程是:把报文、语音和图像等原始信息转换为明文数据序列,再将其与密钥序列进行异或运算,生成密文序列发送给接收者。　　　　　(　　)

4. 非对称密码体制也称为公钥加密技术,该技术就是人们针对私钥密码体制的缺陷提出来的。在公钥加密系统中,加密和解密是相对独立的,加密和解密使用同一把密钥。
　　　　　　　　　　　　　　　　　　　　　　　　　　　　　　　(　　)

5. 不可抵赖性是指发送者不可能事后否认他发送过消息,消息的接收者可以向中立的第三方证实所指的发送者确实发出了消息,通过数字签名来实现。　　(　　)

6. 数据加密标准 DES 是密码学史上非常经典的一个对称密码体制。1968 年,美国国家标准局就政府与民间对加密技术的需求,进行了一系列调查研究。 (　　)

7. 1997 年 NIST 公开征集新的高级数据加密标准(Advanced Encryption Standard,AES),经过 3 轮的筛选,比利时 Joan Daeman 和 Vincent Rijmen 提交的 Rijndael 算法被提议为 AES 的最终算法。 (　　)

8. RSA 是 1977 年由罗纳德·李维斯特(Ron Rivest)、阿迪·萨莫尔(Adi Shamir)和伦纳德·阿德曼(Leonard Adleman)一起提出的。当时他们 3 人都在麻省理工学院工作。 (　　)

9. 一个好的密钥管理系统应该依赖于人的因素,以人为本,这不仅是为了提高密钥管理的自动化水平,根本的目的还是为了提高系统的安全程度。 (　　)

10. 密钥的作用是维持系统中各计算机之间的密钥关系,以抗击各种可能的威胁。

(　　)

二、填空题

1. 密码学是以研究_____为目的,即对所要_____采取一种秘密保护措施,以防止第三者_____的一门学科。

2. 最早的秘密书写可以追溯到_____,著名的历史学家 Herodotus 记录了_____与_____之间的战争。

3. 密码学的发展划分为 3 个阶段,第一阶段为_____,第二阶段为_____,第三阶段为_____。

4. 密码技术是保护信息安全的主要手段之一,希望通过安全通信来获得_____性、完整性、_____性和_____性。

5. 密码系统主要包括_____、_____、_____和解密算法等几个基本的要素。

6. 设计的任何密码系统都必须符合的原则是_____原则、_____原则、_____原则、_____原则、_____原则等。

7. 传统加密技术的主要对象是_____,其内容都是基于某个_____的,如_____、_____等。

8. 置换密码又称为_____密码,是指变换明文中各元素的_____,但保持其_____不变的方法。最典型的转换密码技术有_____技术、_____技术。

9. 替代密码就是将明文中的_____替换成密文中的_____。替代之后形成的新元素符号集合就是_____,接收者对密文进行_____就恢复出明文来。最典型的替代密码有_____密码、_____密码和_____密码等。

10. 对称密码体制的基本思想是_____,对称密码算法有:_____、_____、_____、_____和 AES 等,其中使用最广泛的是_____密码算法。

11. 非对称加密算法又称为_____,在非对称加密算法中需要_____非对称加密算法密钥:_____和_____。

12. 一个好的密钥管理系统应该尽量_____的因素,这不仅是为了_____密钥管理的_____水平,根本的目的还是为了提高系统的_____程度。

三、思考题

1. 密码学发展经历了哪 3 个阶段？
2. 简述密码体系构成的几个要素。
3. 分组密码的方式有哪些？
4. 简述对称密码体制。
5. 什么是非对称密码体制？
6. 什么是密码系统设计原则？
7. 什么是栅栏密码技术？
8. 什么是矩阵密码技术？
9. 什么是多表替代密码技术？
10. 密钥管理的具体要求有哪些？
11. 密钥管理的种类有哪些？
12. 密钥管理的作用有哪些？

第4章

电子商务安全认证体系

电子商务安全中的一个重要的组成部分就是认证体系,它直接关系到电子商务活动能否高效而有序地进行。现代密码的两个最重要的分支就是加密和认证,加密的目的是防止敌方获得机密信息,认证则是为了防止敌方的主动攻击,包括验证信息真伪及防止信息在通信过程中被篡改、删除、插入、伪造、延迟及重放等。本章主要介绍此方面的内容,通过本章的学习,要求:

(1) 掌握身份认证的基本概念。

(2) 掌握身份认证的分类以及体系。

(3) 掌握认证的常用协议。

(4) 掌握数字证书的基本概念。

(5) 掌握 PKI 的体系结构。

4.1　身份认证与数字证书

4.1.1　身份认证概念

1. 身份认证的定义

在因特网上,为了电子商务的网络安全,需要以合法的身份进入和访问用户所需进入的场所,例如,人们进入电影院看电影要出示电影票,进入飞机场坐飞机要出示身份证和飞机票。为了知道用户是否合法,需要对用户进行鉴别和认证。常用的方法是通过提供用户名称或者标识 ID,通常可能有多种形式:用户姓名、序列号码、用户账号、用户密码等。

所谓身份认证就是计算机系统的用户在进入计算机系统时,系统确认该用户的身份是否真实、合法和唯一,一般可以分为以下几种。

(1) 消息认证

消息认证主要用于保证信息的完整性和抗否认性,在很多情况下,用户要确认网上信息是否真实,信息是否被第三方修改或伪造,这时就需要消息认证。

(2) 身份认证

身份认证主要是为了确保用户身份的真实、合法和唯一。这样就可以防止非法人员进入系统,防止非法人员通过违法操作获取不正当利益,访问受控信息,恶意破坏系统数据完整性的情况发生。同时,在一些需要具有较高安全性的系统中,通过用户身份的唯一性,系统可以自动记录用户所做的操作,以进行有效的稽核。

一个系统的身份认证方案必须根据各种系统的不同平台和不同安全性要求来进行设计,比如,有些公用信息查询系统可能不需要身份认证,而有些金融系统则需要很高的安全性。同时,身份认证要尽可能地方便、可靠,并尽可能地降低成本。在此基础上,还要考虑系统扩展的需要。

2. 身份认证的物理基础

在真实世界,对用户的身份认证的物理基础有以下 3 种。

(1) 根据用户所知道的信息来证明其身份(what you know,知道什么),例如,密码和口令等。

(2) 根据用户所拥有的东西来证明其身份(what you have,有什么),例如,身份证、护照、密钥盘、证书等。

(3) 直接根据独一无二的身体特征来证明用户的身份(who you are,是谁),例如,指纹、面貌、声音、虹膜、DNA 等。

在网络世界中手段与真实世界中的一致,为了达到更高的身份认证安全性,在某些场景会从上面 3 种中挑选两种混合使用,即所谓的双因素认证。

3. 身份认证的作用

身份认证是安全系统中的第一道关卡,如图 4-1 所示。用户在访问安全系统之前,首先经过身份认证系统进行身份识别,然后访问控制器,根据用户的身份和授权数据库决定用户能否对某个资源进行访问,授权数据库由安全管理员根据需要进行配置。审计系统根据审计设置记录用户的请求和行为,同时入侵检测系统检测是否有入侵行为。

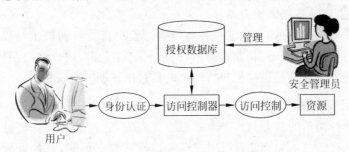

图 4-1 身份认证在安全系统中的作用

访问控制和审计系统都要依赖于身份认证系统提供的"信息",即用户的身份。可见,身份认证在安全系统中是极为重要的,是最基本的安全服务,其他的安全服务都依赖于它,一旦身份认证系统被攻破,那么,系统的所有安全措施将会受到严峻的挑战。

4. 身份认证中的几个重要术语

(1) 识别:明确并区分访问者的身份。

(2) 验证:对访问者声明的身份进行确认,这是身份认证的基本方法。

（3）认证：在进行任何操作之前必须采取有效的方法来识别操作执行者的真实身份。认证又称为鉴别、确认。

（4）授权：授权是指当用户身份被确认合法后，赋予该用户操作文件和数据等的权限，赋予的权限包括读、写、执行及从属等。

（5）审计：每一个人都应该为自己的操作负责，所以在操作完成后都应该有记录，以便检查责任。

5. 用户访问资源的过程

用户访问资源的过程如图 4-2 所示。

在日常生活中，人们的身份主要是通过各种证件来确认的，例如，身份证、教师资格证、记者证、军官证、户口簿等。在计算机网络系统中，各种资源，例如，文件、数据等也要求有一定的保证机制来确保这些资源被应该使用的人使用。身份认证通常是许多应用系统中安全保护的第一道防线，它的失败可能导致整个系统的失败。

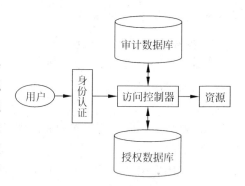

图 4-2　用户访问资源的过程

4.1.2　身份认证方法

1. 静态密码的方法

静态密码是指用户自己设置的账号与密码，而不是由系统设置的。当用户需要进入网络时，只要输入正确的账号和密码，计算机就认为操作者是合法用户，用户的密码需要经常更换，以保证密码的安全。实际上，由于许多用户为了防止忘记密码，经常采用诸如生日、电话号码等容易被猜测的字符串作为密码，或者把密码抄在纸上放在一个自认为安全的地方，这样很容易造成密码泄露。

如果密码是静态的数据，在验证过程和传输过程中都有可能被木马程序截获。静态密码机制无论是使用还是部署都非常简单，但从安全性上讲，用户名/密码方式是一种不安全的身份认证方式。它是根据用户所知道的信息来证明其身份的。

2. 单向认证的方法

单向认证是指通信的双方只要一方被另一方鉴别，这样的身份认证过程就是一种单向认证。单向认证的基本原理是：当用户需要访问系统资源时，系统提示用户输入用户名和口令。系统采用加密方式或明文方式将用户名和口令传送到认证中心，并和认证中心保存的用户信息进行比对。如果验证通过，系统允许该用户进行随后的访问操作，否则拒绝用户进一步的访问操作。

单向认证一般用于早期的计算机系统，目前，在一些比较简单的系统或安全性要求不高的系统中也有应用，例如 PC 的开机口令、UNIX 系统中用户的登录、Windows 用户的登录、电话银行查询系统的账户口令等。现在的许多计算机系统是由老的计算机系统发展而来的，沿用了原有的身份认证方法，所以，现在的系统大多数采用的还是单向认证方法。

这种方法存在着诸多的不安全因素。静态密码是用户和机器之间共知的一种信息，而其他人不知道，这样用户若知道这个口令，就说明用户是机器所认为的那个人。在大多数情况下，网络或系统登录控制使用的口令通常是静态的，也就是说在一定时间内是固定不变的，而且可重复使用。这样就存在安全隐患了，因为，若他人知道用户的密码，就可冒用用户的身份登录系统或网络进行非法操作等，给真实用户的利益造成损害。如今，人们使用密码的场合越来越多，银行账户、股票账户、信用卡、拨号上网、网上购物等无不需要输入密码。为了好记，很多人采用有规律性的数字组合，像生日、身份证号码、门牌号、电话号码等，有的人为了省事，甚至一个密码一用到底。这样确实方便，但却带来了不安全因素，也给不法之徒提供了便利。

3. 双向认证的方法

双向认证是指在单向认证基础上结合第二个物理认证因素，以使认证的安全性进一步得到增强。这里所说的第二个物理认证因素是指磁卡、条码卡、Memory IC 卡、指纹等。当然，双向认证也同样符合单向认证方法的特征，即在用户登录系统、验证身份过程中，送入系统的验证数据是固定不变的。双向认证的基本原理如下。

（1）用户在登录业务终端上输入 ID 和口令。

（2）业务终端通过专用设备如磁条读写器、条码阅读器、IC 读写器、指纹仪等设备将第二个物理认证因素上的数据读入。

（3）业务终端将所有数据打包（加密）后送到中心主机进行验证。

（4）中心主机系统将登录数据包解包（脱密）后进行安全认证。

（5）业务终端接收中心主机返回的认证结果，并根据结果进行下一步操作。

双向认证是对单向认证的一个改进，因为有了第二个物理认证因素，使得认证的确定性呈指数递增。所以，目前在很多银行计算机业务处理系统中，柜员的身份认证采用双向认证，每个柜员都有一张柜员磁卡或柜员 IC 卡。双向认证是目前安全性要求较高的系统中用得最多的一种身份认证方法。

4. 零知识证明认证的方法

（1）概念

通常的身份认证都要求传输口令或身份信息，但如果能够不传输这些信息身份也得到认证就好了。零知识证明就是这样一种技术。

（2）前提条件

被认证方 P 和验证者 V 未曾见过面，要通过开放的网络让其证明自己的身份而不泄露所使用的知识，需要满足以下 3 个条件。

① P 几乎不可能欺骗 V。

② V 几乎不可能知道证明的知识，特别是他不可能向别人重复证明过程。

③ V 无法从 P 那里得到任何有关证明的知识。

（3）工作原理

工作原理如图 4-3 所示。

① V 站在 A 点。

② P 进入山洞，走到 C 点或 D 点。

③ 当 P 进洞之后，V 走到 B 点。

④ V 指定 P 从左边或者右边出来。

⑤ P 按照要求出洞（如果需要通过门，则要使用口令）。

⑥ P 和 V 重复步骤①～⑤n 次。

如果 P 知道口令，他一定可以按照 V 的要求正确地走出山洞 n 次；如果 P 不知道口令，并想使 V 相信他知道口令，就必须每次都事先猜对 V 会要求他从哪一边出来，经过 16 轮后，P 只有 1/65536 的机会猜中。

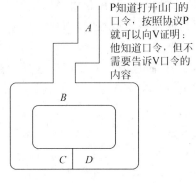

P知道打开山门的口令，按照协议P就可以向V证明：他知道口令，但不需要告诉V口令的内容

图 4-3   零知识证明原理

（4）特性

① 完备性，当 P 向 V 的声明是真的时，V 以一个大的概率接受 P 的结论。

② 有效性，当 P 向 V 的声明是假的时，V 以一个大的概率描绘 P 的结论。

③ 零知识性，当 P 向 V 的声明是真的时，V 在不违背协议的情况下，无论 P 采取任何手段，只能接受 V 的结论，而无法得到与结论相关的其他任何信息。

目前在网络身份认证中，有人已经提出了零知识技术的变形方案，例如，FFS 方案、FS 方案、GQ 方案等。一般地，验证者颁布大量的询问给声明者，声明者对每个询问计算机一个回答，而在计算中使用了秘密信息。大部分技术要求传输的数据量较大，并且需要一个更复杂的协议，需要一些协议交换。

5. 智能卡认证的方法

智能卡（IC 卡）是利用一种内置集成电路的芯片技术制成的，芯片中存有与用户身份相关的数据，智能卡由专门的厂商通过专门的设备生产，是不可复制的硬件。智能卡由合法用户随身携带，登录时必须将智能卡插入专用的读卡器读取其中的信息，以验证用户的身份。

智能卡认证是通过智能卡硬件不可复制来保证用户身份不会被仿冒的。然而由于每次从智能卡中读取的数据是静态的，通过内存扫描或网络监听等技术很容易截取到用户的身份验证信息，因此，还是存在安全隐患的。它利用 what you have 方法，也就是根据用户所拥有的东西来证明其身份。

智能卡技术将成为用户接入和用户身份认证等安全要求的首选技术。用户将从持有认证执照的可信发行者手里取得智能卡安全设备，也可以从其他公共密钥密码安全方案发行者那里得到。这样智能卡的读取器必将成为用户接入和认证安全解决方案的一个关键部分。

6. 短信密码认证的方法

短信密码是指以手机短信形式请求包含 6 位随机数的动态密码，身份认证系统以短信形式发送随机的 6 位密码到客户的手机上。客户在登录或者交易认证时输入此动态密码，从而确保系统身份认证的安全性。它利用 what you have 方法，也就是根据用户所拥有的东西来证明其身份。

短信密码认证的优点有以下几个。

(1) 安全性。由于手机与客户绑定比较紧密,短信密码生成与使用场景是物理隔绝的,因此密码在通路上被截取的概率降至最低。

(2) 普及性。只要会接收短信即可使用,大大降低短信密码技术的使用门槛,学习成本几乎为 0,所以在市场接受度上面不会存在阻力。

(3) 易收费。由于移动因特网用户养成了付费的习惯,这是和 PC 时代因特网截然不同的理念,而且收费通道非常发达,如果是网银、第三方支付、电子商务可将短信密码作为一项增值业务,每月通过 SP 收费不会有阻力,因此也可增加收益。

(4) 易维护。由于短信网关技术非常成熟,大大降低短信密码系统上马的复杂度和风险,短信密码业务后期客服成本低,稳定的系统在提升安全性的同时也会营造良好的口碑效应,这也是目前银行大量采纳这项技术很重要的原因。

7. 动态口令牌的认证方法

这是目前最为安全的身份认证方式,也采用 what you have 方法,也是一种动态密码。动态口令牌是客户手持用来生成动态密码的终端,主流的是基于时间同步方式的,每 60s 变换一次动态口令,口令一次有效,它产生 6 位动态数字进行一次一密的方式认证,图 4-4 所示的就是中国银行的动态口令牌。

图 4-4 中国银行的动态口令牌

动态口令技术采用一次一密的方法,有效地保证了用户身份的安全性。但是如果客户端硬件与服务器端程序的时间或次数不能保持良好的同步,就可能发生合法用户无法登录的问题,并且用户每次登录时还需要通过键盘输入一长串无规律的密码,一旦看错或输错就要重新输入。

由于动态口令技术使用起来非常便捷,所以 85% 以上的世界 500 强企业通过它保护登录安全,在 VPN、网上银行、电子政务、电子商务等领域应用广泛。

8. USB Key 的认证方法

基于 USB Key 的身份认证方式是近几年发展起来的一种方便、安全的身份认证技术。它采用软硬件相结合、一次一密的强双因子认证模式,很好地解决了安全性与易用性之间的矛盾。USB Key 是一种 USB 接口的硬件设备,它内置单片机或智能卡芯片,可以存储用户的密钥或数字证书,利用 USB Key 内置的密码算法实现对用户身份的认证。基于 USB Key 的身份认证系统主要有两种应用模式:一是基于冲击/响应的认证模式;二是基于 PKI 体系的认证模式,目前应用在电子政务、网上银行领域。

U 盾是工商银行推出的并获得国家专利的客户证书 USB Key,是工商银行为用户提供的办理网上银行业务的高级别安全工具,是用于网上银行电子签名和数字认证的工具,它内置微型智能卡处理器,采用 1024 位非对称密钥算法对网上数据进行加密、解密和数字签名,确保网上交易的保密性、真实性、完整性和不可否认性,图 4-5 所示的是中国工商银行的二代 U 盾产品的实物。

(a) 二代U盾(LCD型)   (b) 二代U盾(OLED型)

图 4-5　中国工商银行二代 U 盾实物

采用 U 盾认证的优点有以下几个。

(1) 交易更安全,可以有效防范黑客、假网站、木马病毒等各种风险,保障交易安全。

(2) 支付更方便,可以轻松实现网上大额转账、汇款、缴费和购物。

(3) 功能更全面,可以通过网上银行签订个人理财协议,享受中国工商银行独具特色的理财服务。

(4) 服务更多样,可以将中国工商银行 U 盾与支付宝账号绑定,利用 U 盾对登录支付宝的行为进行身份认证。

9. 基于物理安全的身份认证方法

前面提到的一些身份认证方法具有一个共同的特点,就是只依赖于用户知道的某个秘密的信息,与此对应的是依赖于用户特有的基于用户特有的某些生物学信息或用户持有的硬件。

(1) 基于生物学的方案

基于生物学的方案包括基于具有个人特征的指纹、掌纹、面孔、声音、视网膜血管图、虹膜、基因、手写签名等进行身份认证。生物学的方案是利用自动化技术根据人体的生理特征或行为特征进行身份鉴定。目前利用生理特征进行生物识别的主要方法有:指纹、掌纹、面孔、视网膜血管图、虹膜、基因等,利用行为特征进行识别的主要方法有:声音识别、手写签名字迹识别等。

(2) 基于个人拥有物的身份识别

基于个人拥有物的身份识别包括:身份证、护照、教师证、军官证、驾驶证、图章、IC 卡或其他有效证件。身份证是目前我国应用最广泛的身份识别证件,每个人唯一对应一个数字。当然,其他的证件也在不同行业和部门起着身份识别的作用。

4.1.3　数字证书

1. 数字证书的概念

数字证书是由权威机构——CA(Certificate Authority,认证)发行的,能提供在 Internet 上进行身份验证的一种权威性电子文档,人们可以在因特网交往中用它来证明自己的身份和识别对方的身份。

数字证书是一种权威性的电子文档。它提供了一种在 Internet 上验证身份的方式，其作用类似于司机的驾驶执照或日常生活中的身份证。在数字证书认证的过程中，证书认证中心 CA 作为权威的、公正的、可信赖的第三方，其作用是至关重要的。

数字证书不是数字身份证，而是身份认证机构盖在数字身份证上的一个章或印（或者说加在数字身份证上的一个签名），这一行为表示身份认证机构已认定这个持证人。

数字证书也称为公钥证书或身份证书：在公钥密码系统中，验证某个公钥归利用其发送加密或数字签名数据的实体所有。数字证书由证书颁发机构颁发，包含发送者的公钥和数字签名，证明该证书真实可信，并且该公钥属于发送者。

数字证书也称为 Digital ID，证书等于一张数字的身份证。它由认证机构，例如 VeriSign,Inc.，对某个拥有者的公钥进行核实之后发布。证书是由 CA 进行数字签名的公钥。证书通过加密的邮件发送以证明发信人确实和其声明的身份一致。

数字证书是可进行电子验证的个人标识格式。只有持有相应专用密钥的证书所有者才能通过 Web 浏览器会话提供用于认证的证书。任何人都可使用易用的公用密钥验证证书是否有效。

2. 数字证书的颁发过程

数字证书的颁发过程如图 4-6 所示。

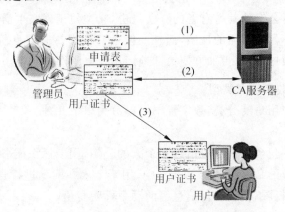

图 4-6　数字证书的颁发过程

在一般情况下，用户首先产生自己的密钥对，并将公共密钥及部分个人身份信息传送给认证中心。认证中心在核实身份后，将执行一些必要的步骤，以确信请求确实由用户发送而来，然后，认证中心将发给用户一个数字证书，该证书内包含用户的个人信息和他的公钥信息，同时还附有认证中心的签名信息。之后用户就可以使用自己的数字证书进行相关的各种活动。数字证书由独立的证书发行机构发布。数字证书各不相同，每种证书可提供不同级别的可信度。可以从证书发行机构获得自己的数字证书。

数字证书必须具有唯一性和可靠性。为了达到这一目的，需要采用很多技术来实现。通常，数字证书采用公钥体制，即利用一对互相匹配的密钥进行加密、解密。公开密钥技术解决了密钥发布的管理问题，用户可以公开其公开密钥，而保留其私有密钥。

3. 数字证书的工作原理

数字证书里存有很多数字和英文,当使用数字证书进行身份认证时,它将随机生成128位的身份码,每份数字证书都能生成相应但每次都不可能相同的数码,从而保证数据传输的保密性,即相当于生成一个复杂的密码。

数字证书采用 PKI(Public Key Infrastructure,公开密钥基础架构)技术,利用一对互相匹配的密钥进行加密和解密。每个用户自己设定一把特定的仅为本人所知的私有密钥(私钥),用它进行解密和签名;同时设定一把公共密钥(公钥),由本人公开,为一组用户所共享,用于加密和验证签名。当发送一份保密文件时,发送方使用接收方的公钥对数据加密,而接收方则只有使用自己的私钥才能解密,通过数字的手段保证加解密过程是一个不可逆过程,即只有用私有密钥才能解密,这样保证信息安全无误地到达目的地。用户也可以采用自己的私钥对发送信息加以处理,形成数字签名。

由于私钥为本人所独有,这样可以确定发送者的身份,防止发送者抵赖发送过信息。接收方通过验证签名还可以判断信息是否被篡改过。在公开密钥基础架构技术中,最常用一种算法是 RSA 算法,其数学原理是将一个大数分解成两个质数的乘积,加密和解密用的是两个不同的密钥。即使已知明文、密文和加密密钥(公开密钥),想要推导出解密密钥(私密密钥),在计算上也是不可能的。按现在的计算机技术水平,要破解目前采用的1024 位 RSA 密钥,需要上千年的计算时间。

数字证书绑定了公钥及其持有者的真实身份,它类似于现实生活中的居民身份证,所不同的是数字证书不再是纸质的证照,而是一段含有证书持有者身份信息并经过认证中心审核签发的电子数据,可以更加方便灵活地运用在电子商务和电子政务中。

4. 基于应用的数字证书类型

从数字证书的应用角度分类,数字证书可以分为以下几种。

(1) 个人身份证书

个人身份证书中包含个人身份信息和个人的公钥,用于标识证书持有人的个人身份。数字安全证书和对应的私钥存储于 E-key 中,用于个人在网上进行合同签订、订单处理、录入审核、设定操作权限、核实支付信息等活动中标明身份。

(2) 企业或机构身份证书

企业或机构身份证书中包含企业信息和企业的公钥,用于标识证书持有企业的身份。数字安全证书和对应的私钥存储于 E-key 或 IC 卡中,可以用于企业电子商务的对外活动中,如合同签订、网上证券交易、交易支付信息等。

(3) 支付网关证书

支付网关证书是证书签发中心针对支付网关签发的数字证书,是支付网关实现数据加解密的主要工具,用于数字签名和信息加密。支付网关证书仅用于支付网关提供的服务(Internet 上各种安全协议与银行现有网络数据格式的转换)。

支付网关证书只能在有效状态下使用。支付网关证书不可被申请者转让。

(4) 服务器证书

服务器证书被安装于服务器设备上,用来证明服务器的身份和进行通信加密。服务器证书可以用来防止假冒站点。

在服务器上安装服务器证书后,客户端浏览器可以与服务器证书建立 SSL 连接,在 SSL 连接上传输的任何数据都会被加密。同时,浏览器会自动验证服务器证书是否有效,验证所访问的站点是否是假冒站点,服务器证书保护的站点多被用来进行密码登录、订单处理、网上银行交易等。全球知名的服务器证书品牌有 VeriSign、Thawte、GeoTrust 等。

SSL 证书主要用于服务器(应用)的数据传输链路加密和身份认证,绑定网站域名,不同的产品对于不同价值的数据要求不同的身份认证。超真 SSL 和超快 SSL 在颁发时间上已经没有什么区别,主要区别在于:超快 SSL 只验证域名所有权,证书中不显示单位名称;而超真 SSL 需要验证域名所有权、营业执照和第三方数据库,证书中显示单位名称。

(5) 电子邮件证书

电子邮件证书可以用来证明电子邮件发件人的真实性。它并不证明数字证书上面 CN 一项所标识的证书所有者姓名的真实性,它只证明邮件地址的真实性。

收到具有有效电子签名的电子邮件,除了能相信邮件确实由指定邮箱发出外,还可以确信该邮件自从被发出后没有被篡改过。

另外,使用接收的邮件证书,还可以向接收方发送加密邮件。该加密邮件可以在非安全网络传输,只有接收方的持有者才可能打开该邮件。

(6) 企业或机构代码签名证书

企业或机构代码签名证书是 CA 签发给软件提供商的数字证书,包含软件提供商的身份信息、公钥及 CA 的签名。软件提供商使用代码签名证书对软件进行签名后放到 Internet 上,当用户在 Internet 上下载该软件时,将会得到提示,从而可以确信:软件的来源;软件自签名后到下载前没有遭到修改或破坏。

代码签名证书可以对 32bit.exe、.cab、.ocx、.class 等类型的文件进行签名。

(7) 个人代码签名证书

个人代码签名证书是 CA 签发给软件提供人的数字证书,包含软件提供个人的身份信息、公钥及 CA 的签名。软件提供人使用代码签名证书对软件进行签名后放到 Internet 上,当用户在 Internet 上下载该软件时,将会得到提示,从而可以确信:软件的来源;软件自签名后到下载前没有遭到修改或破坏。

代码签名证书可以对 32bit .exe、.cab、.ocx、.class 等类型的文件进行签名。

5. 基于技术的数字证书类型

从数字证书的技术角度分类,可以将其分为以下几种。

(1) SSL 证书

SSL 协议最初由 Netscape 企业创立,现已成为网络用来鉴别网站和网页浏览者身份,以及在浏览器使用者及网页服务器之间进行加密通信的全球化标准。由于 SSL 技术已应用到所有主要的浏览器和 Web 服务器程序中,因此,仅需安装数字证书或服务器证书就可以激活服务器功能了。

(2) SET 证书

SET(Secure Electronic Transaction)协议是由 VISA 和 MasterCard 两大信用卡公

司于 1997 年 5 月联合推出的规范。SET 主要是为了解决用户、商家和银行之间通过信用卡进行支付的问题而设计的,以保证支付信息的机密、支付过程的完整、商户及持卡人的合法身份以及可操作性。SET 中的核心技术主要有公开密钥加密、电子数字签名、电子信封、电子安全证书等。

SET 协议比 SSL 协议复杂,因为它不仅加密两个端点间的单个会话,还可以加密和认定三方间的多个信息。

4.1.4 认证中心 CA

1. 电子商务认证中心 CA

数字证书由谁来签发? 谁的数字证书可以信任? 在网上交易,互不见面,如何信任对方? 没有打过交道,网上又看不见,大家谈不上互相信任,怎么办? 于是,只好邀请权威可信的第三方,由第三方介绍交易方互相认识。因此,证书授权中心和证书认证中心由此而诞生。

CA 机构,又称为证书认证中心,作为电子商务交易中受信任的第三方,承担公钥体系中公钥的合法性检验的责任。CA 中心为每个使用公开密钥的用户发放一个数字证书,数字证书的作用是证明证书中列出的用户合法拥有证书中列出的公开密钥。CA 机构的数字签名使得攻击者不能伪造和篡改证书。它负责产生、分配并管理所有参与网上交易的个体所需的数字证书,因此是安全电子交易的核心环节。

为保证用户之间在网上传递信息的安全性、真实性、可靠性、完整性和不可抵赖性,不仅需要对用户的身份真实性进行验证,也需要有一个具有权威性、公正性、唯一性的机构,负责向电子商务的各个主体颁发并管理符合国内、国际安全电子交易协议标准的电子商务安全证书。

2. 认证中心 CA 的功能

认证中心主要有以下几种功能。

(1) 证书的颁发

CA 认证中心接收、验证用户(包括下级认证中心和最终用户)的数字证书的申请,将申请的内容进行备案,并根据申请的内容确定是否受理该数字证书申请。如果中心接受该数字证书申请,则进一步确定给用户颁发何种类型的证书。新证书用认证中心的私钥签名以后,发送到目录服务器供用户下载和查询。为了保证消息的完整性,返回给用户的所有应答信息都要使用认证中心的签名。

(2) 证书的更新

CA 认证中心可以定期更新所有用户的证书,包括个人身份认证证书,或者根据用户的请求来更新用户的证书。

(3) 证书的查询

证书的查询可以分为两类,其一是证书申请的查询,认证中心根据用户的查询请求返回当前用户证书申请的处理过程;其二是用户证书的查询,这类查询由目录服务器来完成,目录服务器根据用户的请求返回适当的证书。

（4）证书的作废

当用户的私钥由于泄密等原因造成用户证书需要申请作废时,用户需要向认证中心提出证书作废请求,认证中心根据用户的请求确定是否将该证书作废。

另外一种证书作废的情况是证书已经过了有效期,认证中心自动将该证书作废。认证中心通过维护证书作废列表（Certificate Revocation List,CRL）来完成上述功能。

（5）证书的归档

证书具有一定的有效期,证书过了有效期之后就将被作废,但是不能将作废的证书简单地丢弃,因为有时可能需要验证以前的某个交易过程中产生的数字签名,这时就需要查询作废的证书。基于此类考虑,认证中心还应当具备管理作废证书和作废私钥的功能。

3. 数字证书中包含的内容

一个标准的 X.509 数字证书包含以下一些内容。

（1）证书的版本信息。

（2）证书的序列号,每个证书都有一个唯一的证书序列号。

（3）证书所使用的签名算法。

（4）证书的发行机构名称,命名规则一般采用 X.500 格式。

（5）证书的有效期,现在通用的证书一般采用 UTC 时间格式,它的计时范围为1950—2049。

（6）证书所有人的名称,命名规则一般采用 X.500 格式。

（7）证书所有人的公开密钥。

（8）证书发行者对证书的签名。

4. 数字证书的应用

数字证书可以应用于因特网上的电子商务活动和电子政务活动,其应用范围涉及需要身份认证及数据安全的各个行业,包括传统的商业、制造业、流通业的网上交易,以及公共事业、金融服务业、工商税务、海关、政府行政办公、教育科研单位、保险、医疗等网上作业系统。

5. 数字证书样张

（1）电子邮件数字证书

电子邮件数字证书样张如图 4-7 所示。

从图 4-7 中可知,该数字证书是颁发给“陈孟建”个人的,颁发者是 iTruschina CN Consumer Individual Subscriber CA-1,还有使用证书的有效日期等。

（2）服务器数字证书申请表

服务器数字证书申请表如图 4-8 所示。在该申请表中需要填写以下几项内容。

① 单位名称和地址。

② 组织机构代码证号。

③ 工商登记号码。

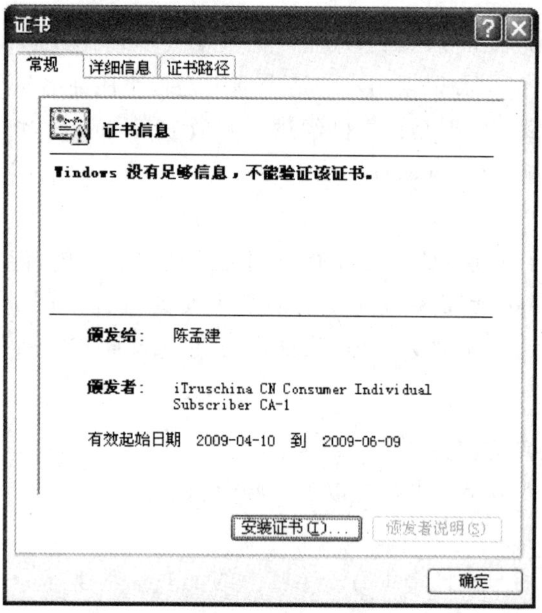

图 4-7　电子邮件数字证书样张

服务器数字证书申请表

证书基本信息

证书有效期：　□一年　□其他______

以下由客户填写

*单位名称：______________　单位性质：□企业　□行政事业　□其他____

*单位地址：______________（包含省份、城市）

*组织机构代码证号：□□□□□□□□□-□

*工商登记号码（或其他）：______________

*单位电话：______________　*电子邮件：______________

单位传真：______________　邮政编码：□□□□□□

服务器基本信息：

*服务器域名：______________　*服务器 IP 地址：___.___.___.___

服务器类型：__________（例如 Netscape Web Server、Microsoft IIS、Java Web Server 等）

经办人基本信息：

姓名：__________　身份证号：□□□□□□□□□□□□□□□□□□

手机：__________　联系电话：__________　电子邮件：__________

客户须知

- 请用钢笔或圆珠笔如实、准确、清楚地填写,涂改无效；
- 带*为必填项,选择项在对应其栏目的□中打“√”；
- 附经办人的身份证复印件一份,企业经办人有效证件复印件需加盖公司公章；
- 企业需提交企业法人营业执照（副本）或税务登记证（副本）及复印件，可二项选一；事业单位需提交 “事业单位法人登记证（副本）”及复印件;国家机关和人民团体需提交本机关、团体有关负责人签发的有效函件的复印件;社会团体需提交“社会团体登记证（副本）”的复印件;其他单位提交上级主管部门或具有法人资格的挂靠单位签发的有效证明文件复印件；所有单位都需提交组织机构代码证（副本）复印件。（注：以上所有复印件，必须加盖申请单位公章）；
- 申请单位需提供服务器域名的使用许可证复印件（需加盖申请单位公章）；
- 本人已阅读“责任书”（见背面）所列条款，愿意遵守该责任书中的各项条款；
- 证书的有效期从签发之日计；
- 本表一式两份，申请人和证书受理点各执一份。

申请单位申明：本人作为授权代表，代表申请单位在此声明，表内所填内容完全属实，接受据此颁发的数字证书。

授权代表签字：______________　申请单位盖章处：

日　　期：______年____月____日

图 4-8　服务器数字证书申请表

④ 单位电话、传真、电子邮件。

⑤ 服务器域名、服务器 IP 地址。

⑥ 服务器类型。

⑦ 经办人信息,包括姓名、身份证号、手机、联系电话、电子邮件等。

⑧ 客户须知。

⑨ 授权代表签字。

⑩ 单位盖章。

(3) 企业数字证书申请表

企业数字证书申请表如图 4-9 所示。在该申请表中需要填写以下几个内容。

① 企业名称和地址。

② 组织机构代码证号。

③ 注册所在地。

④ 单位电话、传真、电子邮件。

⑤ 经办人信息,包括姓名、身份证号、手机、联系电话、电子邮件等。

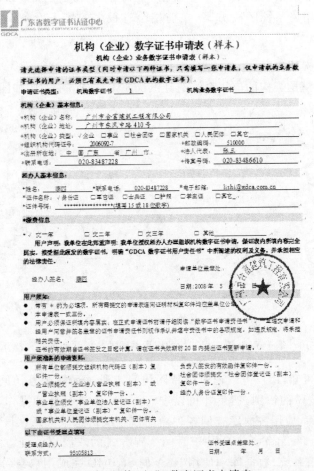

图 4-9　机构(企业)数字证书申请表

⑥ 缴费信息,包括"交一年"、"交二年"、"交三年"和"其他"。

⑦ 客户须知。

⑧ 经办人签字。

⑨ 单位盖章。

4.2 身份认证构架体系

4.2.1 身份认证构架方案

1. 概述

在电子商务时代,用户应用已经发生了根本性的转变,传统的客户机/服务器模式已经不能够适应传统企业、电信、ISP 应用的要求,电子商务的顺利高效运行需要在计算模式上进行重新划分。多层分布式应用服务技术是目前电子商务应用发展的潮流,传统的客户机/服务器模式的二层体系架构正朝着三层或 N 层架构发展。

所谓三层结构是针对过去的主机终端模式或者客户机/服务器模式而言的,它的特点是在后台有一个后端数据支持服务器,在中端有一群应用服务器,提供结合用户业务和具体应用的相关系统解决方案,在前端会有很多的接入设备,通过接入设备与客户机连接。

2. 身份认证构架方案

基于 Web 的三层架构的应用系统的身份认证体系网络示意图如图 4-10 所示。

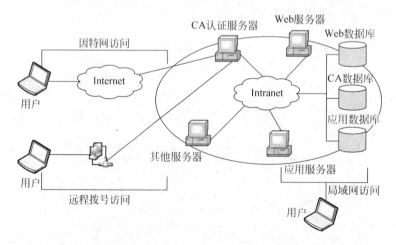

图 4-10 基于 Web 的三层架构的应用系统的身份认证体系网络示意图

从图 4-10 中可知,用户可以通过因特网访问或通过远程拨号访问,首先要经过 CA 认证服务器进行身份的识别,然后才可以进入 Intranet 进行各种操作,也可以通过 Web 数据库、CA 数据库、应用数据库查询各种商品信息或信息服务。在该构架体系中,采用了 RSA、ACE/Server 和 SecurID 基于时间令牌方式的双因素认证方式,通过在操作系统、网络设备、应用系统、数据库中使用 RSA 的 SecurID 完成用户身份认证,加强身份认证的强度,在系统的各个层次防止非法用户使用的安全风险。该产品主要有 3 个组成部分,即 SecurID 认证令牌、ACE/Server 代理软件和 ACE/Agent 服务器软件,如图 4-11 所示。

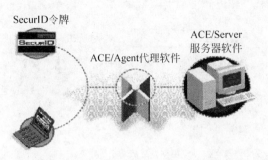

图 4-11　RSA SecurID 身份认证系统的组成

4.2.2　SecurID

1. SecurID 认证令牌概述

SecurID 的认证令牌如图 4-12 所示,只有钥匙般大小,可以挂在钥匙环上,携带方便。SecurID 认证令牌可以每 60s 自动变换出不可推测、一次性使用的访问密码。用户在任何时间需要使用 SecurID 个人访问密码时,只要查看并输入令牌上显示的数据即可完成用户认证过程。由于密码每 60s 变化一次,所以他人是不可能知道这个密码的。如果用户丢失了令牌,也很容易在系统中挂失。

2. SecurID 工作原理

SecurID 工作原理如图 4-13 所示。

图 4-12　SecurID 认证令牌

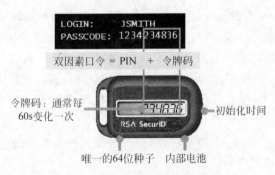

图 4-13　SecurID 工作原理

从图 4-12 中可知,基于 Web 的三层架构的应用系统的身份认证体系要求用户输入的是双因素口令,该口令＝PIN＋令牌码,其中:

(1) PIN 码是个人识别密码。如果未经使用者修改,运营商设置的原始密码是 1234 或 0000。如果启用了开机 PIN 码,那么每次开机后就要输入 4 位数 PIN 码,PIN 码是可以修改的,用来保护自己的密码不被他人使用。需要注意的是,如果 3 次输入 PIN 码错误,系统便会自动锁卡,不能再输入了。

(2) 令牌码是一个动态码,通常每 60s 变化一次,每一次有 6 位数字码,所以,连本人都不知道令牌的真正数字,具有很强的安全性。

3. 用户认证过程

用户认证过程如图 4-14 所示。

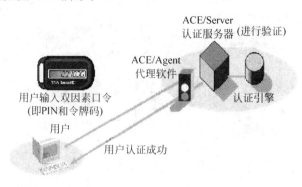

图 4-14　用户认证过程

从图 4-13 中可知,用户输入双因素口令后,经过 ACE/Agent 代理软件检测合法后,交由 ACE/Server 认证服务器进行验证,如果认证成功,反馈一个认证成功信息给用户,否则反馈一个认证不成功信息,并允许用户再次输入双因素口令。

4.2.3　ACE/Server

ACE/Server 是企业网络提供中央控制的强劲身份认证服务器程序,以确保只有授权用户才能访问网络上的文件、应用及通信程序。与 SecurID 令牌技术同时使用,ACE/Server 阻隔未经授权访问,从而保护网络和信息资源不受潜在的入侵,无论入侵是巧合还是恶性的。

ACE/Server 能完美地适合用户现有的计算环境。只要用 SecurID Ready 程序,远程访问产品、国际因特网防火墙、网络操作系统及应用软件的供应商便已将 ACE/Server 与其产品兼容。采用 ACE/Server 与 SecurID 可以提供以下功能

(1) 提供强劲的企业级、双因素身份认证,确保对网络资源的安全访问。

(2) 保证所有访问点安全,包括网络的现场接入点、直拨通信点、防火墙、网络路由器等。

(3) SecurID 家族的软件令牌支持一系列身份认证方法,对多 ACE/Server 管域的中心管理实现简易监控。

(4) 无论终端用户从哪点上网,授权程序都可连续地与网络的所有关键软、硬件兼容。

(5) 在主服务器上实现管理和身份认证功能。

(6) 不断地在主服务器和备份服务器之间进行同步。

(7) 备份服务器只执行身份认证功能。

(8) 高级许可证支持最多 10 台备份服务器。

RSA ACE/Server 架构如图 4-15 所示。

4.2.4　ACE/Agent

实现这种强大的认证功能的中间处理软件称为 ACE/Agent。该代理软件的功能类

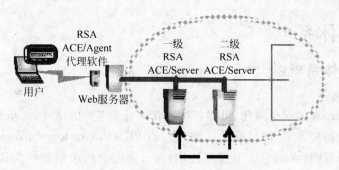

图 4-15 RSA ACE/Server 架构

似于保安人员,用来实施 ACE/Server 系统建立的安全策略。ACE/Agent 是一种设备专用代理软件,已经内置在大多数网络设备中,ACE Agent 也支持 Windows NT、HP-UX、SCO UNIX、AIX、Linux 等操作系统。

一个 ACE/Server 可以支持几千个 ACE/Agent,为保护企业资源提供巨大的容量。RSA ACE/Agent 架构如图 4-16 所示。

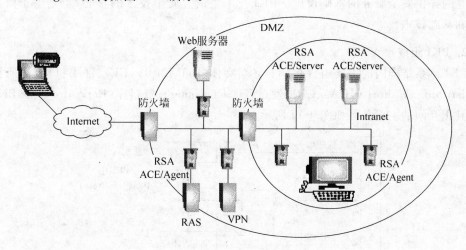

图 4-16 RSA ACE/Agent 架构

该架构具有以下特点。

(1) 不需要客户端软件。

(2) 不需要用 Web 应用开发。

(3) 结合强认证和 SSL 加密。

(4) 在 Windows NT 平台上利用现有的访问控制逻辑。

(5) 利用浏览器。

(6) 通过在用户登录 Web 时使用强认证去保护数据库。

(7) 在多个 Web 应用中实施统一的安全策略。

4.3 PKI 体系

4.3.1 PKI 体系概述

1. PKI 概念

为解决 Internet 的安全问题,世界各国对其进行了多年的研究,初步形成了一套完整的 Internet 安全解决方案,即目前被广泛采用的 PKI(Public Key Infrastructure,公钥基础设施)技术。PKI 技术采用证书管理公钥,通过第三方的可信任机构认证中心 CA,把用户的公钥和用户的其他标识信息(如名称、E-mail、身份证号等)捆绑在一起,在 Internet 上验证用户的身份。目前,通用的办法是采用建立在 PKI 基础之上的数字证书,通过把要传输的数字信息进行加密和签名,保证信息传输的机密性、真实性、完整性和不可否认性,从而保证信息的安全传输。

PKI 是一种遵循既定标准的密钥管理平台,它能够为所有网络应用提供加密和数字签名等密码服务及所必需的密钥和证书管理体系,简单来说,PKI 就是利用公钥理论和技术建立的提供安全服务的基础设施。PKI 技术是信息安全技术的核心,也是电子商务的关键和基础技术。

2. PKI 组成

PKI 体系结构内的主要组件包括:终端实体(End Entity,EE)、证书机构、注册机构(Registration Authority,RA)、CRL 发布者(CRL Issuer)、资料库(Repository)等,PKI 组件及其相互间的主要关系如图 4-17 所示。

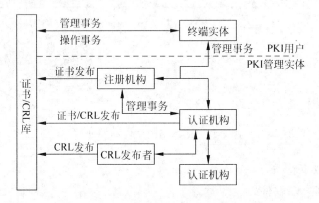

图 4-17　PKI 组件及其关系

各组件说明如下。

(1) 终端实体,是指 PKI 证书用户、应用软件的使用者、最终用户使用的应用系统等。

(2) 证书机构,是指发行和撤销 PKI 证书的机构,即数字证书的申请及签发机关,CA 必须具有权威性的特征。

(3) 注册机构,是指 PKI 的可选系统,执行 CA 委托的任务,例如,确定公开密钥和证书持有者身份之间的关联等。

(4) CRL 发布者,是指 PKI 的可选系统,执行 CA 委托的发布证书、撤销列表的任务。通常有一个密钥备份及恢复系统：如果用户丢失了用于解密数据的密钥,则数据将无法被解密,这将造成合法数据丢失。为避免这种情况,PKI 提供备份和恢复密钥的机制。但要注意,密钥的备份和恢复必须由可信的机构来完成。并且,密钥备份和恢复只能针对解密密钥,签名私钥为确保其唯一性而不能够进行备份。

(5) 资料库,是指一个系统或一个分布式系统的集合,包括存储证书和 CRL、向终端实体提供证书和 CRL 的分发服务等。

图 4-17 中 PKI 组件之间的信息流包括操作事务、管理事务、证书和 CRL 公布等。操作事务是包含在操作协议文档中的消息交换,它提供证书、CRL 和其他管理与状态信息的传送。同样,管理事务是管理协议文档中描述的消息交换,它提供通知服务,以支持 PKI 内部的管理事务或操作。公布用于向公开库颁发证书和 CRL。

4.3.2　PKI 安全服务功能

PKI 体系提供的安全服务功能包括：身份认证、完整性、机密性、不可否认性、时间戳和数据的公证服务。

1. 网上身份安全认证

目前,实现认证的技术手段很多,通常有口令技术加 ID(实体唯一标识)、双因素认证、挑战应答式认证、著名的 Kerberos 认证系统,以及 X.509 证书及认证框架。这些不同的认证方法所提供的安全认证强度也不一样,具有各自的优势、不足,以及适用的安全强度要求不同的应用环境。而解决网上电子身份认证的公钥基础设施(PKI)技术近年来被广泛应用,并取得了飞速的发展,在网上银行、电子政务等保护用户信息资产等领域,发挥了巨大的作用。

数字签名技术是基于公钥密码学的强认证技术,其中每个参与交易的实体都拥有一对签名的密钥。每个参与的交易者都自己掌管进行签名的私钥,私钥不在网上传输,因此只有签名者自己知道签名私钥,从而保证其安全。公开的是进行验证签名的公钥。因此只要私钥安全,就可以有效地对产生该签名的声明者进行身份验证,保证交互双方身份的真实性。

为了保证公钥的可靠性,即保证公钥与其拥有者的有效绑定,通过 PKI 体系中权威、公正的第三方——认证中心,为所服务的 PKI 域内的相关实体签发一个网上身份证——数字证书,来保证公钥的可靠性,以及它与合法用户的对应关系。数字证书中主要包含的就是证书所有者的信息、证书所有者的公开密钥和证书颁发机构的签名,以及有关的扩展内容等。具备了这些条件,就可以在具体的业务中有效实现交易双方的身份认证。

2. 保证数据的完整性

保证数据的完整性就是防止数据被非法篡改,如修改、复制、插入、删除等。在交易过程中,要确保交易双方接收到的数据和从数据源发出的数据完全一致,数据在传输和存储的过程中不能被篡改,否则交易将无法完成或所做交易违背交易意图。但直接观察原始数据的状态来判断其是否改变,在很多情况下是不可行的。如果数据量很大,将很难判断其是否被篡改,即完整性很难得到保证。为了保证数据的完整性,已出现了各种不同的安全机制和方法。其中在电子商务和网络安全领域使用最多的就是密码学提供的数据完整性机制和方法。

在密码学中,通过采用安全的散列函数(密码杂凑函数)和数字签名技术实现数据完整性保护,特别是双重数字签名可以用于保证多方通信时数据的完整性。这种方法实际上就是通过构造杂凑函数,设计出单向、灵敏的 Hash 算法,对所要处理的数据计算其消息摘要或称消息认证码(Message Authentication Code,MAC)。而且消息摘要不管所处理的数据量多大,其长度都是固定的,这样为设计合理的 MAC 数据长度带来了处理上的方便。

在国内 PKI 体系所实现的方案中,目前采用的标准散列算法有 SHA-1 和 MD-5。在实际应用中,通信双方通过协商来确定使用的算法和密钥,从而在两端计算条件一致的情况下,对同一数据应当计算出相同的结果来保证数据不被篡改,实现数据的完整性。

3. 保证网上交易的不可否认性

不可否认用于从技术上保证实体对他们的行为诚实,即参与交互的双方都不能事后否认自己曾经处理过的每笔业务。在这中间,人们更关注的是数据来源的不可否认性、发送方的不可否认性,以及接收方在接收后的不可否认性。此外还有传输的不可否认性、创建的不可否认性和同意的不可否认性等。PKI 所提供的不可否认功能是基于数字签名以及其所提供的时间戳服务功能的。

在进行数字签名时,签名私钥只能被签名者自己掌管,系统中的其他参与实体无法得到该密钥,这样只有签名者自己能做出相应的签名,其他实体是无法做出这样的签名的。这样,签名者从技术上就不能否认自己做过该签名。为了保证签名私钥的安全,一般要求这种密钥只能在防篡改的硬件令牌上产生,并且永远不能离开令牌,以保证签名私钥的安全。

安全时间戳服务用来证明某个特别事件发生在某个特定的时间或某段特别数据在某个日期已存在。这样,签名者对自己所做的签名将无法进行否认。

4. 提供时间戳服务

时间戳也叫做安全时间戳,是一个可信的时间权威,使用一段可以认证的完整数据表示的时间戳。最重要的不是时间本身的精确性,而是相关时间、日期的安全性。支持不可否认服务的一个关键因素就是在 PKI 中使用安全时间戳,也就是说,时间源是可信的,时间值必须特别安全地传送。

PKI 中必须存在用户可信任的权威时间源,权威时间源提供的时间并不需要正确,仅仅需要用户作为一个参照"时间",以便完成基于 PKI 的事件处理,如事件 A 发生在事件 B 的前面等。一般的 PKI 系统中都设置一个时钟系统统一 PKI 的时间。当然也可以使用世界官方时间源所提供的时间,其实现方法是从网络中这个时钟位置获得安全时间。要求实体在需要的时候向这些权威机构请求在数据上盖上时间戳。一份文档上的时间戳涉及对时间和文档内容的杂凑值(哈希值)的数字签名。权威的签名提供了数据的真实性和完整性。

虽然安全时间戳是 PKI 支撑的服务,但它依然可以在不依赖于 PKI 的情况下实现。一个 PKI 体系中是否需要实现时间戳服务,完全由应用的需求来决定。

5. 提供数据的公证服务

PKI 中支持的公证服务是指"数据认证",也就是说,公证人要证明的是数据的有效性和正确性,这种公证取决于数据验证的方式。与公证服务、一般社会公证人提供的服务有所不同,在 PKI 中被验证的数据是基于杂凑值的数字签名、公钥在数学上的正确性和签名私钥的合法性。

PKI 的公证人是一个被其他 PKI 实体所信任的实体,能够正确地提供公证服务。他主要是通过数字签名机制证明数据的正确性,所以其他实体需要保存公证人的验证公钥的正确副本,以便验证和相信作为公证的签名数据。

4.3.3　PKI 系统功能

PKI 系统由不同的功能模块组成,分别提供不同的系统功能,为了实现所提供的服务功能将其有机地组成 PKI 认证体系。下面介绍 PKI 体系的整体提供的系统功能。

1. 证书申请和审批

作为以数字证书为核心实现的 PKI 安全系统,证书申请和审批功能是最基本的要求。具备证书的申请和审批功能,提供灵活、方便的申请方式,高效、可靠的审批系统,可以保证由该 PKI 体系提供安全服务的各方能顺利地得到所需要的证书。

证书的申请和审批功能直接由 CA 或由面向终端用户的注册审核机构 RA 来完成。对于行业性质的大范围 PKI 体系,证书的申请和审批一般是由 RA 来完成的。如果通过 RA 来完成该功能,申请者就在该注册机构 RA 进行注册,申请证书。

一般流程是:用户直接从 RA 处获得申请表,填写相关内容,提交给 RA,由 RA 对相关内容进行审核并决定是否审批通过该证书申请的请求。通过后 RA 将申请请求及审批通过的信息提交给相应的认证中心 CA,由 CA 进行证书的签发。其中证书的申请和审批方式有离线和在线两种,终端用户可视具体情况选择合适的方式。

有些简单的 PKI 系统 CA 和 RA 是一体的,即证书的申请、审批和签发一并由 CA 来完成。作为面向整个金融行业的 CA,认证体系的证书申请和审批功能由分布于各个商业机构的 RA 来完成。面向最终用户,负责接受各自的持卡人和商户的证书申请并进行资格审核,具体的证书审批方式和流程由各授权审核机构规定。经审批后,RA 将审核通过的证书申请信息发送给 CFCA(China Financial Certification Authority,中国金融认证中心),由 CFCA 签发证书。其中,证书申请的前提条件有以下几个。

(1) 证书的申请者必须在某商业银行开立账户。

(2) 证书申请者必须具有唯一的身份证号码、工商营业执照或全国机构代码。

(3) 证书申请者必须有电子邮件地址。

(4) 各商业银行总行具有 PKI 管理能力,设有管理员;各商业银行总行拥有证书申请注册机构及多个分支机构的证书申请受理点(Local Registration Authority,LRA)。

(5) 各个 PKI 实体之间可以进行基于 TCP/IP 的通信。

证书的申请方式根据应用的不同可分为离线申请方式、在线申请方式、金融 CA PKI Web 证书申请、企业高级证书申请及 SET 证书申请。无论哪种申请方式都要填写相应的申请证书表,该表的内容与格式是由 PKCS♯10 标准规定的,包括申请者的基本信息和申请人签名及签名算法。

完成证书的申请后就进入相应的证书审批程序。首先,用户提交的证书申请表需 RA 或 LRA 的审查人员进行审核,审核方式也分在线审核方式和离线审核方式。如果证书申请通过了 RA 或 LRA 的审核,该申请将通过专用的应用程序在 PKI 系统中注册用户,完成证书审批。

2. 产生、验证和分发密钥

（1）用户自己产生密钥对

用户自己选取产生密钥的方法,负责私钥的存放;用户还应该向 CA 提交自己的公钥和身份证明,CA 对用户进行身份认证,对密钥的强度和持有者进行审核。在审核通过的情况下,对用户的公钥产生证书,然后通过面对面、信件或电子方式将证书安全地发放给用户;最后 CA 负责将证书发布到相应的目录服务器。

在某些情况下,用户自己产生了密钥对后到 ORA(Online RA,在线证书审核机构)去进行证书申请。此时,ORA 完成对用户的身份认证,通过后,以数字签名的方式向 CA 提供用户的公钥及相关信息;CA 完成对公钥强度的检测后产生证书,CA 将签名的证书返给 ORA,并由 ORA 发放给用户或者 CA 通过电子方式将证书发放给用户。

（2）CA 为用户产生密钥对

这种情况用户应到 CA 中心产生并获得密钥对,产生之后,CA 中心应自动销毁本地的用户私钥对副本;用户取得密钥对后,保存好自己的私钥,将公钥送至 CA 或 ORA,接着按上述方式申请证书。

（3）CA(包括 PAA、PCA、CA)自己产生自己的密钥对

PCA 的公钥证书由 PAA 签发,并得到 PAA 的公钥证书。CA 的公钥由上级 PCA 签发,并取得上级 PCA 的公钥证书;当它签发下级(用户或 ORA)证书时,向下级发送上级 PCA 及 PAA 的公钥证书。

3. 证书签发和下载

证书签发是 PKI 系统中的认证中心 CA 的核心功能。完成了证书的申请和审批后,将由 CA 签发该请求的相应证书,其中由 CA 所生成的证书格式符合 X.509 V3 标准。证书的发放分为离线方式和在线方式两种。

（1）离线方式

① 证书申请被批准注册后,RA 端的应用程序初始化申请者的信息,在 LDAP 目录服务器中添加证书申请人的有关信息。

② RA 初始化信息后传给 CA,CA 将相应的一次性口令和认证码通过可靠途径(电子邮件或保密信封)传递给证书申请者,证书申请者在 RA 处输入口令和认证码这些正确信息后,在现场领取证书。证书可存入软盘或者存放于 USB Key 中。

（2）在线方式

① RA 端首先从 CA 处接收到该申请的一次性口令和认证码,然后由 RA 将其交给证书申请者。

② 证书申请者通过 Internet 登录网上银行网站,通过浏览器安装根 CA 的证书。

③ 申请者在银行的网页上,按提示填入从 RA 处获得的口令和认证码信息,就可以下载自己的证书了。

需要注意的是,关于证书发放方式各个 RA 的规定有所不同,选择离线方式还是在线方式由 RA 视不同的应用来决定。

4. 签名和验证

在 PKI 体系中,对信息和文件的签名,以及对数字签名的认证是一种经常的普遍的操作。PKI 成员对数字签名和认证可以采用多种算法,如 RSA、ECC、DES 等,这些算法可以由硬件、软件或硬软结合的加密模块(硬件)来完成。密钥和证书可以存放在内存、IC 卡、USB Key 光盘或软盘中。

5. 证书的获取

在验证信息的数字签名时,用户必须事先获取信息发送者的公钥证书,以对信息进行解密验证,同时还需要 CA 对发送者所发的证书进行验证,以确定发送者身份的有效性。证书的获取可以有以下几种方式。

(1) 发送者发送签名信息时,附加发送自己的证书。

(2) 从单独发送证书信息的通道获取。

(3) 访问发布证书的目录服务器获得。

(4) 从证书的相关实体(如 RA)处获得。

在 PKI 体系中,可以采取上述的某种或几种方式获得证书。在发送数字签名证书的同时,可以发布证书链。这时,接收者拥有证书链上的每一个证书,从而可以验证发送者的证书。检验过程是,通过检查发送者证书的发放机构 CA,从 CA 的目录服务器取得该 CA 证书,并重复这条证书链上的 CA 根证书的验证。

6. 证书和目录查询

因为证书都存在周期问题,所以进行身份验证时要保证当前证书是有效而没过期的;另外,还存在密钥泄露,证书持有者身份、机构代码改变等问题,证书需要更新。因此在通过数字证书进行身份认证时,要保证证书的有效性。为了便于对证书有效性进行验证,PKI 系统提供对证书状态信息的查询,以及对证书撤销列表的查询机制。

CA 的目录查询通过 LDAP 协议(Lightweight Directory Access Protocol,轻量级目录访问协议),实时地访问证书目录和证书撤销列表,提供实时在线查询,以确认证书的状态。这种实时性要求是由金融业务或其他电子政务应用的高度敏感性和安全性的高要求所决定的。

7. 证书撤销

证书在使用过程中可能会因为各种原因而被废止,例如,密钥泄露,相关从属信息变更,密钥有效期中止或者 CA 本身的安全隐患引起废止等。因此,证书撤销服务也是 PKI 的一个必需功能。该系统提供成熟、易用、标准的证书列表作废系统,供有关实体查询,对证书进行验证。

8. 密钥备份和恢复

密钥的备份和恢复是 PKI 中的一个重要内容,因为存在很多原因造成解密数据的密钥丢失,那么被加密的密文将无法解开,造成数据丢失。为了避免这种情况的发生,PKI提供了密钥备份与解密密钥的恢复机制,即密钥备份与恢复系统。

在 PKI 中密钥的备份和恢复分为 CA 自身根密钥的备份和恢复与用户密钥的备份和恢复两种情况。

CA 根密钥由于其是整个 PKI 安全运营的基石,其安全性关系到整个 PKI 系统的安全及正常运行,因此对于根密钥的产生和备份要求很高。根密钥由硬件加密模块中的加密机产生,其备份由加密机系统管理员启动专用的管理程序执行备份过程。

备份方法是将根密钥分为多块,为每一块生成一个随机口令,使用该口令加密该模块,然后将加密后的密钥块分别写入不同的 IC 卡中,每个口令以一个文件形式存放,每人保存一块。恢复密钥时,由各密钥备份持有人分别插入各自保管的 IC 卡,并输入相应的口令才能恢复密钥。

用户密钥的备份和恢复在 CA 签发用户证书时就可以进行。一般将用户密钥存放在 CA 的资料库中。进行恢复时,根据密钥对历史存档进行恢复。在完成恢复之后,相应的软件将产生一个新的签名密钥对来代替旧的签名密钥对。

9. 自动密钥更新

一个证书的有效期是有限的,这样的规定既有理论上的原因,也有实际操作的困难。理论上有密码算法和确定密钥长度被破译的可能;在实际应用中,密钥必须有一定的更换频度才能保证密钥使用的安全。但对 PKI 用户来说,手工完成密钥更新几乎是不可行的,因为用户自己经常会忽视证书已过期,只有使用失败时才能发觉。因此,需要 PKI 系统提供密钥的自动更新功能。也就是说,无论用户的证书用于何种目的,在认证时,都会在线自动检查有效期,在失效日期到来之前的某个时间间隔内自动启动更新程序,生成一个新的证书来代替旧证书,新旧证书的序列号不一样。

密钥更新对于加密密钥对和签名密钥对,由于其安全性要求不一样,其自动更新过程并不完全一样。关于加密密钥对和证书的更新,PKI 系统采取对管理员和用户透明的方式进行,提供全面的密钥、证书及生命周期的管理。系统对快要过期的证书进行自动更新,不需要管理员和用户干预。当加密密钥对接近过期时,系统将生成新的加密密钥对。这个过程基本上跟证书发放过程相同,即 CA 使用 LDAP 协议将新的加密证书发送给目录服务器,以供用户下载。

签名密钥对的更新是当系统检查证书是否过期时,对接近过期的证书,将创建新的签名密钥对。利用当前证书建立与认证中心之间的连接,认证中心将创建新的认证证书,并将证书发回 RA,在归档的同时,供用户在线下载。

10. 密钥历史档案

由于密钥不断更新,经过一定的时间段,每个用户都会形成多个“旧”证书和至少一个“当前”证书。这一系列的旧证书和相应的私钥就构成了用户密钥和证书的历史档案,简称密钥历史档案。密钥历史档案也是 PKI 系统一个必不可少的功能。

例如,某用户几年前加密的数据或其他人用他的公钥为其加密的数据,无法用现在的私钥解密,那么就需要从他的密钥历史档案中找到正确的解密密钥来解密数据。与此类似,有时也需要从密钥历史档案中找到合适的证书验证以前的签名。与密钥更新相同,密钥历史档案由 PKI 自动完成。

11. 交叉认证

交叉认证,简单地说就是把以前无关的 CA 连接在一起的机制,从而使得在它们各自主体群之间能够进行安全通信。其实质是为了实现大范围内各个独立 PKI 域的互联互通、互操作而采用的一种信任模型。交叉认证按照 CA 所在域可分为以下几种形式。

(1) 域内交叉认证,即进行交叉认证的两个 CA 属于相同的域,例如,在一个组织的CA 层次结构中,某一层的一个 CA 认证它下面一层的一个 CA,这就属于域内交叉认证。

(2) 域间交叉认证,即两个进行交叉认证的 CA 属于不同的域。完全独立的两个组织间的 CA 之间进行交叉认证就是域间交叉认证。

交叉认证既可以是单向的,也可以是双向的。在一个域内各层次 CA 结构体系中的交叉认证,只允许上一级的 CA 向下一级的 CA 签发证书,而不能相反,即只能单向签发证书。而在网状的交叉认证中,两个相互交叉认证通过桥 CA 互相向对方签发证书,即双向的交叉认证。

在一个行业、一个国家或者一个世界性组织等这样的大范围内建立 PKI 域都面临着一个共同的问题,即该大范围内部的一些局部范围内可能已经建立了 PKI 域,由于业务和应用的需求,这些局部范围的 PKI 域需要进行互联互通、互操作等。为了在现有的互不连通的信息孤岛——PKI 域之间进行互通,上面介绍的交叉认证是一个适合的解决方案。

上面提到了交叉认证的实质,就是在一个确定的范围内选择合适的大范围 PKI 域信任模型(如层次型的、网状的或桥接的等),在各个独立运行的局部 PKI 域的终端实体之间建立起信任关系,从而实现互联互通。在实现交叉认证的方案中,核心问题在于选择合适的信任模型构建大范围内合理的 CA 体系结构,根据需要建立合理的目录服务体系。其中难点在于这个大范围内的不同 PKI 域内的实体之间如何高效地建立信任路径并有效验证该信任路径。为了防止信任链的随意扩充,造成不可信的信任链,可以采取名字约束、策略约束和路径长度约束等措施限制随意的扩充。

4.3.4　PKI 客户端软件

完整的 PKI 应由所需的服务器和客户端软件两部分构成。涉及的服务器包括 CA服务器、证书库服务器、备份和恢复服务器、时间戳服务器。所有这些功能对于客户来说,还不能直接使用,需要使用合理的客户端软件帮助客户实现这些系统功能。

客户端软件是一个全功能、可操作 PKI 的必要组成部分。它采取客户/服务器模型为用户提供方便的相关操作。作为提供公共服务的客户端软件应当独立于各个应用程序,提供统一、标准的对外接口,应用程序通过标准接入点与客户端软件连接。如果没有客户端软件,将无法有效地去享受 PKI 提供的很多服务。

PKI 认证系统已经为客户提供了方便、灵活的客户端软件。作为一般的客户端软件,应该具备以下功能。

(1) 自动查询证书“黑名单”,实现双向身份认证。

当客户需要在网上传输信息时,客户端软件会自动对信息传输双方的身份进行验证,包括:对方是否也拥有 CFCA 的证书;证书是否在有效期内;证书是否因为某种原因被撤销,即证书是否被列入"黑名单"(CRL)。这种验证是双向的而且是由客户端自动完成的。如果验证通过,客户端就会自动建立起双方的信息安全通道,确保信息的安全传递;如果验证未通过,客户端会自动终止联系,防止客户的重要信息泄露。

(2) 对传输信息自动加/解密,保证信息的私密性。

客户端自动对其发出的信息进行加密,并对收到的信息解密,通信双方无须对这一过程进行任何干预。加密机制采取对称加密和非对称加密相结合的方式,前者使用国际通行的 128 位加密强度的对称算法,后者使用高强度的非对称的 1024 位 RSA 算法。

对传输信息自动进行数字签名和验证,支持交易的不可否认性。客户端可以自动对客户发出的交易信息进行数字签名,其作用等同于现实中客户的手写签名或公章,并对接收到的带有对方签名的信息进行自动验证,保证对方签名的真实性。客户端支持的这种数字签名功能是保证网上交易顺利、有效进行的一个关键因素,为交易中可能出现的纠纷提供有效的依据。

(3) 证书恢复功能,解除客户遗忘口令的后顾之忧。

一般地,客户需要先启动客户端软件输入用户名和口令,然后才能使用证书进行网上交易。口令是保证客户证书不被他人非法盗用的重要依据,但口令被遗忘或者丢失又是现实中经常会发生的事情。这时,客户可以利用客户端软件,通过 CA 提供的"证书恢复"(Key Recovery)功能来重新设置自己的口令,保证证书的可用性。

(4) 实现证书生命周期的自动管理。

一般地,CA 采用加密密钥和签名密钥的双密钥机制,通过客户端安全代理软件或安全应用组件实现证书的自动管理。客户不用考虑证书是否过期,由客户端软件自动、透明地在证书到期前完成证书更新。

(5) 多种证书存放方式,给客户提供最大的便利。

根据客户的不同需求,客户端软件支持证书的多种存放方式:客户既可以将证书存放在硬盘上,也可以存放在软盘上,但这种做法是不安全的;更为普遍的一种做法是,客户直接将证书存放在 IC 卡中,或 USB Key 中,这样不仅便于携带,而且提高了数字证书的安全性。

(6) 支持时间戳功能。

客户端软件不仅支持数字签名,还支持时间戳功能:可以对网上交易的各个信息环节提供一个第三方、统一、标准的时间公证服务。这可以和数字签名一起,为交易中有可能出现的争议提供权威、可信的时间证据。

目前,CA 认证机构为客户提供的一种安全代理软件是实现证书安全认证机制的一个重要组成部分。作为国家主管部门批准的第三方 CA,必须提供一套强大的基于 PKI 技术的安全认证机制:通过发放数字证书实现网上信息传递的私密性、真实性、完整性和不可否认性。根据客户不同层次的安全需求,CA 提供企业(个人)高级证书、企业(个人)普通证书、Web 站点证书、STK 手机证书、VPN 设备证书等。对于拥有高级证书的客户,可以通过安全代理软件来实现证书的多种功能。客户只需输入口令,代理软件就会自动为客户完成身份识别、信息加密、数字签名及证书自动更新等一系列工作。安全代理软件是处于应用层面并直接面向证书用户的。一般代理软件为客户机/服务器结构,主要用于网站用户,如某个网上银行的网站;用于那些需要某种网上服务的最终用户,如一位通过个人计算机享受网上银行服务的客户。代理软件的主要作用就是在客户的浏览器和网站的服务器之间建立一个安全通道,使其相互之间可以安全地传递信息,同时完成对证书的自动管理。通过代理软件,客户无须过多地理解证书和密钥处理的机制,就可以轻松实现网上信息的安全传递。它能够自动地执行 CA 提供的一整套完整的安全机制,整个过程对客户都是透明的,为客户提供可靠、便捷的网上安全服务。

4.4　身份认证协议

4.4.1　Kerberos 认证协议

1. Kerberos 协议概述

Kerberos 是一个典型的网络安全认证协议,是麻省理工学院开发的基于 TCP/IP 网络设计的可信第三方认证协议。它是应用对称密钥来对客户机/服务器应用程序进行精确鉴定的。Kerberos 主要为网络通信提供可信第三方服务的面向开放系统的认证机制。每当用户(Client)申请得到某服务程序(Server)的服务时,用户和服务程序会首先向Kerberos 要求认证对方的身份,认证建立在用户和服务程序对 Kerberos 信任的基础上。在申请认证时,Client 和 Server 都可看成是 Kerberos 认证服务的用户。为了和其他服务的用户区别,Kerberos 将用户和服务器统称为参与者(Principle)。因此 Principle 既可以是用户也可以是某项服务。认证双方与 Kerberos 的关系如图 4-18 所示。

当用户登录到工作站时,Kerberos 对用户进行初始认证,通过认证的用户可以在整个登录期间得到相应的服务。Kerberos 既不依赖于用户登录系统的终端,也不依赖于用户所请求的服务的安全机制,它凭借本身提供的认证服务来完成对用户的认证工作,而时间戳技术被用来抵御可能发生的重放攻击(Replay Attack)。

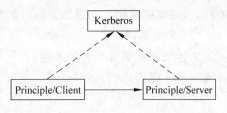

图 4-18　Kerberos 之间的认证关系

Kerberos 建立并保存本网络域中每个参与者的名称及其私有密钥的数据库,这样仅有参与者和 Kerberos 数据库掌握该参与者的私有密钥。使用私有密钥,Kerberos 可以对参与者进行身份认证。另外,Kerberos 还会随机生成一个会话密钥用来对通信双方的具体内容进行加密。

2. Kerberos 的局限性

Kerberos 存在以下几个局限性。

(1) 原有的认证服务可能被存储或替换,虽然时间戳是专门用于防止重放攻击的,但在票据的有效时间内仍然可能奏效,假设在一个 Kerberos 认证域内的全部时钟均保持同步,收到消息的时间在规定的范围内(假定规定为 5 分钟),就认为该消息是新的。而事实上,攻击者可以事先把伪造的消息准备好,一旦得到票据就马上发出伪造的票据,在这

5 分钟内是难以检查出来的。

（2）认证票据的正确性基于网络中所有的时钟保持同步，如果主机的时间发生错误，则原来的认证票据就可能是被替换的。因为大多数网络的时间协议是不安全的，所以，在分布式计算机系统中将导致极为严重的问题。

（3）Kerberos 防止口令猜测攻击的能力很弱，攻击者通过长期监听可以收集大量的票据，经过计算和密钥分析进行口令猜测。当用户选择的口令不够强时，就不能有效地防止口令猜测攻击。

（4）Kerberos 服务器与用户共享的秘密是用户的口令字，服务器在回应时不验证用户的真实性，而是假设只有合法用户拥有口令字。如果攻击者记录申请回答报文，就易形成代码本攻击。

（5）最严重的攻击是恶意软件攻击。Kerberos 认证协议依赖于 Kerberos 软件的绝对可信，而攻击者可以通过用执行 Kerberos 协议和记录用户口令的软件来代替所有用户的 Kerberos 软件，来达到攻击的目的。一般而言，安装在不安全计算机内的密码软件都会面临这一问题。

（6）在分布式系统中，认证中心星罗棋布，域间的会话密钥数量惊人，密钥的管理、分配、存储都是很严峻的问题。

3. Kerberos 系统的组成

一个完整的 Kerberos 系统由客户端、服务器端、密钥分配中心、认证服务器、票据分配服务器等几个部分组成。

（1）客户端

需要提供身份认证的一方，有可能是用户账户，也有可能是设备的地址。如果是用户账户，客户端的密钥是通过账户对应的密码得出的。

（2）服务器端

为客户端提供资源的服务器，当用户访问这些资源时需要进行身份认证。只有在认证通过后才允许访问。该服务器一般也称为资源服务器。

（3）密钥分配中心

Kerberos 使用了一个可依赖的第三方密钥分配中心（Key Distribution Center，KDC）为需要认证的用户提供对称密钥，例如，K_A、K_B、K_C 等。为每一个用户提供的对称密钥，只有该用户和 KDC 才能知道。另外，在 KDC 中还有一个主密钥 K_{KDC}，这个密钥是在 KDC 内部使用的密钥。由于 KDC 在 Kerberos 系统中的重要性，所以 KDC 的安全在很大程度上决定了 Kerberos 系统的安全。

（4）认证服务器

在 KDC 中，由认证服务器（Authentication Server，AS）为用户提供身份认证，AS 将用户的密码保存在 KDC 的数据库中。当用户需要进行身份认证时，AS 在收到密钥后与数据库中的密码进行比对，如果比对通过，AS 将向用户发放一个票据。用户根据该票据去访问资源服务器上的资源。

（5）票据分配服务器

在用户访问服务器端的资源时，为了避免 AS 每次都要向用户发放票据，所以，在

KDC 中提供了票据分配服务器(Ticker Granting Server, TGS)。TGS 的作用是向已经通过 AS 认证的用户发放用于获取资源服务器上提供服务的票据。当用户要访问资源服务器上的资源时, AS 发放一个票据许可票据(TicKettgs), 用户会保存该票据。之后, 当用户再次访问资源服务器上的资源时, 只需要向 TGS 出示 TicKettgs, TGS 会向用户发放一个服务器许可票据 TicKettv, 用户根据 TicKettv 即可在资源服务器上访问所需要的资源。

（6）票据

票据的作用是在身份认证服务器(AS 和 TGS)与资源服务器之间安全地传递用户的身份信息, 同时也将身份认证服务器对用户的信任信息转发给资源服务器。在票据中包括服务器名称、用户的名称、用户的地址、时间标记、生命周期以及一个随机的会话密钥。票据在服务器之间传递时都是加密的。

（7）时间戳

在计算机网络系统的安全管理中经常要用到时间戳的概念。当用户获得一个访问资源服务器的票据时, 在票据中包含一个时间戳, 指明票据发出的时间期、时间以及它的生命周期。通过时间戳, 用户可知道票据的有效性。需要说明的是, 当时间戳用于认证时, 不同设备之间的时钟需要进行精确同步, 或提供必要的时钟偏差。在 Kerberos 中, 时钟偏差被设置为 5 分钟。另外, 还有保证票据、密码等信息安全传输所需要的密钥。

4. Kerberos 的认证流程

Kerberos 的认证流程如图 4-19 所示。

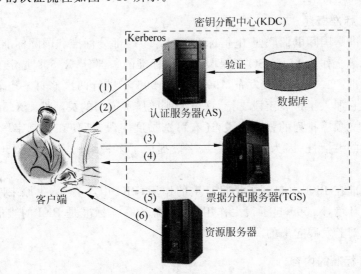

图 4-19　Kerberos 的认证流程

（1）客户端在计算机上向 AS 发送一个包含客户端名称(用户名)、资源服务器名称的认证信息。

（2）论证服务器需要完成以下几项工作。

① 验证客户端的真实情况后, 随机产生一个加密密钥作为下一阶段客户端与 TGS

通信时使用的会话密钥。

②构造一个包含客户端、会话密钥以及开始和失效时间等信息的票据许可票据,并将该票据用 TGS 的密钥进行加密。

③将新的会话密钥用客户端的密钥 K_C 加密(对称加密),并与票据许可票据一起发送给客户端。

④客户端计算机利用用户输入的密码生成密钥 K_C,并用该密钥解密收到的信息,得到所需要的会话密钥 $K_{C.Tgs}$ 以及票据许可票据,并利用时间戳确保票据许可票据是最新的。

(3) 客户端向 TGS 发送一个访问 TGS 时使用的票据许可票据、需要访问的资源服务器名称、客户端名称以及客户端密钥 K_C 的信息,该信息使用刚得到的会话密钥进行加密,以防止信息在发给 TGS 的过程中被篡改。

(4) TGS 用自己的密钥验证票据许可票据后,获得会话密钥 $K_{C.Tgs}$ 和客户端要访问的资源服务器名称,并从数据库中获得资源服务器的密钥 K_S 后随机产生客户端与资源服务器之间通信时使用的会话密钥和服务许可票据。TGS 将客户端与资源服务器之间使用的新的会话密钥用从票据许可票据中获得的会话密钥 $K_{C.Tgs}$ 加密后与新的服务许可票据一起发给客户端。

(5) 客户端向资源服务器发送包含有认证者身份和服务许可票据的信息。

(6) 资源服务器通过解密获得客户端的信息,完成认证工作。

4.4.2　X.509 标准

1. X.509 标准概述

X.509 标准是国际电信联盟-电信标准部(ITU-T)部分标准和国际标准化组织(ISO)的证书格式标准。作为 ITU-ISO 目录服务系列标准的一部分,X.509 是定义了公钥证书结构的基本标准。1988 年首次发布,1993 年和 1996 年进行两次修订。当前使用的版本是 X.509 V3,它加入了扩展字段支持,这极大地增强了证书的灵活性。X.509 V3 证书包括一组按预定义顺序排列的强制字段,还有可选扩展字段,即使在强制字段中,X.509 证书也允许很大的灵活性,因为它为大多数字段提供了多种编码方案。X.509 V4 版已经推出。

X.509 标准在 PKI 中起到了举足轻重的作用,PKI 由小变大,由原来网络封闭环境到分布式开放环境,X.509 起了很大作用,可以说 X.509 标准是 PKI 的雏形。PKI 是在 X.509 标准基础上发展起来的。

2. X.509 标准的内容

X.509 标准主要包括以下内容。

(1) 具体说明了目录拥有的鉴别信息的形式。

(2) 描述如何从目录中获得鉴别信息。

(3) 说明如何在目录中构成和存放鉴别信息的假设。

(4) 定义各种应用和鉴别信息的 3 种方法,并描述鉴别。

该标准主要描述了两级鉴别:①简单鉴别,使用口令作为自身身份的一个验证。简单鉴别只提供一些有限的保护,以避免非授权的访问;②强鉴别,包括使用密码技术形成证书。强鉴别可用做提供安全服务的基础。

3. X.509 标准的术语

(1) 属性证书(Attribute Certificate):将用户的一组属性和其他信息,通过认证机构的私钥进行数字签名,使其成为不可伪造的,用于证书的扩展。

(2) 鉴别令牌(Authentication Token):在强鉴别交换期间运行的信息,用于鉴别其发送者。

(3) 用户证书、公钥证书、证书(User Certificate、Public Key Certificate):用户的公钥和一些其他信息,通过颁发证书机构的私钥加密,使之成为不可伪造的。

(4) CA 证书(CA Certificate):由一个 CA 颁发给另一个 CA 的证书。

(5) 证书策略(Certificate Policy):已命名的一组规则,它指出证书对特定集团和具有公共安全要求的应用类别的适用性。

(6) 证书用户(Certificate User):需要确切地知道另一个实体公钥的某一个实体。

(7) 证书使用系统(Certificate Using System):在本目录规范中定义的并由证书用户所使用的那些功能的实现。

(8) 认证机构:受用户信任的机构,负责创建和分配证书。认证机构可以任意地创建用户的密钥。

(9) 认证路径(Certification Path):DIT(Directory Information Tree,目录信息树)中客体证书的有序系列,它和在该路径的最初客体的公钥一样,可以被处理以获得该路径的最终客体的公钥。

(10) CRL 分布点(CRL Distribution Point):通过 CRL 分布点所分布的 CRL,可以含有某个 CA 颁发的证书全集中的某个子集的撤销项,或者含有多个 CA 的撤销项。

(11) 密码体制(Cryptographic System):从明文到密文和从密文到明文的变换汇集,使用的特定变换由密钥来选定。通常用一个数学算法来定义这些变换。

(12) Δ-CRL(delta-CRL):仅指示自 CRL 颁发以来变更的一部分 CRL。

(13) 端实体(End Entity):不是为签署证书的目的而使用其公钥的证书主体。

(14) 散列函数(Hash Function):将值从一个大的域映射到一个较小范围的一个数学函数,而且是不可逆的。

(15) 密钥协定(Key Agreement):无须传送甚至是加密形式的密钥,而是在线协商密钥值的一种方法。

(16) 单向函数(One-way Function):易于计算的一个数学函数 f,但对于区域中的一个普通值 y 来说,要在该区域中找到满足函数 $f(x)=y$ 的 x 值,在计算上是很困难的。

(17) 策略映射(Policy Mapping):当某个域中的一个 CA 认证了另一个域中的一个 CA 时,第二个域中的一个特定证书策略可能被第一个 CA 域中的认证机构认为是等价于第一个域中的一个特定证书政策的认可。

(18) 公钥(Public Key):在公开密钥体制中,用户密钥对中让所有用户都知道的那个密钥。

(19) 私钥(Private Key):在公开密钥体制中,用户密钥对中只有用户自己所知道的密钥。

（20）简单鉴别（Simple Authentication）：借助简单口令分配方法进行的鉴别。

（21）强鉴别（Strong Authentication）：借助密码派生凭证方法进行的鉴别。

（22）安全策略（Security Policy）：由管理安全服务和设施的使用和提供的安全机构所拟定的一组规则。

（23）信任（Trust）：当第一个实体假设第二个实体完全按照第一个实体的期望进行动作时，则称第一个实体"信任"第二个实体。在鉴别框架中，"信任"的关键作用是描述鉴别实体和认证机构之间的关系，一个鉴别实体应确信它信任的认证机构可以创建有效、可靠的证书。

（24）证书序列号（Certificate Serial Number）：在颁发证书的 CA 范围内的唯一数值，该整数值无歧义地与 CA 所颁发的一个证书相关联。

对初学 PKI 的人来说，对上述术语概念的理解非常重要，也是以后学习 PKI 知识的基础。

4. X.509 标准的约定和缩略语

（1）适用该标准的缩略语

① CA：认证机构。

② CRL：证书撤销列表。

③ DIB：目录信息库。

④ DIT：目录信息树。

⑤ DUA：目录用户代理。

⑥ PKCS：公开密钥密码体制。

⑦ DSA：数字签名算法。

（2）约定

约定证书的描述语言用 9 号字体的粗体 Times Roman 来表示 ASN.1 记法。该目录规范中所使用的记法定义如表 4-1 所示。

表 4-1　记法定义及含义

记　　法	含　　义
Xp	用户 X 的公钥
Xs	用户 X 的私钥
Xp[I]	用户 X 的公开密钥，对信息 I 进行加密
Xs[I]	用户 X 的秘密密钥，对信息 I 进行加密
X{I}	由用户 X 对信息 I 签字，它包含信息 I 和附加加密摘要
CA(X)	用户 X 的认证机构
CAn(X)	（这里 $n>1$）CA(CA(…n 次…(X)))
X1《X2》	由认证机构 X1 颁发的用户 X2 的证书
X1《X2》X2《X3》	一个（任意长度的）证书链，其中每一项都是一个证书，并且由其认证机构产生下一个证书。该式等价于下一个证书 X1《Xn+1》。例如：A《B》B《C》提供与 A《C》相同的功能，即给定 Ap，可以从中找到 Cp

续表

记 法	含 义
X1p. X1《X2》	一个证书(或证书链)的拆封操作,以便从中获得一个公开密钥。这是一个中缀操作,其左操作数为一个认证机构的公开密钥,右操作数则为该认证机构颁发的一个证书。输出结果为用户的公开密钥,它们的证书为右操作数。例如:Ap·A《B》B《C》指出一个操作,该操作使用 A 的公开密钥,从 B 的证书中获得 B 的公开密钥 Bp,然后再通过 Bp 来解封 C 的证书。操作的最终结果即为 C 的公开密钥 Cp
A→B	A 到 B 的认证路径由一个证书链构成,以 CA(A)《CA2(A)》开始,以 CA(B)《B》结束

注:在该表中出现的符号 X、X1、X2 等代表用户名,而出现的符号 I 则代表任意信息。

5. 密钥和证书的管理

(1) 密钥对的生成

定义 3 种产生用户密钥对的方法。

① 用户自己生成密钥对。优点是用户私钥不会传播给其他实体,但这种方法要求用户有一定级别的权限。

② 密钥对由第三方生成。第三方应保证以一种安全的方式将私钥发放给用户,然后他必须销毁私钥和与密钥对生成有关的所有信息。必须采用合适的物理安全手段,以保证第三方及数据操作不被擅自篡改。

③ 密钥对由 CA 产生。认证机构是用户所期望的可以信赖的功能实体,并且具有必要的、安全的物理安全手段。这是一种合适的选择。

(2) 证书的管理

一个证书与其所描述的用户公钥的唯一的可辨别名有关。因此:

① 认证机构在为用户创建证书之前,必须要对用户的身份感到满意。

② 认证机构应保证不会向两个具有相同名字的用户颁发证书。

③ 认证是一组可公开获得的信息,并且不需要采取什么特殊的安全手段将其传递给目录。

④ 证书本身存在一个生命周期,当生命周期结束时,则为期满。为了提供连续的服务,CA 应保证对已经或正要期满的证书进行定期更新。可采用以下两种做法。

a. 可以设计证书的有效性,每个证书在其到达期满时间时,仍然有效,也允许在时间上重叠。后者可以使 CA 不必在许多证书同时到达期满时间时,再安装和分发大量的证书。

b. 期满的证书通常可从目录中删除。

⑤ 如果用户的私钥受到损坏,或者 CA 不再认证这个用户,或者 CA 的证书受到损坏,则可在证书期满之前撤销。有以下几种做法。

a. 撤销一个用户的证书应该让 CA 知道,如果合适,则应提供一个新的证书,然后 CA 以离线方式通知证书拥有者证书已被撤销。

b. CA 必须维护:颁发被撤销的带时间标记的证书列表和 CA 所知道的并由 CA 认证的全部撤销证书的带时间标记的列表。

c. 受 CA 撤销列表影响的目录项的维护由目录和其用户负责。

d. 在目录项中,被撤销的列表是以类型 Certificate Revocation List 和 Authority Revocation List 的属性存放的。

6. X.509 的发展

X.509 是一个国际标准[X.509],在 ISO/ITU-T 中已经达到了标准化的最高水平,被认为是非常稳定的。然而,仍然有一些修订程序,可以对标准进行文档变更和错误修订。如今,这种修订依然还在继续,但主要是一些材料更新和对证书及证书撤销列表基础文本的最为细微的文字修订。

除了那些相对稳定的标准之外,还有很多 PKI 标准化工作正在开展,如特权管理基础设施 PMI,对用于属性证书有关域的应用进行完善和描述。

4.4.3　PKCS 标准

1. PKCS 标准概述

公钥密码标准(Public Key Cryptography Standard,PKCS)最初是为推进公钥密码系统的互操作性,由 RSA 实验室与工业界、学术界和政府代表合作开发的。在 RSA 带领下,PKCS 的研究随着时间不断发展,它涉及不断发展的 PKI 格式标准、算法和应用程序接口。PKCS 标准提供了基本的数据格式定义和算法定义,它们实际是今天所有 PKI 实现的基础。

2. PKCS 标准的内容

(1) PKCS♯1:RSA 加密标准。PKCS♯1 定义了 RSA 公钥函数的基本格式标准,特别是数字签名。它定义了数字签名如何计算,包括待签名数据和签名本身的格式,它也定义了 PSA 公/私钥的语法。

(2) PKCS♯2:涉及 RSA 的消息摘要加密,已被并入 PKCS♯1 中。

(3) PKCS♯3:Diffie-Hellman 密钥协议标准。PKCS♯3 描述了一种实现 Diffie-Hellman 密钥协议的方法。

(4) PKCS♯4:最初是规定 RSA 密钥语法的,现已经被包含进 PKCS♯1 中。

(5) PKCS♯5:基于口令的加密标准。PKCS♯5 描述了使用由口令生成的密钥来加密 8 位位组串并产生一个加密的 8 位位组串的方法。PKCS♯5 可以用于加密私钥,以便使密钥安全传输(这在 PKCS♯8 中描述)。

(6) PKCS♯6:扩展证书语法标准。PKCS♯6 定义了提供附加实体信息的 X.509 证书属性扩展的语法(当 PKCS♯6 第一次发布时,X.509 还不支持扩展)。

(7) PKCS♯7:密码消息语法标准。PKCS♯7 为使用密码算法的数据规定了通用语法,比如数字签名和数字信封。PKCS♯7 提供了许多格式选项,包括未加密或签名的格式化消息、已封装(加密)消息、已签名消息和既经过签名又经过加密的消息。

(8) PKCS♯8:私钥信息语法标准。PKCS♯8 定义了私钥信息语法和加密私钥语法,其中私钥加密使用了 PKCS♯5 标准。

(9) PKCS♯9:可选属性类型。PKCS♯9 定义了 PKCS♯6 扩展证书、PKCS♯7 数字签名消息、PKCS♯8 私钥信息和 PKCS♯10 证书签名请求中要用到的可选属性类型。已定义的证书属性包括 E-mail 地址、无格式姓名、内容类型、消息摘要、签名时间、签名副本(Counter Signature)、质询口令字和扩展证书属性。

(10) PKCS♯10：证书请求语法标准。PKCS♯10 定义了证书请求的语法。证书请求包含了一个唯一识别名、公钥和可选的一组属性，它们一起被请求证书的实体签名(证书管理协议中的 PKIX 证书请求消息就是一个 PKCS♯10)。

(11) PKCS♯11：密码令牌接口标准。PKCS♯11 或 Cryptoki 为拥有密码信息(如加密密钥和证书)和执行密码学函数的单用户设备定义了一个应用程序接口(Application Programming Interface，API)。智能卡就是实现 Cryptoki 的典型设备。

注意：Cryptoki 定义了密码函数接口，但并未指明设备具体如何实现这些函数。而且 Cryptoki 只说明了密码接口，并未定义对设备来说可能有用的其他接口，如访问设备的文件系统接口。

(12) PKCS♯12：个人信息交换语法标准。PKCS♯12 定义了个人身份信息(包括私钥、证书、各种秘密和扩展字段)的格式。PKCS♯12 有助于传输证书及对应的私钥，于是用户可以在不同设备间移动他们的个人身份信息。

(13) PDCS♯13：椭圆曲线密码标准。PKCS♯13 标准当前正在完善之中。它包括椭圆曲线参数的生成和验证、密钥生成和验证、数字签名和公钥加密，还有密钥协定，以及参数、密钥和方案标识的 ASN.1 语法。

(14) PKCS♯14：伪随机数产生标准。PKCS♯14 标准当前正在完善之中。为什么随机数生成也需要建立自己的标准呢？PKI 中用到的许多基本的密码学函数，如密钥生成和 Diffie-Hellman 共享密钥协商，都需要使用随机数。然而，如果随机数不是随机的，而是取自一个可预测的取值集合，那么密码学函数就不再是绝对安全的，因为它的取值被限于一个缩小了的值域中。因此，安全伪随机数的生成对于 PKI 的安全极为关键。

(15) PKCS♯15：密码令牌信息语法标准。PKCS♯15 通过定义令牌上存储的密码对象的通用格式来增进密码令牌的互操作性。在实现 PKCS♯15 的设备上存储的数据对于使用该设备的所有应用程序来说都是一样的，尽管实际上在内部实现时可能所用的格式不同。PKCS♯15 的实现扮演了翻译家的角色，它在卡的内部格式与应用程序支持的数据格式间进行转换。

3. PKCS 标准的主要用途

PKCS 标准主要用于用户实体通过 RA 的证书申请、用户的证书更新过程。当证书作废时，RA 通过 CA 向目录服务器中发布证书撤销列表 CRL，用于扩展证书内容，以及数字签名与验签过程和实现数字信封格式定义等一系列相关协议。

习题四

一、判断题

1. 所谓身份认证就是计算机系统的用户在进入系统或访问不同保护级别的系统资源时，系统确认该用户的身份是否真实、合法和唯一。　　　　　　　　　　　　　(　　)

2. 身份认证是安全系统中的第二道关卡。　　　　　　　　　　　　　　　(　　)

3. 静态密码是指用户的密码是由系统随机自动产生的。　　　　　　　　　(　　)

4. 双向认证是指在单向认证基础上结合第二个物理认证因素,以使认证的确定性呈指数递增。（　　）

5. 数字证书是一种权威性的电子文档。它提供了一种在 Internet 上验证身份的方式。（　　）

6. CA 机构作为电子商务交易中受信任的第三方,承担公钥体系中公钥的合法性检验的责任。（　　）

7. PKI 就是利用私钥理论和技术建立的提供安全服务的基础设施。（　　）

8. PKI 体系提供的安全服务功能包括身份认证、完整性、机密性、不可否认性、时间戳和数据的公证服务。（　　）

9. 完整的 PKI 应由所需的浏览器和客户端软件两部分构成。（　　）

10. 公钥密码标准(PKCS)最初是为推进公钥密码系统的互操作性,由 RSA 实验室与工业界、学术界和政府代表合作开发的。（　　）

二、填空题

1. 身份认证是计算机系统的用户在进入＿＿＿＿或＿＿＿＿资源时,系统确认该用户的身份是否＿＿＿＿、＿＿＿＿和＿＿＿＿,一般可以分成＿＿＿＿和＿＿＿＿两种方法。

2. 身份认证是安全系统中的＿＿＿＿。用户在访问安全系统之前,首先经过＿＿＿＿系统进行＿＿＿＿,然后访问＿＿＿＿,根据用户的身份和授权数据库决定用户能否对某个资源进行访问。

3. 明确并区分访问者的身份称为＿＿＿＿。对访问者声明的身份进行确认的身份认证的基本方法称为＿＿＿＿。审计是指每一个人都应该为自己所做的＿＿＿＿负责,所以在事情完成后都应该有＿＿＿＿,以便＿＿＿＿。

4. 基于秘密信息的身份认证方法有＿＿＿＿、＿＿＿＿、＿＿＿＿、＿＿＿＿等。

5. 数字证书是由＿＿＿＿授权中心发行的,能提供在 Internet 上进行身份＿＿＿＿的一种权威性＿＿＿＿,人们可以在＿＿＿＿中用它来证明自己的＿＿＿＿和＿＿＿＿的身份。

6. 认证中心主要有＿＿＿＿功能、＿＿＿＿功能、＿＿＿＿功能、＿＿＿＿功能、＿＿＿＿功能。

7. PKI 技术采用＿＿＿＿,通过可信任的＿＿＿＿机构认证中心＿＿＿＿,把用户的＿＿＿＿和用户的其他＿＿＿＿捆绑在一起,在 Internet 上＿＿＿＿的身份。

8. PKI 体系提供的安全服务功能包括＿＿＿＿功能、＿＿＿＿功能、＿＿＿＿功能、＿＿＿＿功能、＿＿＿＿和＿＿＿＿。

9. Kerberos 主要为网络通信提供＿＿＿＿服务的面向＿＿＿＿的认证机制。每当用户申请得到某服务程序的＿＿＿＿时,用户和服务程序会首先向 Kerberos 要求＿＿＿＿的身份。

10. PKCS 标准主要用于＿＿＿＿通过 RA 的证书申请、用户的＿＿＿＿过程。当证书作废时,RA 通过＿＿＿＿向目录服务器发布＿＿＿＿,用于扩展证书内容,以及＿＿＿＿与＿＿＿＿过程和实现数字信封格式定义等一系列相关协议。

三、思考题

1. 简述身份认证的作用。
2. 简述身份认证中的几个重要术语。
3. 简述数字证书的概念。
4. 简述数字证书的工作原理。
5. 简述认证中心 CA 的概念。
6. 简述 CA 的功能。
7. 简述 PKI 的概念。
8. 简述 PKI 的安全服务功能。
9. 简述 Kerberos 认证协议的概念。
10. 简述 Kerberos 的认证流程。
11. 简述 X.509 标准的概念。
12. 简述 PKCS 标准的概念。

第 5 章

Windows 操作系统安全

操作系统是计算机资源的直接管理者,俗称"管家婆",是连接硬件与上层软件及用户的桥梁,是计算机软件的基础和核心,所以,它的安全是至关重要的,因此,提高操作系统本身的安全等级尤为关键。本章主要介绍 Windows 操作系统安全方面的知识,通过本章的学习,要求:

(1) 掌握 Windows 安全的基本概念。

(2) 掌握 Windows 访问控制安全机制。

(3) 掌握 Windows 安全模型的基本概念。

(4) 掌握 Windows 安全的策略。

5.1 Windows 系统安全概况

5.1.1 Windows 系统概述

1. 操作系统

Windows 系统是微软公司研究开发的操作系统,其发展经历了 Windows 3.1、Windows 98、Windows NT、Windows 2000、Windows XP 等多个版本。由于 Windows 系统的易用性,许多用户都使用它,特别是其桌面操作系统。

首先介绍计算机是如何工作的。例如,计算机屏幕上显示的信息是通过显示卡与屏幕显示的。而如果想要看 VCD,就需要有存储有影音数据的光盘、可读取光盘的光驱、可以转换影音数据输出的中央处理器(CPU)、可以显示影像的显示芯片(显示卡)、可以传输声音的音效芯片(声卡)、可以输出影像的显示器以及可以发出声音的喇叭。也就是说,所有在"工作"的设备都是"硬件"。

由于计算机所进行的工作都是计算机硬件实现的,那么,这些硬件如何知道播放 VCD 呢? 这是因为有一种系统在正确地控制硬件工作,该系统就称为操作系统。操作系统可以管理整台计算机的硬件,它可以控制 CPU 进行正确的运算,可以分辨硬盘里的数据并进行读取,它还必须能够识别所有的适配卡,这样才能正确地使用所有的硬件。所以,如果没有这个操作系统,计算机就等于一堆废铁。

虽然操作系统可以完整地掌控所有的硬件资源,但是,对于用户来说,这是不够的。

这是因为,操作系统虽然可以掌控所有硬件,但如果用户无法与操作系统沟通,这个操作系统就没有什么用处。简单地说,以 VCD 为例,虽然操作系统可以控制硬件播放 VCD,但是,如果用户没有办法控制计算机播出 VCD,计算机也不会播放 VCD。

所以,比较完整的操作系统应该包含两个组件:一个是"核心与其提供的接口工具";另一个是"利用核心提供的接口工具所开发的软件"。这里以常用的安装 Windows 操作系统的计算机为例进行说明。人们都使用过 Windows 里的资源管理器。打开资源管理器的时候,它会显示硬盘中的数据,显示硬盘里面的数据,这就是核心做的事情,但是,要核心去显示硬盘哪一个目录下的数据,则是由资源管理器实现的。

核心也有做不到的事,举例来说,如果用户曾经在个人计算机上安装过比较新的显卡,应该常常会看到 Windows 计算机提示:"找不到合适的显卡驱动程序。"也就是说,即使有最新的显卡安装在个人计算机上,而且也有播放 VCD 的程序,但因为核心无法控制这个最新的显卡,也就无法正常显示 VCD 了。整个硬件是由核心来管理的,如果核心不能识别硬件,那么将无法使用该硬件设备,如上面提到的最新的显卡。

从定义来看,只要能让计算机硬件正确地运行,就算是操作系统了。所以,操作系统其实就是核心与其提供的接口工具。如上所述,因为最基本的核心缺乏与用户沟通的友好界面,所以目前提到的操作系统,一般都会包含核心与相关的用户应用软件。

核心就是 Kernel,它是操作系统最底层的东西,每个操作系统都有自己的核心,由它来掌管整个计算机硬件资源的工作状态。所以,当有新的硬件加入到系统中时,若核心并不支持它,这个新硬件就无法工作,因为控制它的核心并不认识它。

2. 核心项目

一般来说,核心为了给出用户所需要的正确运算结果,必须要管理好以下几项。

(1) 系统调用接口(System Call Interface):通过这个接口,程序开发人员可以轻松地与核心沟通,进一步利用硬件资源。

(2) 进程(Process):在多任务环境中,一台计算机可能同时有很多的作业等待 CPU 运算处理,核心这时必须能够控制这些作业并有效地分配 CPU 的资源。

(3) 内存(Memory):核心要控制整个系统的内存,如果内存不足,核心还能提供虚拟内存的功能。

(4) 文件系统(File System):文件系统的管理,如数据的输入/输出(I/O)及不同文件格式的支持等,如果核心不能识别某个文件系统,那么将无法使用该文件格式的文件。例如,Windows 98 就不能识别 NTFS 文件格式的硬盘。

(5) 设备驱动程序(Device Drivers):如上所述,硬件管理是核心的主要工作之一,而设备驱动程序的加载是核心需要做的事情。利用"可加载模块"功能可以将驱动程序编辑成模块,而不需要重新编译核心。

综上所述,所有硬件资源都是由核心来管理的。要完成一些工作时,除了可以通过核心本身提供的功能,还可以通过其他应用软件来实现。举个例子,如果要看 VCD 影片,那么,除了使用 Windows 提供的媒体播放程序之外,也可以自行安装 VCD 播放程序来播放 VCD。这个播放程序就是应用软件,应用软件可以帮助用户去控制核心的工作(就是播放影片)。因此,可以这样说,核心是控制整个硬件的东西,也是操作系统的最底层,然而,要让整个操作系统更完备,核心还需要提供相当丰富的工具,以及核心相关的应用软件的支持。

3. 系统架构

以 Windows XP 为例,其结构是层次结构和客户机/服务器结构的混合体,系统划分为 3 个层次:最低层是硬件的抽象层,它为上面的一层提供硬件结构的接口,有了这一层就可以使系统方便地移植;第二层是内核层,它为低层提供执行、中断、异常处理和同步的支持;第三层由一系列实现基本系统服务的模块组成,例如,虚拟内存管理、对象管理、进程管理、线程管理、I/O 管理、进程间通信和安全参考监督管理等。

5.1.2　Windows 安全模型

1. 一个安全操作系统的内容

提高操作系统安全等级的内容如下。

(1) 身份鉴别机制:实施强认证方法,例如,数字证书等。

(2) 访问控制机制:实施细粒度的用户访问控制、细化访问权限等。

(3) 数据保密性机制:对关键信息和数据进行严格保密。

(4) 完整性:防止数据系统被恶意代码,例如,病毒破坏,对关键信息使用数字签名技术进行保护。

(5) 系统的可用性:不能访问的数据等于不存在,不能工作的业务进程也毫无用处,因此,还要加强应对攻击的能力,例如,病毒防护、抵御黑客入侵等。

(6) 审计:审计是一种有效的保护措施,它可以在一定程度上阻止对信息系统的威胁,并在系统检测、故障恢复等方面发挥重要作用。

一个安全的操作系统应该具有相应的安全策略和保护措施,能够将入侵者或病毒等带来的损失限制在一定的范围内。

2. Windows 安全模型

Windows 系统在安全设计上有专门的安全子系统,安全子系统主要由本地安全授权(Local Security Authorization, LSA)、安全账户管理(Security Account Management, SAM)和安全参考监视器(Security Reference Monitor, SRM)等组成,如图 5-1 所示。

在图 5-1 中,本地安全授权部分提供了许多服务程序,保障用户获得存取系统的许可权。它负责产生令牌,执行本地安全管理,提供交互式登录认证服务,控制安全审查策略和由 SRM 产生的审查记录信息。

安全账户管理部分保存了 SAM 数据库,该数据库包含所有组和用户的信息。SAM 提供用户登录认证,负责对用户在 Welcome 对话框中输入的信息与 SAM 数据库中的信息进行比对,并为用户赋予一个安全标识符(SID)。根据网络配置的不同,SAM 数据库可能存在一个或多个 Windows NT 系统中。

安全参考监视器负责访问控制和审查策略,由 LSA 支持。SRM 提供客体(文件、目录等)的存取权限,检查主体(用户账户等)的权限,产生必要的审查信息。客体的安全属性由存取控制项(Access Control Entry, ACE)来描述,全部客体的 ACE 组成访问控制列表(Access Control List, ACL)。没有 ACL 的客体意味着任何主体都可以访问,而有

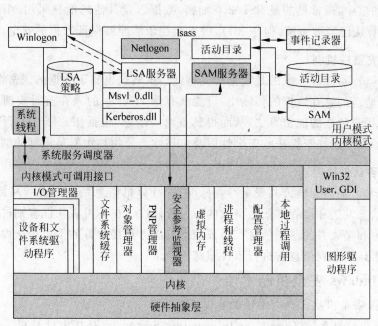

图 5-1　Windows 安全模式子系统

ACL 的客体则由 SRM 检查其中的每一项 ACE,从而决定主体的访问是否被允许。

5.1.3　Windows 安全机制

1. 身份认证机制

身份认证是最基本的安全机制。当用户登录计算机操作系统时,要求身份认证,最常见的就是使用账号以及密钥确认身份。但由于该方法的局限性,当计算机出现漏洞或密钥被泄露时,可能会出现安全问题。

其他的身份认证还有:生物测定指纹、视网膜等。这几种方式可提供高机密性,保护用户的身份。采用唯一的方式,如指纹,那么恶意的人就很难获得访问权限。

2. 访问控制机制

在 Windows NT 之后的 Windows 版本,访问控制带来了更加安全的访问方法。该机制包括很多内容,包括磁盘的使用权限、文件夹的权限以及文件权限继承等。最常见的访问控制是 Windows 的 NTFS 文件系统。自从 NTFS 出现后,很多人都从 FAT 32 转向 NTFS,因为 NTFS 提供了更加安全的访问控制机制。

Windows 访问控制机制示意图如图 5-2 所示。

3. 数据保密性机制

处于企业中的服务器数据的安全性对于企业来讲,决定着企业的存亡。加强数据的安全性是每个企业都需要考虑的。即从数据的加密方式,以及数据的加密算法,到用户对公司内部数据的保密工作等。最常见的是采用加密算法进

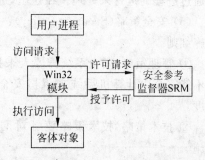

图 5-2　Windows 访问控制机制示意图

行加密。在通信中,最常见的是 SSL 2.0 加密,数据以及其他的信息采用 MD5 等。虽然 MD5 的加密算法已经被破解,但是 MD5 的安全性依然能够保证数据的安全。

4. 数据完整性机制

在文件传输中,更多考虑的是数据的完整性。虽然这也属于数据的保密性的范畴,但是,这是无法防范的。在数据的传输中,可能就有像 Hacker 的人在监听或捕获用户的数据,然后破解用户数据的加密算法,从而得到重要的信息,包括用户账号、密码等。所以,完整性更多的是考虑加密算法的安全性以及可靠性。公钥私钥就是最好的例子。

5. 不可否认性机制

根据《中华人民共和国公共安全行业标准》的计算机信息系统安全产品部件的规范,验证发送方信息发送和接收方信息接收的不可否认性。在不可否认性鉴别过程中主要用于信息发送方和接收方的鉴别信息。验证信息发送方和接收方的不可否认性的过程。对双方的不可否认性鉴别信息需进行审计跟踪。

5.1.4　Windows 安全机制术语

Windows 安全机制术语中常用的有以下几个。

(1) 计算机信息系统(Computer Information System):是指由计算机及其相关的和配套的设备、设施(含网络)构成的,按照一定的应用目标和规则对信息进行采集、加工、存储、传输、检索等处理的人机系统。

(2) 安全操作系统(Secure Operating System):是指为所管理的数据和资源提供相应的安全保护,而有效控制硬件和软件功能的操作系统。

(3) 客体(Object):是指一个被动的实体。在操作系统中,客体可以是按照一定格式存储在一定记录介质上的数据信息(通常以文件系统格式存储数据),也可以是操作系统中的进程。操作系统中的进程(包括用户进程和系统进程)一般有着双重身份。当一个进程运行时,它必定为某一用户服务——直接或间接地处理该用户的事件要求。于是,该进程成为该用户的客体,或为另一进程的客体。

(4) 主体(Subject):是指一个主动的实体,它包括用户、用户组、进程等。系统中最基本的主体应该是用户(包括一般用户和系统管理员、系统安全员、系统审计员等特殊用户)。每一个进入系统的用户必须是唯一标识的,并经过鉴别确定为真实的。系统中的所有事件几乎完全是由用户激发的。进程是系统中最活跃的实体,用户的所有事件要求都要通过进程的运行来处理。在这里,进程作为用户的客体,同时又是其访问对象的主体。

(5) 安全策略(Security Policy):是指有关管理、保护和发布敏感信息的法律、规定和实施细则。

① 管理策略,安全系统需要人来执行,即使是最好的、最值得信赖的系统安全措施,也不能完全由计算机系统来承担安全保证任务,因此必须建立完备的安全组织和管理制度。

② 技术策略,技术策略要针对网络、操作系统、数据库、信息共享授权提出具体的措施。

(6) 信道(Channel):是指系统内的信息传输路径。

（7）隐蔽信道（Covert Channel）：是指允许进程以危害系统安全策略的方式传输信息的通信信道。

（8）访问监控器（Reference Montior）：是指监控主体和客体之间授权访问关系的部件。

（9）安全需求（Security Requirements）：是指为使设备、信息、应用及设施符合安全策略的要求而需要采取的保护类型及保护等级。

（10）安全特征（Security Features）：是指与安全相关的系统的软硬件功能、机理和特性。

（11）安全评估（Security Evaluation）：是指为评定在系统内安全处理敏感信息的可信度而做的评估。

（12）安全配置管理（Secure Configuration Management）：是指控制系统硬件与软件结构更改的一组规程。其目的是保证这种更改不违反系统的安全策略。

（13）安全内核（Security Kernel）：是指控制对系统资源的访问而实现基本安全规程的计算机系统的中心部分。

（14）安全过滤器（Security Filter）：是指对传输的数据强制执行安全策略的可信子系统。

（15）安全规范（Security Specifications）：是指系统所需要的安全功能的本质与特征的详细描述。

（16）安全测试（Security Testing）：是指确定系统的安全特征按设计要求实现的过程。这一过程包括现场功能测试、渗透测试和验证。

（17）身份鉴别（Identity Authentication）：是指计算机信息系统可信计算机初始执行时，首先要求用户标识自己的身份，并使用保护机制（例如，密码、口令等）来鉴别用户的身份，阻止非授权用户访问用户身份鉴别数据。

（18）审计（Audit）：是指计算机信息系统可信计算机能创建和维护受保护客体的访问审计跟踪记录，并能阻止非授权的用户对它进行访问或破坏。

（19）可信进程（Trusted Process）：是指管理员与系统的交互操作以及用户的注册操作是维持操作系统安全的两种可信操作，但这些操作都是由自主进程而不是安全内核完成的，从逻辑上看，这些功能必须由可信软件实现，因此，可以看做是安全内核的组成部分。与不可信进程相比，可信进程具有修改安全内核数据库的特权，并且可以逾越某些安全机制。必须严格审查可信进程，保证其正确、可靠。

（20）可信路径（Trusted Path）：是指对于用户的初始登录和鉴别，计算机信息系统可信计算机在它与用户之间提供可信通信路径，该路径上的通信只能由该用户初始化。

5.2　访问控制安全机制

5.2.1　访问控制安全机制概述

1. 概述

访问控制是信息安全保障机制的核心内容，它是实现数据保密性和完整性机制的主要手段。访问控制是为了限制访问主体(或称为发起者,是一个主动的实体,如用户、进程、服务等),对访问客体(需要保护的资源)的访问权限,从而使计算机系统在合法范围内使用;决定用户及代表一定用户利益的程序能做什么,及做到什么程度。访问控制的两个重要过程如下。

(1) 通过"鉴别"(Authentication)来检验主体的合法身份。

(2) 通过"授权"(Authorization)来限制用户对资源的访问级别,访问包括读取数据、更改数据、运行程序、发起连接等。

2. 访问控制分类

因实现的基本理念不同,访问控制可分为以下两种:强制访问控制(Mandatory Access Control)和自主访问控制(Discretionary Access Control)。例如,当一个用户通过身份认证机制登录到某一 Windows 系统时,Windows 文件访问控制机制将检查系统中哪些文件是该用户可以访问的。访问控制所要控制的行为有以下几类:读取数据、运行可执行文件、发起网络连接等。

3. 访问控制应用类型

根据应用环境的不同,访问控制主要有以下 3 种:主机/操作系统访问控制、网络访问控制、应用程序访问控制。

(1) 主机/操作系统访问控制

主机/操作系统访问控制如图 5-3 所示。

目前主流的操作系统均提供不同级别的访问控制功能。通常,操作系统借助访问控制机制来限制对文件及系统设备的访问。例如,Windows NT/2000 操作系统应用访问控制列表来对本地文件进行保护,访问控制列

图 5-3　主机/操作系统访问控制

表指定某个用户可以读、写或执行某个文件。文件的所有者可以改变该文件访问控制列表的属性。

(2) 网络访问控制

访问控制机制应用在网络安全环境中,主要是限制用户可以建立什么样的连接以及通过网络传输什么样的数据,这就是传统的网络防火墙。防火墙作为网络边界阻塞点来过滤网络会话和进行数据传输。根据防火墙的性能和功能,这种控制可以达到不同的级别,如图 5-4 所示。

图 5-4 中的防火墙可以实现以下几类访问控制。

① 连接控制,控制在哪些应用程序终节点之间可建立连接。例如,防火墙可控制内部的某些用户可以发起对外部 Web 站点间的连接。

② 协议控制,控制用户通过一个应用程序可以进行什么操作,例如,防火墙可以允许用户浏览一个页面,同时拒绝用户在非信任的服务器上发布数据。

③ 数据控制,控制应用数据流是否可以通过。例如,防火墙可以阻塞邮件附件中的病毒。防火墙实现访问控制的尺度依赖于它所能实现的技术。

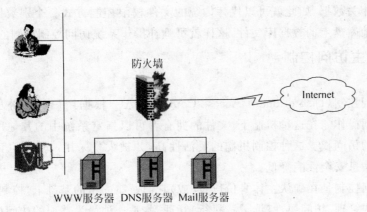

图 5-4　网络访问控制

（3）应用程序访问控制

应用程序访问控制如图 5-5 所示。

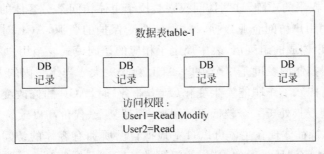

图 5-5　应用程序访问控制

访问控制往往被嵌入应用程序（或中间件）中以提供更细粒度的数据访问控制。当访问控制需要基于数据记录或更小的数据单元实现时，应用程序将提供其内置的访问控制模型。例如，大多数数据库（如 Oracle）都提供独立于操作系统的访问控制机制，Oracle 使用其内部用户数据库，且数据库中的每个表都有自己的访问控制策略来控制用户对其记录的访问。

另外比较典型的例子是电子商务应用程序，该程序认证用户的身份并将其置于特定的组中，这些组对应用程序中的某一部分数据拥有访问权限。

（4）加密方法在访问控制系统中的应用

加密方法也经常被用于实现访问控制。或者独立实施访问控制，或者作为其他访问控制机制的加强手段。例如，通过加密可以限定只有拥有解密密钥的用户才有权限访问特定资源。

IPSec VPN 采用强加密机制来控制非可信网络中的用户访问经由 VPN 传输的数据。此外，通过加密和密钥管理也可实现访问控制机制，只有拥有相应的密钥（IPSec 安全关联协商成功），才可以解密及访问数据。

存储于本地硬盘中的数据也可以被加密，所以同一系统中的用户若无相应解密密钥也不能读取相关数据,如此就可以代替传统的文件权限控制方式。个别数据库产品可以加密位于本地磁盘上的数据库文件,这样就可弥补操作系统访问控制机制的不足。

5.2.2 自主访问控制

1. 概述

自主访问控制(Discretionary Access Control,DAC)根据用户的身份及允许访问权限决定其访问操作。在这种机制下,文件的拥有者可以指定系统中的其他用户或用户组对某个文件的访问权。这种控制机制的灵活性高,并被大量采用。然而也正是由于这种灵活性使得信息安全性能降低。

自主访问控制是在确认主体身份以及(或)它们所属的组的基础上,控制主体的活动,实施用户权限管理、访问属性(读、写、执行)管理等,是一种最为普遍的访问控制手段。自主访问控制的主体可以按自己的意愿决定哪些用户可以访问他们的资源,亦即主体有自主决定权,一个主体可以有选择地与其他主体共享他的资源。

基于访问控制矩阵的访问控制列表(ACL)是 DAC 中通常采用的一种安全机制。ACL 是带有访问权限的矩阵,这些访问权限是授予主体访问某一客体的。安全管理员通过维护 ACL 控制用户访问企业数据。对每一个受保护的资源,ACL 对应一个个人用户列表或由个人用户构成的组列表,表中规定了相应的访问模式。当用户数量多、管理数据量大时,由于访问控制的粒度是单个用户,ACL 会很庞大。当组织内的人员发生变化(升迁、换岗、招聘、离职)、工作职能发生变化(新增业务)时,ACL 的修改变得异常困难。采用 ACL 机制管理授权处于一个较低级的层次,管理复杂、代价高以致易于出错。

DAC 的主要特征体现在主体可以自主地把自己所拥有客体的访问权限授予其他主体或者从其他主体收回所授予的权限,访问通常基于访问控制列表。访问控制的粒度是单个用户。没有存取权限的用户只允许由授权用户指定对客体的访问权限。DAC 的缺点是信息在移动过程中其访问权限关系会被改变。如用户 A 可将其对目标 O 的访问权限传递给用户 B,从而使得对 O 不具备访问权限的 B 可访问 O。

为了实现完备的自主访问控制系统,由访问控制矩阵提供的信息必须以某种形式存放在系统中。访问矩阵中的每行表示一个主体,每列则表示一个受保护的客体,而矩阵中的元素则表示主体对客体的访问模式。目前,在系统中访问控制矩阵本身都不是完整地存储起来的,因为矩阵中的许多元素常常为空。空元素将会造成存储空间的浪费,而且查找某个元素会耗费很多时间。实际上常常是基于矩阵的行或列来表达访问控制信息的。

2. 常用方法

(1)访问控制列表

访问控制列表可以决定任何一个特定的主体是否可对某一个客体进行访问。它是利用在客体上附加一个主体明细的方法来表示访问控制矩阵的。表中的每一项包括主体的身份以及对该客体的访问权限。例如,对某文件的访问控制列表可以存放在该文件的文件说明中。该表通常包含有此文件的用户身份、文件属性、用户组,以及文件属主或用户组成员对此文件的访问权限。如果采用用户组或通配符的概念,这一访问控制信息列表不会很长。目前,访问控制列表方式是自主访问控制实现中比较好的一种方法。

(2) 能力表

能力表用于给出用户对客体的访问权限,在这种方式下,系统必须对每个用户维护一份能力表,用户可以将自己的部分能力比如读写某个文件的能力传给其他用户,这样那个用户就获得了读写该文件的能力。在用户较少的系统中,这种方式比较好,但一旦用户数增加,便要花费系统大量的时间和资源来维护系统中每个用户的能力表。

(3) 前缀表

前缀表包含受保护的客体名及主体对它的访问权限。当系统中的某一主体欲访问某一客体时,访问控制机制将检查主体的前缀是否具有它所请求的访问权限。这种方式存在以下 3 个问题:①前缀大小有限制;②当生成一个新客体或者改变某个客体的访问权限时,如何对主体分配访问权限;③如何决定可访问某客体的所有主体。

由于客体通常是杂乱无章的,所以很难进行分类,而且当一个主体可以访问多个客体时,它的前缀也将是非常大的,因而也很难管理。受保护的客体必须具有唯一的名字,互相不能重名,故而造成客体名数目过大。在一个客体生成、撤销或改变访问权限时,可能会涉及许多主体前缀的更新,因此,需要进行许多操作。

当用户生成新客体并对自己及其他用户授予对此客体的访问权限时,相应的前缀修改操作必须采用安全的方式完成,不应由用户直接修改。有的系统由系统管理员来承担,还有的系统由安全管理员来控制主体前缀的更改。但是这种方法也有不便之处,特别是在频繁更改客体访问权限的时候,更加不适用。访问权限的撤销一般也很困难,除非对每种访问权限,系统都能自动校验主体的前缀。删除一个客体时,需要判断在哪些主体的前缀中有该客体。

(4) 保护位

保护位对所有的主体、主体组的拥有者,规定了一个访问模式的集合。用户组是具有相似特点的用户集合。生成客体的主体称为该客体的拥有者,它对客体的所有权能通过超级用户特权来改变。拥有者是唯一能够改变客体保护位的主体。一个用户可能不只属于一个用户组,但是在某个时刻,一个用户只能属于一个活动的用户组。用户组及拥有者名都体现在保护位中。保护位方式不能完备地表达访问矩阵,一般很少使用。

5.2.3　强制访问控制

1. 概述

强制访问控制(Mandatory Access Control,MAC)是指用户与文件都有一个固定的安全属性,系统用该安全属性来决定一个用户是否可以访问某个文件。安全属性是强制性的规定,它由安全管理员或操作系统根据限定的规则确定,用户或用户的程序不能加以修改。如果系统认为具有某一个安全属性的用户不适于访问某个文件,那么任何人都无法使该用户具有访问该文件的权限。

强制访问控制用来保护系统确定的对象,对此对象用户不能进行更改。也就是说,系统独立于用户行为强制执行访问控制,用户不能改变他们的安全级别或对象的安全属性。这样的访问控制规则通常对数据和用户按照安全等级划分标签,访问控制机制通过比较安全标签来确定允许还是拒绝用户对资源的访问。强制访问控制进行了很强的等级划分,所以经常用于军事领域。

　　在强制访问控制系统中，所有主体（用户、进程）和客体（文件、数据）都被分配了安全标签，安全标签用于标识一个安全等级，如图 5-6 所示。主体（用户、进程）被分配一个安全等级；客体（文件、数据）也被分配一个安全等级。访问控制执行时对主体和客体的安全级别进行比较。下面用一个例子来说明强制访问控制规则的应用，如 Web 服务器以"秘密"的安全级别运行。假如 Web 服务器被攻击，攻击者在目标系统中以"秘密"的安全级别进行操作，它将不能访问系统中安全级为"机密"及"高密"的数据。

图 5-6　强制访问控制

2. 常用方法

（1）限制访问控制

由于自主控制方式允许用户程序修改其拥有文件的访问控制列表，因而为非法者带来可乘之机。强制访问控制不提供这一方便，用户要修改访问控制列表的唯一途径是请求一个特权系统调用。该调用的功能是依据用户从终端输入的信息，而不是靠另一个程序提供的信息来修改访问控制信息。

（2）过程控制

在通常的计算机系统中，只要系统允许用户自己编程，就没办法杜绝特洛伊木马，但可以对其过程采取某些措施，这种方法称为过程控制。例如，警告用户不要运行系统目录以外的任何程序，提醒用户注意偶然调用其他目录的文件时不要进行任何动作等。需要说明的一点是，这些限制取决于用户本身执行与否。因而，自愿的限制很容易变成实际上没有限制。

（3）系统限制

要对系统的功能实施一些限制，这种限制最好是由系统自动完成的，例如，限制共享文件，但共享文件是计算机系统的优点，所以是不可能加以完全限制的。再者，就是限制用户编程，事实上，有许多不需编程的系统都是这样做的。不过这种做法只适用于某些专用系统。在大型的通用系统中，编程能力是不可能去除的。在网络上也不行，在网络中一个没有编程能力的系统，可能会接收另一个具有编程能力的系统发出的程序。有编程能力的网络系统可以对进入系统的所有路径进行分析，并采取一定措施，这样就可以增加特洛伊木马攻击的难度。

5.2.4　基于角色的访问控制

1. 概述

基于角色的访问控制（Role-Based Access Control，RBAC）是近年来在信息安全领域访问控制方面的研究热点和重点，是实施面向企业安全策略的一种有效的访问控制方式。

其基本思想是,对系统操作的各种权限不是直接授予具体的用户,而是在用户集合与权限集合之间建立一个角色集合。每一种角色对应一组相应的权限。一旦用户被分配了适当的角色后,该用户就拥有此角色的所有操作权限。这样做的好处是,不必在每次创建用户时都进行分配权限的操作,只要分配用户相应的角色即可,而且角色的权限变更比用户的权限变更要少得多,这样将简化用户的权限管理,减少系统的开销。

2. RBAC 模型

RBAC 基本模型如图 5-7 所示。

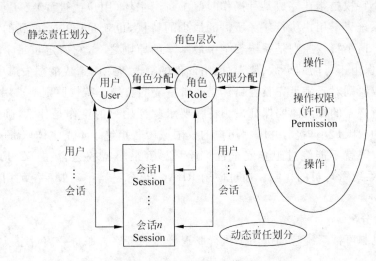

图 5-7　RBAC 基本模型

从图 5-7 中可知,RBAC 基本模型有用户(User)、角色(Role)、许可(Permission)、会话(Session)4 个组成部分,以下是基本模型中用到的基本定义。

(1)用户,信息系统的使用者。主要是指人,也可以是机器人、计算机或网络。

(2)角色,对应于企业组织结构中一定的职能岗位,代表特定的权限,即用户在特定语境中的状态和行为的抽象,反映用户的职责。

(3)许可,表示操作许可的集合,即用户对信息系统中的对象(OBS)进行某种特定模式访问(OPS)的操作许可。操作许可的类别取决于其所在的应用系统。在文件系统中,许可包括读、写和运行,而在数据库管理系统中,许可包括插入、删除、添加和更新。

(4)会话,会话是一个动态概念,在用户激活角色集时建立。会话是一个用户和多个角色的映射,一个用户可以同时打开多个会话。

RBAC 在满足企业信息系统安全需求方面显示了极大的优势,有效地克服了传统访问控制技术上存在的不足,可以减小授权管理的复杂性并降低管理开销,为管理员提供一个比较好的安全策略执行环境。它解决了在具有大量用户、数据客体和各种访问权限的系统中进行授权管理的问题,其中主要涉及用户、角色、访问权限、会话等概念。用户、角色、访问权限三者之间是多对多的关系。角色和会话的设置带来的好处是容易实施最小特权原则。

在 RBAC 模型中,将若干特定的用户集合和某种授权连接在一起。这样的授权管理与个体授权相比较,具有强大的可操作性和可管理性,因为角色的变动远远少于个体的变动。通过引入 RBAC 模型,系统的最终用户并没有与数据对象建立直接的联系,而是通过角色这个中间层来访问后台数据信息。在应用层次上,角色的逻辑意义和划分更为明显和直接,因此,RBAC 通常用于应用层的安全模型。

3. 常用方法

（1）最小特权策略

所谓最小特权是指在完成某种操作时赋予每个主体（用户或进程）必不可少的特权。它的思想是系统只给用户执行任务所需的最少的特权,也就是用户所得到的特权仅能完成当前任务。最小特权原则是系统安全中最基本的原则之一,它限定了每个主体必需的最小特权,确保由于可能的事故、错误、网络部件的篡改等原因造成的损失最小。

最小特权原则对于满足完整性目标是非常重要的。最小特权原则要求用户只具有执行一项工作所必需的权限。要保证最小特权要求验证用户的工作是什么,确定执行该项工作所需要的权限最小集合,并限制用户的权限域。若拒绝了不是主体职责的事务,则那些被拒绝的权限就不能绕过阻止安全性策略。尽管最小特权包含在 TCSEC 的内容当中,但仍限制系统管理员的权限。通过使用 RBAC,很容易满足一般系统的用户执行最小权限。

（2）职责分离

RBAC 机制可被系统管理员用于执行职责分离的策略。职责分离对于反欺诈行为是非常有效的。

职责分离或者是静态的,或者是动态的。符合静态职责分离要求的职能是由个人角色的分配和事务角色的分配决定的。最难的是动态职责分配,其中符合动态职责分离的职能在系统操作期间决定。采用动态职责分离策略的目的是使操作更灵活。

虽然商业和政府组织中的很多终端用户能够访问信息,但它们都不"拥有"信息。而这些组织机构恰恰是实际系统对象的"拥有者",并且自主访问控制是不可能适合的。基于角色访问控制（RBAC）是一个非自主访问控制机制,它允许促进组织具体安全策略的中央管理。

访问控制决策通常基于角色,个人用户采取的角色作为组织的组成。一个角色规定了一个事务集合,即用户或用户集合可在组织内执行。RBAC 提供命名和描述个人和权利之间的关系的方法,提供很多商业和政府组织需要的安全处理方法。

5.3 安全模型

5.3.1 安全级别

1. 概述

安全级别有两个含义:一个是主客体信息资源的安全类别,分为有层次的安全级别（Hierarchical Classification）和无层次的安全级别;另一个是访问控制系统实现的安全级别,这和计算机系统的安全级别是一样的,分为 4 级,具体为 D、C(C1、C2)、B(B1、B2、B3)和 A。

2. 安全级别的内涵

(1) D 级别

D 级别是最低的安全级别,对系统提供最小的安全防护。系统的访问控制没有限制,无须登录系统就可以访问数据,这个级别的系统包括 DOS、Windows 98 等。

(2) C 级别

C 级别有两个子级,即 C1 级和 C2 级。C1 级称为选择性保护级(Discritionary Security Protection),可以实现自主安全防护,对用户和数据的分离,保护或限制用户权限的传播。C2 级具有访问控制环境的权利,比 C1 的访问控制划分得更为详细,能够实现受控安全保护、个人账户管理、审计和资源隔离。这个级别的系统包括 UNIX、Linux 和 Windows NT。

C 级别属于自由选择性安全保护,在设计上有自我保护和审计功能,可对主体行为进行审计与约束。C 级别的安全策略主要是自主访问控制,可以实现以下功能。

① 保护数据,确保非授权用户无法访问。

② 对访问权限的传播进行控制。

③ 个人用户数据的安全管理。

C 级别的用户必须提供身份证明(比如口令)才能够正常实现访问控制,因此用户的操作与审计自动关联。C 级别的审计能够针对实现访问控制的授权用户和非授权用户,建立、维护以及保护审计记录不被更改、破坏或受到非授权访问。这个级别的审计能够实现对所要审计的事件、事件发生的日期与时间、涉及的用户、事件类型、事件成功或失败等进行记录,同时能通过对个体的识别,有选择地审计任何一个或多个用户。C 级别的一个重要特点是有对审计生命周期保证的验证,这样可以检查是否有明显的旁路可绕过或欺骗系统,检查是否存在明显的漏路(违背对资源的隔离策略,造成对审计或验证数据的非法操作)。

(3) B 级别

B 级别包括 B1、B2 和 B3 共 3 个级别,B 级别能够提供强制性安全保护和多级安全。强制防护是指定义及保持标记的完整性,信息资源的拥有者不具有更改自身内容的权限,系统数据完全处于访问控制管理的监督下。

B1 级别称为标识安全保护(Labeled Security Protection)级别。

B2 级别称为结构保护(Structured Protection)级别,要求访问控制的所有对象都有安全标签以使低级别的用户不能访问敏感信息,对于设备、端口等也应标注安全级别。

B3 级别称为安全域保护(Security Domain Protection)级别,这个级别使用安装硬件的方式来加强域的安全,比如用内存管理硬件来防止非授权访问。B3 级别可以实现以下功能。

① 引入监视器参与所有主体对客体的访问以保证不存在旁路。

② 审计跟踪能力强,可以提供系统恢复过程。

③ 支持安全管理员角色。

④ 用户终端必须通过可信通道才能实现对系统的访问。

⑤ 防止篡改。

B 组安全级别可以实现自主访问控制和强制存取控制,通常可以实现以下功能。

① 所有敏感标识控制下的主体和客体都有标识。

② 安全标识对普通用户是不可变更的。

③ 可以审计:任何试图违反可读输出标记的行为;授权用户提供的无标识数据的安全级别和与之相关的动作;信道和 I/O 设备的安全级别的改变;用户身份和相应的操作。

④ 维护认证数据和授权信息。

⑤ 通过控制独立地址空间来维护进程的隔离。

B 组安全级别应该保证:

① 在设计阶段,应该提供设计文档、源代码以及目标代码,以供分析和测试。

② 有明确的漏洞清除和补救缺陷的措施。

③ 无论是形式化的还是非形式化的模型都能证明其可以满足安全策略的需求。

(4) A 级别

A 级别称为验证设计级(Verify Design),是目前最高的安全级别,在 A 级别中,安全的设计必须给出形式化设计说明和验证,需要有严格的数学推导过程,同时应该包含秘密信道和可信分布的分析,也就是说要保证系统的部件来源有安全保证,例如,对这些软件和硬件在生产、销售、运输中进行严密跟踪和严格的配置管理,以避免出现安全隐患。

5.3.2　BLP 模型

1. 概述

数据安全领域的 BLP(Bell-La Padula)模型是一个形式化模型,使用数学语言对系统的安全性质进行描述,BLP 模型也是一个状态机模型,它反映了多级安全策略的安全特性和状态转换规则。

BLP 模型定义了系统、系统状态、状态间的转换规则,以及安全的概念,制定了一组安全特性,对系统状态、状态转换规则进行约束,如果它的初始状态是安全的,经过应用一系列规则都是保持安全的,那么可以证明该系统是安全的。

BLP 模型的基本安全策略是"下读上写",即主体对客体向下读、向上写。主体可以读安全级别比它低或相等的客体,可以写安全级别比它高或相等的客体。"下读上写"的安全策略保证了数据库中的所有数据只能按照安全级别从低到高的流向流动,从而保证了敏感数据不泄露。

数据和用户被划分为以下安全等级。

(1) 公开(Unclassified)

(2) 受限(Restricted)

(3) 秘密(Confidential)

(4) 机密(Secret)

(5) 高密(Top Secret)

2. BLP 模型的基本元素

$S = \{s_1, s_2, \cdots, s_n\}$：主体集。

$O = \{o_1, o_2, \cdots, o_m\}$：客体集。

$C = \{c_1, c_2, \cdots, c_q\}$：密级的集合 $c_1 < c_2 < \cdots < c_q$。

$K = \{k_1, k_2, \cdots, k_r\}$：部门或类别的集合。

$A = \{r, w, e, a, c\}$：访问属性集。其中，r 为只读；w 为读写；e 为执行；a 为添加；c 为控制。

$RA = \{g, r, c, d\}$：请求元素集。其中，g 为 get, give；r 为 release, rescind；c 为 change, create；d 为 delete。

$D = \{yes, no, error, ?\}$：判断集（结果集）。其中，yes 为请求被执行；no 为请求被拒绝；error 为系统出错；? 为请求出错。

$\mu = \{M_1, M_2, \cdots, M_p\}$：访问矩阵集。

$BA = \{f \mid f : A \to B\}$。

$F = CS \times CO \times (PK)S \times (PK)O$。

$CS = \{f_1 \mid f_1 : S \to C\}$：$f_1$ 给出每个主体的密级。

$CO = \{f_2 \mid f_2 : O \to C\}$：$f_2$ 给出每个客体的密级。

$(PK)_s = \{f_3 \mid f_3 : S \to PK\}$：$f_3$ 给出每个主体的部门集。

$(PK)O = \{f_4 \mid f_4 : O \to PK\}$：$f_4$ 给出每个客体的部门集。

$f \in F, f = (f_1, f_2, f_3, f_4)$。

3. 系统状态

$V = P(S \times O \times A) \times \mu \times F$：状态集。

对 $v \in V, v = (b, M, f)$ 表示某一状态。

$bS \times O \times A$ 表示在当前时刻，哪些主体获得了对哪些客体的权限。

$b = \{(s_1, o_1, r), (s_1, o_2, w), (s_2, o_2, a), \cdots\}$。

M：当前状态访问控制矩阵。

f：当前时刻所有主体和客体的密级和部门集。

系统在任何一个时刻都处于某一种状态 v，即对任何时刻 t，必有状态 v_t 与之对应，随着用户对系统的操作，系统的状态不断地发生变化，只有每一个时刻状态是安全的，系统才可能安全。

4. 安全特性

BLP 模型的安全特性定义了系统状态的安全性，体现了 BLP 模型的安全策略。

（1）自主安全性

状态 $v = (b, M, f)$ 满足自主安全性：对所有的 $(s_i, o_j, x) \in b$，有 $x \in M_{ij}$。

此条性质是说，若 $(s_i, o_j, x) \in b$，即如果在状态 v，主体 s_i 获得了对客体 o_j 的 x 访问权限，那么 s_i 必定得到了相应的自主授权。如果存在 $(s_i, o_j, x) \in b$，但主体 s_i 并未获得对客体 o_j 的 x 访问权限的授权，则 v 被认为不符合自主安全性。

（2）简单安全性

状态 $v=(b,M,f)$ 满足简单安全性当且仅当对所有的 $(s,o,x)\in b$，有（$x=e$，或 $x=a$，或 $x=c$）或（$x=r$，或 $x=w$）且（$f_1(s)\geqslant f_2(o)$，$f_3(s)\geqslant f_4(o)$）。

（3）＊—性质

状态 $v=(b,M,f)$ 满足 ＊—性质，当且仅当对所有的 $s\in S$，若 $o_1\in b(s:w,a)$，$o_2\in b(s:r,w)$，则 $f_2(o_1)\geqslant f_2(o_2)$，$f_4(o_1)\geqslant f_4(o_2)$，其中符号 $b(s:x_1,x_2)$ 表示 b 中主体 s 对其具有访问特权 x_1 或 x_2 的所有客体的集合。

5．请求集

$R=S^+\times RA\times S^+\times O\times X$ 为请求集，它的元素是一个完整的请求，不是请求元素集。其中：

（1）$S^+=S\{f\}$；$X=A\{f\}F$。

（2）R 中的元素是一个五元组，表示为 (s_1,g,s_2,o_j,x)。

6．状态转换规则

系统状态的转换由一组规则定义，规则 P 定义为：

$$R\times V\rightarrow D\times V$$

其中，R 是请求集，D 是判断集，V 是状态集。

7．BLP 模型的优缺点

（1）优点

① BLP 模型是一种严格的形式化描述。

② 控制信息只能由低向高流动，能满足军事部门等对数据保密性要求特别高的机构的需求。

（2）缺点

① 上级对下级发文受到限制。

② 部门之间信息的横向流动被禁止。

③ 缺乏灵活、安全的授权机制。

8．BLP 应用

（1）用户和资源安全分级案例

图 5-8 所示的是一个用户和资源安全分级的例子，BLP 模型允许用户读取安全级别比它低的资源；相反的，写入对象的安全级别只能高于用户级别。简言之，信息系统是一个由低到高的层次化结构。

图 5-8　用户和资源安全分级

（2）通信过程中的安全级别

图 5-9 所示的是在通信过程中如何体现 BLP 模型思想。

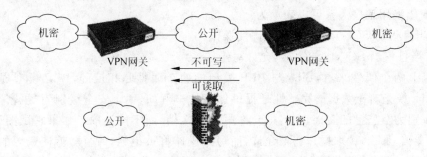

图 5-9　通信过程中的 BLP 模型

尽管这种应用在 BLP 模型的实际应用中并不多见。当企业的两个分支网络要跨越非可信网络进行互联时，可以为两个网络及其间传输的数据设定虚拟的安全标签，可以假设两个分支机构的安全级别均为"机密"，而 Internet 作为 VPN 的传输媒介，它的安全级别为"公开"，因此，依照 BLP 模型，Internet 上的用户仅可以看到"公开"的数据。而两个分支网络间的数据安全级别为"机密"，因此，访问控制机制导致 Internet 用户不能访问"机密"数据，而这是由于 VPN 使用加密技术实现了访问控制机制。

另一个例子是防火墙所实现的单向访问机制，它不允许敏感数据从内部网络（例如，其安全级别为"机密"）流向 Internet（安全级别为"公开"），所有内部数据被标记为"机密"或"高密"。防火墙提供"上读"功能来阻止 Internet 对内部网络的访问，提供"下写"功能来限制进入内部的数据流只能经由由内向外发起的连接流入，例如，允许 HTTP 的 GET 操作而拒绝 POST 操作，或阻止任何外发的邮件。

5.3.3　Biba 模型

1. 概述

继 BLP 模型之后，K. J. Biba 提出了与 BLP 模型异曲同工的 Biba 模型。Biba 模型是一种正式的计算机安全策略状态转换系统，制定了一套确保数据不被损坏的访问控制规则。完整性等级用于描述完整性策略，具有更高等级的清洁实体（是指没有污染、安全可靠的企业）受到损坏后，就变成等级低的非清洁等级实体。信息只会从等级较高的实体传输到等级低的实体。

Biba 模型在研究 BLP 模型的特性时发现，BLP 模型只解决了信息的保密问题，其在完整性定义方面存在一定缺陷。BLP 模型没有采取有效的措施来制约对信息的非授权修改，因此使非法、越权篡改成为可能。考虑到上述因素，Biba 模型模仿 BLP 模型的信息保密性级别，定义了信息完整性级别，在信息流向的定义方面不允许从级别低的进程到级别高的进程，也就是说用户只能向比自己安全级别低的客体写入信息，从而防止非法用户创建安全级别高的客体信息，避免越权、篡改等行为的发生。Biba 模型可同时针对有层次的安全级别和无层次的安全级别。

2. 主要特征

Biba 模型的两个主要特征如下：

（1）禁止下读，主体不能读取安全级别低于它的数据。

（2）禁止上写，主体不能写入安全级别高于它的数据。

Biba 模型用偏序关系可以表示为：

ru，当且仅当 $SC(s) \leqslant SC(o)$，允许读操作；

wd，当且仅当 $SC(s) \geqslant SC(o)$，允许写操作。

从以上两个属性来看，Biba 与 BLP 模型的两个属性是相反的，BLP 模型提供保密性，而 Biba 模型对于数据的完整性是提供保障的。例如，一个安全级别为"机密"的用户要访问级别为"秘密"的文档，它将被允许写入该文档，而不能读取。如果它试图访问"高密"级的文档，那么，读取操作将被允许，而写入操作将被拒绝。这样，就使资源的完整性得到了保障。因此，只有用户的安全级别高于资源的安全级别时才能对资源进行写操作。相反的，只有用户的安全级别低于资源的安全级别时才能读取该资源。简而言之，信息在系统中只能自上而下进行流动。

3. 应用举例

Biba 模型应用的一个例子是对 Web 服务器的访问过程，如图 5-10 所示。

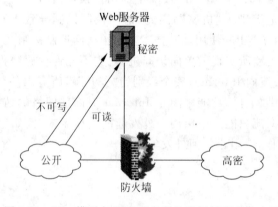

图 5-10　Biba 模型在 Web 服务器的访问过程中的应用

定义 Web 服务器上发布的资源安全级别为"秘密"，Internet 上用户的安全级别为"公开"，依照 Biba 模型，Web 服务器上数据的完整性将得到保障，Internet 上的用户只能读取服务器上的数据而不能更改它，因此，任何 POST 操作都将被拒绝。

另一个例子是对系统状态信息的收集，网络设备作为对象，被分配的安全等级为"机密"，网管工作站的安全级别为"秘密"，那么网管工作站将只能使用 SNMP 的 get 命令来收集网络设备的状态信息，而不能使用 set 命令来更改该设备的设置。这样，网络设备的配置完整性就得到了保障。

5.3.4　Lattice 模型

1. 概述

在 Lattice 模型中，每个资源和用户都服从于一个安全类别，这些安全类别称为安全级别。在整个安全模型中，信息资源对应一个安全类别，用户所对应的安全级别必须比可以使用的客体资源高才能进行访问。Lattice 模型是实现安全分级的系统，这种方案非常适用于需要对信息资源进行明显分类的系统。

2. Lattice 安全模型

Lattice 安全模型如图 5-11 所示。

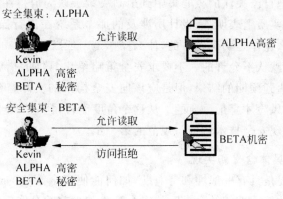

图 5-11　Lattice 安全模型

　　Lattice 模型通过划分安全边界对 BLP 模型进行了扩充,它将用户和资源进行分类,并允许它们之间交换信息,这是多边安全体系的基础。多边安全的焦点是在不同的安全集束(部门、组织等)间控制信息的流动,而不仅是垂直检验其敏感级别。

　　建立多边安全的基础是为分属不同安全集束的主体划分安全等级,同样在不同安全集束中的客体也必须进行安全等级划分,一个主体可同时从属于多个安全集束,而一个客体仅能属于一个安全集束。

　　在执行访问控制功能时,Lattice 模型本质上同 BLP 模型是相同的,而 Lattice 模型更注重形成"安全集束"。BLP 模型中的"上读下写"原则在此仍然适用,但前提条件是各对象必须位于相同的安全集束中。主体和客体位于不同的安全集束中时不具有可比性,因此在它们中没有信息可以流通。

　　例如,某用户的安全级别为"高密"并从属于安全集束 ALPHA,另一个安全级别为"机密"的集束 BETA 中的用户试图访问从属于多个安全集束中的文件,若他需要访问集束 ALPHA 中安全级别为"机密"的文件,访问将被允许;而他试图访问集束 BETA 中的"机密"文件时则将会被拒绝。

5.4　安全策略

　　访问控制策略是网络安全防范和保护的主要策略,其任务是保证网络资源不被非法使用和非法访问。各种网络安全策略必须相互配合才能真正起到保护作用,而访问控制是保证网络安全最重要的核心策略之一。

5.4.1　安全策略概述

1. 安全策略的目标

　　安全的领域非常广泛繁杂,构建一个可以抵御风险的安全框架涉及很多细节。就算是最简单的安全需求,也可能会涉及密码学、代码重用等实际问题。做一个相当完备的安全分析不得不需要专业人员给出许许多多不同的专业细节和计算环境,这通常会使专业的框架师也望而生畏。如果能够提供一种恰当的、符合安全需求的整体思路,就会使这个问题容易得多,也有更加明确的前进方向。能够提供这种帮助的就是安全策略。一个恰当的安全策略总会把自己关注的核心集中到最高决策层认为值得注意的那些方面。概括地说,一种安全策略实质上表明,当设计所涉及的那个系统在进行操作时,必须明确在安全领域的范围内什么操作是明确允许的,什么操作是一般默认允许的,什么操作是明确不允许的,什么操作是默认不允许的。不要求安全策略给出具体的措施规定以及确切说明通过何种方式能够达到预期的结果,但是应该向安全构架的实际搭建者们指出在当前的前提下,什么因素和风险才是最重要的。从这个角度而言,建立安全策略是实现安全的最首要的工作,也是实现安全技术管理与规范的第一步。

2. 安全策略的具体含义和实现

安全策略的前提是具有一般性和普遍性,如何能使安全策略的这种普遍性和用户所要分析的实际问题的特殊性相结合,即,使安全策略与当前的具体应用紧密结合是面临的最主要的问题。控制策略的制定是一个按照安全需求、依照实例不断精确细化的求解过程。安全策略的制定者总是试图在安全设计的每个设计阶段分别设计和考虑不同的安全需求与应用细节,这样可以将一个复杂的问题简单化。但是设计者要考虑到实际应用的前瞻性,有时候并不知道这些具体的需求与细节是什么;为了能够描述和了解这些细节,就需要在安全策略的指导下对安全涉及的领域和相关内容做细致的考查和研究。借助这些手段能够在下面的讨论中,增加对于将安全策略应用到实际中或是强加于实际应用而导致的问题的认知。总之,对上述问题认识得越充分,能够实现和解释的过程就更加精确细化,这一精确细化的过程有助于建立和完善从实际应用中提炼的抽象的、用确切语言表述的安全策略。反过来,利用这个重新表述的安全策略就能够更容易去完成安全框架中所设定的细节。

ISO 7498 标准是目前国际上普遍遵循的计算机信息系统互联标准,1989 年 12 月国际标准化组织(ISO)颁布了该标准的第二部分,即 ISO 7498-2,并首次确定了开放式系统互联(OSI) 参考模型的信息安全体系结构。我国将其作为 GB/T 9387-2 标准,并予以执行。按照 ISO 7498-2 中 OSI 安全体系结构中的定义,访问控制的安全策略有以下两种实现方式:基于身份的安全策略和基于规则的安全策略。目前使用的两种安全策略建立的基础都是授权行为。就其形式而言,基于身份的安全策略等同于 DAC 安全策略,基于规则的安全策略等同于 MAC 安全策略。

3. 安全策略的实施原则

安全策略的制定实施也是围绕主体、客体和安全控制规则集三者之间的关系展开的。

(1) 最小特权原则

最小特权原则是指主体执行操作时,按照主体所需权利的最小化原则分配给主体权利。最小特权原则的优点是最大限度地限制了主体实施授权行为,可以避免来自突发事件、错误和未授权用主体的危险。也就是说,为了达到一定目的,主体必须执行一定操作,但它只能做它所被允许做的,其他除外。

（2）最小泄露原则

最小泄露原则是指主体执行任务时，按照主体所需要知道的信息最小化的原则分配给主体权利。

（3）多级安全策略原则

多级安全策略是指主体和客体间的数据流向和权限控制按照安全级别的绝密（TS）、秘密（S）、机密（C）、限制（RS）和无级别（U）5 级来划分。多级安全策略的优点是避免敏感信息的扩散。具有安全级别的信息资源，只有安全级别比它高的主体才能够访问。

4. 安全策略类型

（1）网络安全

狭义的网络安全通常是指网络自身的安全。如果网络与业务捆绑，例如，电话网，则还包括业务的安全。狭义的网络安全通常不提供高层业务，只提供点到点传送业务的网络。广义的网络安全除包括狭义网络安全的内容外还包括网络上的信息安全以及有害信息控制。广义的网络安全通常用在提供高层业务的网络中。

（2）信息安全

狭义的信息安全是指信息的机密性、完整性和不可否认性，主要研究加密和认证等算法。狭义的信息安全还可能包括意识形态相关的内容安全。广义的信息安全通常是指信息在采集、加工、传递、存储和应用等过程中的完整性、机密性、可用性、可控性和不可否认性以及相关意识形态的内容安全。

（3）网络与信息安全

对于基础电信网，例如，光纤网、传输网、支撑网、信令网以及同步网而言，网络安全仅仅包括网络自身安全以及网络服务安全。网络和信息安全主要强调除网络自身安全以及服务提供安全外，还包括网络上的信息机密性、完整性、可用性以及相关内容安全的有害信息控制。网络与信息安全范围等同于广义的网络安全。

（4）网络应用服务

在网络上利用软/硬件平台满足特定信息传递和处理需求的行为。信息在软/硬件平台上处理，通过网络在平台与信息接收者/发送者之间传递。一些商务模式完善的网络应用服务已成为电信业务。

（5）网络应用服务安全

网络应用服务安全包括网络与应用平台的安全，由网络应用平台提供的服务能够合法有效受控开展，还包括网络应用的信息存储、传递、加工处理完整、机密且可用，信息内容涉及内容安全时能及时有效地采取相应措施。

5.4.2　入网访问和身份的安全策略

1. 入网访问控制策略

入网访问控制是网络访问的第一层安全机制。它控制哪些用户能够登录到服务器并获准使用网络资源，控制准许用户入网的时间和位置。用户的入网访问控制通常分为 3 步执行：①用户名的识别与验证；②用户口令的识别与验证；③用户账户的默认权限检查。3 道控制关卡中只要任何一关未过,该用户便不能进入网络。

对网络用户的用户名和口令进行验证是防止其非法访问的第一道关卡。用户登录时首先输入用户名和口令,服务器将验证所输入的用户名是否合法。用户的口令是用户入网的关键所在。口令最好是数字、字母和其他字符的组合,长度应不少于 6 个字符,必须经过加密。给口令加密的方法很多,最常见的方法有基于单向函数的口令加密、基于测试模式的口令加密、基于公钥加密方案的口令加密、基于平方剩余的口令加密、基于多项式共享的口令加密、基于数字签名方案的口令加密等。经过各种方法加密的口令,即使是网络管理员也不能够得到。系统还可采用一次性用户口令,或使用如智能卡等便携式验证设施来验证用户的身份。

网络管理员应该能对用户账户的使用、用户访问网络的时间和方式进行控制和限制。用户名或用户账户是所有计算机系统中最基本的安全形式。用户账户应只有网络管理员才能建立。用户口令是用户访问网络所必须提交的准入证。用户应该可以修改自己的口令,网络管理员对口令的控制功能包括限制口令的最小长度、强制用户修改口令的时间间隔、口令的唯一性、口令过期失效后允许入网的宽限次数。针对用户登录时多次输入口令不正确的情况,系统应按照非法用户入侵对待并给出报警信息,同时应该能够对允许用户输入口令的次数给予限制。

用户名和口令通过验证之后,系统需要进一步对用户账户的默认权限进行检查。网络应能控制用户登录入网的位置、限制用户登录入网的时间、限制用户入网的主机数量。当交费网络的用户登录时,如果系统发现"资费"用尽,还应能对用户的操作进行限制。

2. 基于身份的访问控制策略

基于身份的访问控制策略(Identification-based Access Control Policy,IDBACP)的作用是过滤对数据或资源的访问,只有通过认证的那些主体才有可能正常使用客体的资源。

基于身份的安全策略的基础是用户的身份和属性以及被访问的资源或客体的身份和属性。在一定程度上与"必须认识"的安全观念相当。基本上有两种执行基于身份策略的基本方法,视有关访问权限的信息为访问者所拥有还是被访问数据的一部分而定。前者的例子为特权标识或权限,给予用户并为代表该用户进行活动的进程所使用,后者的例子为访问控制列表(ACL)。在这两种情况中,数据项的大小可以有很大的变化(从完整的文卷到数据元素),这些数据项可以按权限命名,或带有它自己的 ACL。

(1) 基于个人的策略

基于个人的策略(Individual-based Access Control Policy,IDLBACP)是指以用户为中心建立的一种策略,这种策略由一些列表来组成,这些列表限定了针对特定的客体,哪些用户可以实现何种操作行为。

(2) 基于组的策略

基于组的策略(Group-based Access Control Policy,GBACP)是基于个人的策略的扩充,指一些用户被允许使用同样的访问控制规则访问同样的客体。

5.4.3　其他安全策略

1. 操作权限控制策略

操作权限控制是针对可能出现的网络非法操作而采取的安全保护措施。用户和用户组被赋予一定的操作权限。网络管理员能够通过设置，指定用户和用户组可以访问网络中的哪些服务器和计算机，可以在服务器或计算机上操控哪些程序，访问哪些目录、子目录、文件和其他资源。网络管理员还应该可以根据访问权限将用户分为特殊用户、普通用户和审计用户，可以设定用户对可以访问的文件、目录、设备能够执行何种操作。特殊用户是指包括网络管理员的对网络、系统和应用软件服务有特权操作许可的用户；普通用户是指那些由网络管理员根据实际需要为其分配操作权限的用户；审计用户负责网络的安全控制与资源使用情况的审计。系统通常通过访问控制列表来描述用户对网络资源的操作权限。

2. 目录安全控制策略

访问控制策略应该允许网络管理员控制用户对目录、文件、设备的操作。目录安全允许用户在目录一级的操作对目录中的所有文件和子目录都有效。用户还可进一步自行设置对目录下的子控制目录和文件的权限。对目录和文件的常规操作有读取（Read）、写入（Write）、创建（Create）、删除（Delete）、修改（Modify）等。网络管理员应当为用户设置适当的操作权限，操作权限的有效组合可以让用户有效地完成工作，同时又能有效地控制用户对网络资源的访问。

3. 属性安全控制策略

访问控制策略还应该允许网络管理员在系统一级对文件、目录等指定访问属性。属性安全控制策略允许将设定的访问属性与网络服务器的文件、目录和网络设备联系起来。属性安全策略在操作权限安全策略的基础上，提供更进一步的网络安全保障。网络上的资源都应预先标出一组安全属性，用户对网络资源的操作权限对应一张访问控制列表，属性安全控制级别高于用户操作权限设置级别。属性设置经常控制的权限包括：向文件或目录写入、复制文件、删除目录或文件、查看目录或文件、执行文件、隐含文件、共享文件或目录等。允许网络管理员在系统一级控制文件或目录等的访问属性，可以保护网络系统中重要的目录和文件，维持系统对普通用户的控制权，防止用户对目录和文件的误删除等操作。

4. 网络服务器安全控制策略

网络系统允许在服务器控制台上执行一系列操作。用户通过控制台可以加载和卸载系统模块，可以安装和删除软件。网络服务器的安全控制包括设置口令锁定服务器控制台，以防止非法用户修改系统、删除重要信息或破坏数据。系统应该提供服务器登录限制、非法访问者检测等功能。

5. 网络监测和锁定控制策略

网络管理员应能够对网络实施监控。网络服务器应对用户访问网络资源的情况进行记录。对于非法的网络访问，服务器应以图形、文字或声音等形式报警，引起网络管理员的注意。对于不法分子试图进入网络的活动,网络服务器应能够自动记录这种活动的次数,当次数达到设定数值,该用户账户将被自动锁定。

6. 防火墙控制策略

防火墙是一种保护计算机网络安全的技术性措施,是用来阻止网络黑客进入企业内部网的屏障。防火墙分为专门设备构成的硬件防火墙和运行在服务器或计算机上的软件防火墙。无论哪一种,防火墙通常都安置在网络边界上,通过网络通信监控系统隔离内部网络和外部网络,以阻挡来自外部网络的入侵。

5.4.4　访问控制的审计

1. 概述

审计是对访问控制的必要补充,是访问控制的一个重要内容。审计会对用户使用何种信息资源、使用的时间以及如何使用(执行何种操作)进行记录与监控。审计和监控是实现系统安全的最后一道防线,处于系统的最高层。审计与监控能够再现原有的进程和问题,这对于责任追查和数据恢复非常有必要。

审计跟踪是系统活动的流水记录。该记录按事件从始至终的途径,顺序检查、审查和检验每个事件的环境及活动。审计跟踪通过书面方式提供应负责任人员的活动证据以支持访问控制职能的实现(职能是指记录系统活动并可以跟踪到对这些活动应负责任人员的能力)。审计跟踪记录系统活动和用户活动。系统活动包括操作系统和应用程序进程的活动;用户活动包括用户在操作系统中和应用程序中的活动。通过借助适当的工具和规程,审计跟踪可以发现违反安全策略的活动、影响运行效率的问题以及程序中的错误。审计跟踪不但有助于帮助系统管理员确保系统及其资源免遭非法授权用户的侵害,同时还能提供对数据恢复的帮助。

2. 审计内容

审计跟踪可以实现多种安全相关目标,包括个人职能、事件重建、入侵检测和故障分析。

(1) 个人职能

审计跟踪是管理人员用来维护个人职能(Individual Accountability)的技术手段。如果用户知道他们的行为活动被记录在审计日志中,相应的人员需要为自己的行为负责,他们就不太会违反安全策略和绕过安全控制措施。例如,审计跟踪可以记录改动前和改动后的记录,以确定是哪个操作者在什么时候做了哪些实际的改动,这可以帮助管理层确定错误到底是由用户、操作系统、应用软件还是由其他因素造成的。允许用户访问特定资源意味着用户要通过访问控制和授权实现他们的访问,被授权的访问有可能会被滥用,导致敏感信息的扩散,当无法阻止用户通过其合法身份访问资源时,审计跟踪就能发挥作用。审计跟踪可以用于检查和检测他们的活动。

(2) 事件重建

在发生故障后,审计跟踪可以用于进行事件重建(Reconstruction of Events)和数据恢复。通过审查系统活动的审计跟踪可以比较容易地评估故障损失,确定故障发生的时间、原因和过程。通过对审计跟踪的分析就可以重建系统和协助恢复数据文件,同时,还有可能避免下次发生此类故障的情况。

（3）入侵检测

审计跟踪记录可以用来协助入侵检测（Intrusion Detection）工作。如果将审计的每一笔记录都进行上下文分析，就可以实时发现或是过后预防入侵检测活动。实时入侵检测可以及时发现非法授权者对系统的非法访问，也可以探测到病毒扩散和网络攻击。

（4）故障分析

审计跟踪可以用于实时审计或监控，从而有助于进行故障分析（Problem Analysis）。

习题五

一、判断题

1. 所谓操作系统就是操作的规章制度，它只能管理软件，不能管理硬件设备。（   ）

2. 一个完整的操作系统应该包含两个组件：一个是"核心与其提供的接口工具"；另一个是"利用核心提供的接口工具所开发的软件"。（   ）

3. 一个安全操作系统的内容应该包括身份鉴别机制、访问控制机制、数据保密性机制、完整性、系统的可用性、审计等内容。（   ）

4. 身份认证是最特殊的安全机制。（   ）

5. 访问控制带来了更加安全的访问方法。（   ）

6. 客体包括用户、用户组、进程等。（   ）

7. 自主访问控制根据用户的身份及允许的访问权限决定其访问操作。在这种机制下，文件的拥有者可以指定系统中的其他用户或用户组对某文件的访问权限。（   ）

8. 强制访问控制是指用户与文件没有一个固定的安全属性，系统用安全属性来决定一个用户是否可以访问某个文件。（   ）

9. 基于角色的访问控制是近年来在信息安全领域访问控制方面的研究热点和重点，是实施面向企业安全策略的一种有效的访问控制方式。（   ）

10. 安全级别有两个含义：一个是主客体信息资源的安全类别；另一个是访问控制系统实现的安全级别，安全级别分为 5 级。（   ）

二、填空题

1. 身份鉴别机制是 _____，访问控制机制是 _____，数据保密性机制是 _____。

2. 安全操作系统是指为所 _____ 的数据和 _____ 提供相应的安全保护，而有效控制 _____ 和 _____ 功能的操作系统。

3. 客体是指一个 _____ 的实体。在操作系统中，客体可以是按照一定格式 _____ 在一定 _____ 上的数据信息。

4. 安全策略是指有关 _____、_____ 和 _____ 敏感信息的 _____、_____ 和 _____。

5. 自主访问控制常用方法有_____、_____、前缀表和_____等。

6. 安全策略类型有_____策略、_____策略、_____策略、_____策略、_____策略等。

7. 安全策略的实施原则有_____原则、_____原则、_____原则。

8. 入网访问控制是网络访问的_____安全机制,通常分为 3 步执行:第一步_____;第二步_____;第三步_____。

9. 基于身份安全策略的作用是_____对_____或_____的访问,只有通过_____的那些主体才有可能正常使用_____的资源。

10. 属性安全控制策略允许将_____的访问_____与网络服务器的_____、_____和_____联系起来。

三、思考题

1. 简述操作系统的概念。

2. 简述操作系统中的核心项目。

3. 简述操作系统的架构。

4. 简述一个安全操作系统的内容。

5. 简述操作系统的典型安全模型。

6. 什么是身份认证机制?

7. 什么是访问控制机制?

8. 什么是数据保密性机制?

9. 什么是不可否认性机制?

10. 简述主体和客体的含义。

11. 简述自主访问控制的含义。

12. 简述强制访问控制的含义。

13. 简述基于角色访问控制的含义。

14. 简述安全级别含义。

15. 简述安全策略的目标。

16. 简述安全策略的具体含义和实现。

17. 简述安全策略的实施原则。

18. 简述安全策略的几种类型。

第 6 章

防火墙基础

Internet 的发展使政府、企事业单位、电子商务发生了革命性的变化。它们正努力通过利用 Internet 来提高办事效率和市场反应速度,以便更具竞争力。通过 Internet,企业可以从异地取回重要数据,同时又要面对 Internet 开放带来的数据安全的新挑战和新危险,即客户、销售商、移动用户、异地员工和内部员工的安全访问,以及保护企业的机密信息不被黑客和工业间谍入侵,因此企业必须加筑安全的"战壕",而这个"战壕"就是防火墙。本章主要介绍防火墙的基本知识,通过本章的学习,要求:

(1) 掌握防火墙的基本概念。

(2) 了解选择防火墙时的考虑因素。

(3) 掌握选择防火墙的原则。

(4) 掌握防火墙的安全策略。

(5) 掌握数据包过滤的协议及工作原理。

6.1 防火墙概述

6.1.1 防火墙的定义

1. 概述

Internet 为用户提供了发布信息和检索信息的场所,但它也带来了信息污染和信息破坏的危险。人们为了保护其数据和资源的安全,研制了防火墙。防火墙从本质上说是一种保护装置,它保护的是数据、资源和用户的声誉。

防火墙原来是大厦设计中用来防止火灾从大厦的一部分传播到另一部分的设施。与之类似,如今用户通过自身网络与 Internet 相连,访问外部世界并与之通信,外部世界同样也可以访问该网络并与用户交互。为安全起见,可以在该网络和 Internet 之间插入一个中介系统,竖起一道安全屏障。这道屏障的作用是阻断来自外部网络对本网络的威胁和入侵,提供保护本网络安全的一道关卡。

Internet 防火墙能增强机构内部网络的安全性,用于加强网络间的访问控制,防止外部用户非法使用内部网的资源,保护内部网络的设备不被破坏,防止内部网络的敏感数据被窃取。防火墙系统决定了哪些内部服务可以被外界访问,外界的哪些人可以访问内部的哪些服务,以及哪些外部服务可以被内部人员访问。要使一个防火墙有效,所有来自和去往 Internet 的信息都必须经过防火墙,接受防火墙的检查。防火墙必须只允许授权的数据通过,并且防火墙本身也必须能够免于渗透。但是,防火墙系统一旦被攻击者破坏,就不能提供任何保护了。

2. 防火墙的定义

防火墙是指设置在不同网络(如可信任的企业内部网和不可信的公共网)或网络安全域之间的一系列部件的组合。它是不同网络或网络安全域之间信息的唯一出入口,能根据企业的安全策略控制(允许、拒绝、监测、记录)出入网络的信息流,且本身具有较强的抗攻击能力。它是提供信息安全服务,实现网络和信息安全的基础设施,如图 6-1 所示。

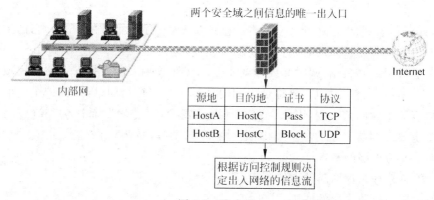

两个安全域之间信息的唯一出入口

Internet

内部网

源地	目的地	证书	协议
HostA	HostC	Pass	TCP
HostB	HostC	Block	UDP

根据访问控制规则决定出入网络的信息流

图 6-1　防火墙

在逻辑上,防火墙是一个分离器,一个限制器,也是一个分析器,有效地监控了内部网和 Internet 之间的活动,保证了内部网络的安全,如图 6-2 所示。

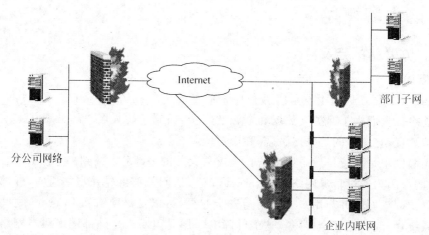

Internet

分公司网络

部门子网

企业内联网

图 6-2　防火墙保护内部网络

6.1.2　防火墙的工作原理

1. 工作原理

防火墙的工作原理是按照事前规定好的配置和规则,监控所有通过防火墙的数据流,只允许授权的数据通过,同时记录有关的连接来源、服务器提供的通信量以及试图闯入者的任何企图,以方便管理员的监测和跟踪,并且防火墙本身也必须能够免于渗透。

防火墙一般有两个以上的网卡,一个连到外部网络,另一个连到内部网络。当打开主机网络转发功能时,两个网卡间能直接进行网络通信。当有防火墙时,就像插在两个网卡之间,对所有的网络通信进行控制。

所有的防火墙都具有 IP 地址过滤功能。这项任务要检查 IP 包头,根据其 IP 源地址和目标地址做出放行/丢弃决定。当客户机向 UNIX 计算机发起远程登录请求时,客户机的远程登录程序就产生一个 TCP 包并把它传给本地的协议栈准备发送。接下来,协议栈将这个 TCP 包"塞"到一个 IP 包里,然后通过客户机的 TCP/IP 栈所定义的路径将它发送给 UNIX 计算机。在这里,这个 IP 包必须经过处于客户机和 UNIX 计算机间的防火墙才能到达 UNIX 计算机。

如果"命令"防火墙把所有发给 UNIX 计算机的数据包都拒绝,完成这项工作以后,"心肠"比较好的防火墙还会通知客户程序一声,即发向目标的 IP 数据没法转发,那么只有和 UNIX 计算机同在一个网段的用户才能访问 UNIX 计算机。

防火墙的核心是访问控制,主要是通过一个访问控制列表来判断的,其形式一般是一连串如下的规则。

（1）accept from＋源地址,端口 to＋目的地址,端口＋采取的动作

（2）deny...(deny 是拒绝)

（3）nat...(nat 是地址转换)

防火墙在网络层接收到网络数据包后,就与上面的规则列表一条一条地匹配,如果符合就执行预先安排的动作,否则就丢弃包。

2. 服务器 TCP/UDP 端口过滤

仅仅依靠地址进行数据过滤在实际运用中是不可行的,还有个原因就是目标主机上往往运行着多种通信服务,例如,Telnet、FTP、SMTP/POP 等。所以,还需要对服务器的 TCP/UDP 端口进行过滤。

例如,默认的 Telnet 服务连接端口号是 23。假如不许 PC 客户机建立对 UNIX 计算机的 Telnet 连接,那么只需命令防火墙检查发送目标是 UNIX 服务器的数据包,把其中具有 23 目标端口号的包过滤掉就行了。这样,把 IP 地址和目标服务器 TCP/UDP 端口结合起来就可以作为过滤标准来实现防火墙了。

3. 客户机 TCP/UDP 端口过滤

TCP/IP 是一种端对端协议,每个网络节点都具有唯一的地址。网络节点的应用层也是这样,处于应用层的每个应用程序和服务都具有自己的对应"地址",也就是端口号。地址和端口都能建立客户机和服务器的各种应用之间的有效通信联系。比如,Telnet 服务器在端口 23 侦听入站连接。同时 Telnet 客户机也有一个端口号。

由于历史的原因,几乎所有的 TCP/IP 客户程序都使用大于 1023 的随机分配端口号。只有 UNIX 计算机上的 root 用户才可以访问 1024 以下的端口,而这些端口还保留

为服务器上的服务所用。

6.1.3　防火墙的功能

防火墙具有以下几个主要功能。

1. 控制并限制访问

一个防火墙(作为阻塞点、控制点)能极大地提高一个内部网络的安全性,并通过过滤不安全的服务而降低风险。由于只有经过精心选择的应用协议才能通过防火墙,所以网络环境变得更安全。例如,防火墙可以禁止诸如众所周知的不安全的 NFS 协议进出受保护网络,这样外部的攻击者就不可能利用这些脆弱的协议来攻击内部网络。防火墙同时可以保护网络免受基于路由的攻击,例如,IP 选项中的源路由攻击和 ICMP 重定向中的重定向路径。防火墙可以拒绝所有以上类型攻击的报文并通知防火墙管理员。

2. 强化网络安全策略

通过以防火墙为中心的安全方案配置,能将所有安全软件(如口令、加密、身份认证、审计等)配置在防火墙上。与将网络安全问题分散到各个主机上相比,防火墙的集中安全管理更经济。例如,在网络访问时,一次一密口令系统和其他的身份认证系统完全可以不必分散在各个主机上,而集中在防火墙一身上。

3. 防御功能

防火墙具有以下几种防御功能。

(1) 支持病毒扫描,具有防病毒功能,例如,扫描电子邮件附件中的 DOC 和 ZIP 文件,FTP 中下载或上传的文件内容,以发现其中包含的危险信息。

(2) 提供内容过滤,支持内容过滤,信息内容过滤指防火墙在 HTTP、FTP、SMTP 等协议层,根据过滤条件,对信息流进行控制,防火墙控制的结果是:允许通过、修改后允许通过、禁止通过、记录日志、报警等。过滤内容主要指 URL、HTTP 携带的信息:Java Applet、JavaScript、ActiveX 和电子邮件中的 Subject、To、From 域等。

(3) 能防御 DoS(Denial of Service,拒绝服务)攻击类型,DoS 就是攻击者过多地占用共享资源,导致服务器超载或系统资源耗尽,而使其他用户无法享有服务或没有资源可用。防火墙通过控制、检测与报警等机制,可在一定程度上防止或减轻 DoS 黑客攻击。

(4) 阻止 ActiveX、Java、Cookies、JavaScript 侵入,属于 HTTP 内容过滤,防火墙应该能够从 HTTP 页面剥离 Java Applet、ActiveX 等小程序及从 Script、PHP 和 ASP 等代码中检测出危险代码或病毒,并向浏览器用户报警。同时,能够过滤用户上传的 CGI、ASP 等程序,当发现危险代码时,向服务器报警。

4. 管理功能

防火墙管理是指对防火墙具有管理权限的管理员行为和防火墙运行状态的管理,管理员的行为主要包括:通过防火墙的身份鉴别、编写防火墙的安全规则、配置防火墙的安全参数、查看防火墙的日志等。

(1) 本地管理,是指管理员通过防火墙的 Console 口或防火墙提供的键盘和显示器对防火墙进行配置管理。

（2）远程管理，是指管理员通过以太网或防火墙提供的广域网接口对防火墙进行管理，管理的通信协议可以基于 FTP、Telnet、HTTP 等。

（3）支持带宽管理，防火墙能够根据当前的流量动态调整某些客户端占用的带宽。

5．记录和报表功能

（1）处理完整日志。防火墙规定了对于符合条件的报文做日志，应该提供日志信息管理和存储方法。

（2）提供自动日志扫描功能，指防火墙具有日志的自动分析和扫描功能，可以获得更详细的统计结果，达到事后分析、亡羊补牢的目的。

（3）提供自动报表、日志报告书写器，防火墙实现的一种输出方式，提供自动报表和日志报告功能。

（4）警告通知机制，防火墙应提供告警机制，在检测到入侵网络以及设备运转异常情况时，通过告警来通知管理员采取必要的措施，包括 E-mail、呼机、手机等。

（5）提供简要报表（按照用户 ID 或 IP 地址），防火墙实现的一种输出方式，可按要求分类打印报表。

（6）提供实时统计功能，防火墙实现的一种输出方式，进行日志分析后所获得的智能统计结果，一般是图表显示。

（7）列出获得的国内有关部门许可证类别及号码：这是防火墙合格与销售的关键要素之一，其中包括公安部的销售许可证、国家信息安全测评中心的认证证书、总参的国防通信入网证和国家保密局的推荐证明等。

6．对网络存取和访问进行监控审计

如果所有的访问都经过防火墙，那么，防火墙就能记录下这些访问并进行日志记录，同时也能提供网络使用情况的统计数据。当发生可疑动作时，防火墙能进行适当的报警，并提供网络是否受到监测和攻击的详细信息。另外，收集一个网络的使用和误用情况也是非常重要的。首先的理由是可以清楚防火墙是否能够抵挡攻击者的探测和攻击，并且清楚防火墙的控制是否充足，而网络使用统计对网络需求分析和威胁分析等而言也是非常重要的。

7．防止内部信息的外泄

通过利用防火墙对内部网络的划分，可实现内部网重点网段的隔离，从而限制局部重点或敏感网络安全问题对全局网络造成的影响。再者，隐私是内部网络非常关心的问题，一个内部网络中不引人注意的细节可能包含了有关安全的线索而引起外部攻击者的兴趣，甚至因此而暴露了内部网络的某些安全漏洞。使用防火墙就可以隐蔽那些可以透漏内部细节的服务，如 Finger、DNS 等。Finger 显示了主机的所有用户的注册名、真名，最后登录时间和使用 shell 类型等。Finger 显示的信息非常容易被攻击者所获悉。攻击者可以知道一个系统使用的频繁程度，这个系统是否有用户正在连线上网，这个系统是否在被攻击时引起注意等。防火墙可以同样阻塞有关内部网络中的 DNS 信息，这样一台主机的域名和 IP 地址就不会被外界所了解。

6.1.4　防火墙的优点与缺点

1. 防火墙的优点

防火墙具有以下几个优点。

（1）防火墙允许网络管理员定义一个中心"控制点"来防止非法用户（如黑客及网络破坏者等）进入内部网络。禁止存在安全脆弱性的服务进出网络，并抗击来自各种路线的攻击。防火墙能够简化安全管理，网络安全性是在防火墙系统上得到加固的，而不是分布在内部网络的所有主机上。

（2）保护网络中脆弱的服务。防火墙通过过滤存在安全缺陷的网络服务来降低内部网遭受攻击的威胁，因为只有经过选择的网络服务才能通过防火墙。例如，防火墙可以禁止某些易受攻击的服务进入或离开内部网，这样可以防止这些服务被外部攻击者利用，但在内部网中仍然可以使用这些局域网环境下比较有用的服务，减轻内部网络的管理负担。防火墙还可以防止基于源路由选择的攻击。防火墙可以拒绝接受所有源路由发送的数据包和 ICMP 重定向，并把事件告诉系统管理人员，这样一来防火墙可以从一定程度上提高内部网的安全性。

（3）防火墙能强化安全策略。因为 Internet 上每天都有上百万人在收集信息、交换信息，不可避免地会出现个别品德不良的人，或违反规则的人，防火墙是为了防止不良现象发生的"交通警察"，它执行站点的安全策略，仅仅容许"认可的"和符合规则的请求通过。

（4）在防火墙上可以很方便地监视网络的安全性，并进行报警。应该注意的是，对一个内部网络已经连接到 Internet 上的机构来说，重要的问题并不是网络是否会受到攻击，而是何时会受到攻击。网络管理员必须审计并记录所有通过防火墙的重要信息。如果网络管理员不能及时响应报警并审查常规记录，防火墙就形同虚设。在这种情况下，网络管理员永远不会知道防火墙是否受到攻击。

（5）集中安全性。如果一个内部网络的所有或大部分需要改动的程序以及附加的安全程序都能集中地放在防火墙系统中，而不是分散到每个主机中，防火墙的保护范围就相对集中，安全成本也相对便宜了。尤其对于口令系统或其他的身份认证软件等，放在防火墙系统中更是优于放在每个外部网络能访问的主机上。

（6）增强保密性、强化私有权。对一些内部网络节点而言，保密性是很重要的，因为某些看似不重要的信息往往会成为攻击者攻击的开始。使用防火墙系统，网络节点可阻塞 Finger 以及 DNS 域名服务，因为攻击者经常利用 Finger 列出的当前使用者名单、一些用户信息和 DNS 服务能提供的一些主机信息。防火墙能封锁这类服务，从而使得外部网络主机无法获取这些有利于攻击的信息，通过封锁这些信息，可以防止攻击者从中获得另一些有用信息。

（7）防火墙能有效地记录网络上的活动。因为所有进出信息都必须通过防火墙，所以防火墙非常适合用于收集关于系统和网络使用和误用的信息。作为访问的唯一点，防火墙能在被保护的网络和外部网络之间进行记录。

（8）防火墙是审计和记录 Internet 使用量的一个最佳地点。网络管理员可以在此向管理部门提供 Internet 连接的费用情况，查出潜在的带宽瓶颈的位置，并能够根据机构的核算模式提供部门级的计费。

（9）防火墙也可以成为向客户发布信息的地点。防火墙作为部署 WWW 服务器和 FTP 服务器的地点非常理想，还可以对防火墙进行配置，允许 Internet 访问上述服务，而禁止外部对受保护的内部网络上其他系统的访问。

2. 防火墙的缺点

以上是防火墙的优点，但它还是有缺点的，主要表现在以下几个方面。

（1）限制有用的网络服务。防火墙为了提高被保护网络的安全性，限制或关闭了很多有用但存在安全缺陷的网络服务。由于绝大多数网络服务在设计之初根本没有考虑安全性，只考虑使用的方便性和资源共享，所以都存在安全问题，这样防火墙限制这些网络服务，等于从一个极端走到了另外一个极端。

（2）无法防护内部网络用户的攻击。目前防火墙只提供对外部网络用户攻击的防护，对来自内部网络用户的攻击只能依靠内部网络主机系统的安全机制进行防护。防火墙无法禁止公司内部存在的间谍将敏感数据复制到 U 盘上，并将其带出公司。防火墙也不能防范这样的攻击，即伪装成超级用户或诈称新职员，从而劝说没有防范心理的用户公开口令或授予其临时的网络访问权限。所以必须对职员们进行培训，让他们了解网络攻击的各种类型，并懂得保护自己的用户口令和周期性变换口令的必要性。也就是说，防火墙对内部网络用户来讲形同虚设，目前尚无好的解决办法，只有采用多层防火墙系统。

（3）不能防范不通过它的连接。防火墙能够有效地防止通过它传输信息，然而不能防止不通过它传输信息。例如，如果站点允许对防火墙后面的内部系统进行拨号访问，那么防火墙绝对没有办法阻止入侵者进行拨号入侵。

（4）不能防备全部的威胁。防火墙被用来防备已知的威胁，如果是一个很好的防火墙设计方案，可以防备新的威胁，但没有一个防火墙能自动防御所有新的威胁。

（5）不能完全防止传送已感染病毒的软件或文件。这是因为病毒的类型太多，操作系统也有多种，编码与压缩二进制文件的方法也各不相同，所以不能期望防火墙去对每一个文件进行扫描，查出潜在的病毒。对病毒特别关心的机构应在每个桌面部署防病毒软件，防止病毒从其他来源进入网络系统。

（6）防火墙无法防范数据驱动型的攻击。数据驱动型的攻击从表面上看是无害的数据被邮寄或复制到 Internet 主机上，但一旦执行就开始攻击。例如，一个数据型攻击可能导致主机修改与安全相关的文件，使得入侵者很容易获得对系统的访问权限。

（7）防火墙不能防备新的网络安全问题。防火墙是一种被动式的防护手段，它只能对现在已知的网络威胁起作用。随着网络攻击手段的不断更新和一些新的网络应用的出现，不可能靠一次性的防火墙设置来解决所有的网络安全问题。

（8）不能防备全部的威胁。防火墙被用来防备已知的威胁，如果是一个很好的防火墙设计方案，就可以防备新的威胁，但没有一台防火墙能自动防御所有新的威胁。

6.2　选择防火墙时考虑的因素

6.2.1　宏观因素

选择防火墙时要考虑的宏观因素大致可分为以下几个。

1. 硬件产品本身的安全

目前,人们把视线集中在硬件防火墙的功能上,而忽略了硬件产品本身的安全问题,但许多黑客选择防火墙作为攻击突破口,这反而增加了系统漏洞,使系统更加危险。目前市场上有的硬件防火墙价格比较便宜,但在硬件结构上没有增加网络安全的自我防卫能力,这种防火墙很容易成为黑客的攻击目标,个人用户或没有什么重要信息需要保护的中小型企业适合购买这类产品;而大型企业或对安全有较高要求的用户最好选择成本比较高、硬件结构合理的防火墙,保护本机不被非授权用户或其他非法用户访问。

2. 具有良好的可扩展性

随着安全技术的不断成熟,黑客攻击与反黑客攻击的斗争也在不断持续和升级,因此,网络每时每刻都可能会受到新的攻击。当出现新的危险时,新的服务和升级工作可能会对防火墙的正常运行产生潜在影响,这就要求防火墙要具有良好的可扩展性,以便能及时适应新的安全要求。对于一个好的硬件防火墙而言,它的结构和功能应该能够适应内部网络的规模和安全策略的变化。选择防火墙时,除了应考虑它的基本性能之外,还应考虑防火墙是否能提供对 VPN 的支持,是否具有可扩展的内驻应用层代理,除了支持常见的网络服务以外,防火墙还应该能够按照用户的需求提供相应的代理服务。

3. 选择与需求相适应的功能

从节省费用的角度出发,用户没有必要片面追求防火墙所包含的功能,因为即使花费很多买来的具有许多功能的硬件防火墙,由于某些功能可能很少使用,会引起资源的闲置和浪费。用户应该根据个人或本单位的工作需要选择功能合适的产品。

4. 防火墙应具备的功能

防火墙系统可以说是网络的第一道防线,因此一个企业在决定使用防火墙保护内部网络的安全时,它首先需要了解一个防火墙系统应具备的基本功能,这是用户选择防火墙产品的依据和前提。一个成功的防火墙产品应该具有下述基本功能。

(1) 防火墙的设计策略应遵循安全防范的基本原则:"除非明确允许,否则就禁止。"

(2) 防火墙本身支持安全策略,而不是添加上去的。

(3) 如果组织机构的安全策略发生改变,可以加入新的服务。

(4) 有先进的认证手段或有挂钩程序,可以安装先进的认证方法。

(5) 如果需要,可以运用过滤技术允许和禁止服务。

(6) 可以使用 FTP 和 Telnet 等服务代理,以便先进的认证手段可以被安装和运行在防火墙上。

(7) 拥有界面友好、易于编程的 IP 过滤语言,并可以根据数据包的性质进行包过滤,数据包的性质有目标和源 IP 地址、协议类型、源和目的 TCP/UDP 端口、TCP 包的 ACK

位、出站和入站网络接口等。

5. 要方便管理和控制

要想让硬件防火墙产品按照自己的要求工作,就必须对硬件防火墙进行管理和配置。而硬件防火墙由于并不普及,许多普通用户可能对如何对其进行管理和控制都不太熟悉,这就要求硬件防火墙必须能够让众多普通用户方便管理。目前许多产品可通过串口管理,使用命令行方式,也可以在图形界面下用浏览器进行管理,而不分硬件平台和操作系统。只要把浏览器打开就可以通过 Web 的方式来管理了。如果一个网络系统中包含多个硬件防火墙,应该选择带有管理控制软件的产品,这样,通过管理软件的图形界面,就能很轻松地对防火墙进行各种参数的设置和管理,而不需要掌握太多的专业知识。

6. 产品本身的性能要可靠

硬件防火墙本身性能的可靠性直接影响整个受控网络的可用性和稳定性,特别是在一些对安全性较敏感的行业中,防火墙在系统中起着举足轻重的作用,为此,在选择硬件防火墙时,一定要看该产品是否具备检查、认证、警告、记录安全信息等功能,判该产品本身是否具有强化本机安全的功能,检查该产品是否有专门的冗余部件来抵抗外来侵袭,衡量该产品在遇到突发安全攻击时,是否能自动调整和修复系统,而不需要人为操作,同时防火墙还应该具有信息加密/解密及自动处理各种意外情况的能力。

7. 综合考虑运行成本

硬件防火墙与普通计算机不一样,并不是在购买时花点费用就万事大吉了,它在日后的使用过程中可能会出现各种各样的故障,维修需要花钱,对防火墙升级也需要费用。为此,要综合考虑运行成本。最好考虑升级时不需要额外费用的防火墙。

6.2.2　管理因素

防火墙的管理分为本地管理和远程管理两种方式。本地管理是指管理者通过防火墙的控制端,或者是利用防火墙提供的键盘和显示器对防火墙进行配置管理。远程管理是指管理者只通过网络(局域网和因特网)对防火墙进行管理,管理的通信协议可以基于 Telnet、FTP 及 HTTP 等。无论是本地还是远程管理,管理的主要任务都是权限分级、加密认证、日志审计。

(1) 权限分级

权限分级一般分为超级管理员和普通管理员。权限分级的好处有以下几个。

① 减轻超级管理员的工作量,同一台防火墙可实现多人管理,减轻管理负担。

② 日志审计和防火墙的报警由多个管理员进行管理,他们可以经常查看防火墙日志,并检查防火墙策略中的缺陷以及可能遭到攻击的对象,并反映给超级管理员。

③ 普通管理员由于权限限制,对安全策略无法修改,对日志无法删除,不会对网络造成新的安全漏洞。

(2) 加密认证

对信息加密是网络安全的有效策略之一。一个加密的网络,不但可以防止非授权用户的搭线窃听和入网,而且也是对付恶意软件的有效方法之一。通过加密认证,管理信息以密文的形式在网络上传输,有效保护了防火墙的管理信息不被其他人截获。万一被截获,这种密文传输数据也不会给截获者带来任何信息,在一般情况下,使用一次性口令对管理员身份进行验证。管理员也可以通过 SSL 协议对防火墙进行远程管理。

(3) 日志审计

系统里的日志可以是有价值的信息宝库,也可以是毫无价值的数据泥潭。要保护和提高网络安全,根据各种操作系统、应用程序、设备和安全产品的日志数据能够提前发现和避开灾难,并且找到安全事件的根本原因。

目前由于各种原因,绝对安全的防火墙是不存在的,这就需要一个良好的日志审计系统,它不仅可以判断出系统是否正常运行,而且还详细记录现场的各项活动,便于实现攻击告警、策略转移。日志审计具有以下几点要求。

① 对管理防火墙的各种管理事件进行记录,生成审计日志并具备完整性。

② 对外部网络向内部网络的连接请求进行记录。

③ 对内部网络向防火墙发起的非正常性请求予以记录。

④ 对大量相同报文触发相同日志的审计处理。

⑤ 在任何情况下审计记录不得丢失或被覆盖,提供主要的日志转移功能。

⑥ 记录必须可读并易于操作。

6.2.3　性能因素

在相当多的应用领域,企业需要对外提供 Web 服务、DNS 域名解析以及其他服务(如电子邮件服务)等,这些应用会使网络流量不断变化,因此,企业就需要性能指标好的防火墙。

1. 吞吐量

吞吐量是衡量防火墙性能的重要指标之一。吞吐量小就会造成新的网络瓶颈,以致影响到整个网络性能。一般要求防火墙具有单向或双向线连吞吐量的能力。一般纯硬件防火墙,由于采用硬件进行运算,因此吞吐量可以达到线性 $90 \sim 95 \mathrm{Mb/s}$,是真正的 $100 \mathrm{Mb/s}$ 防火墙。

对于中小型企业来讲,选择吞吐量为百兆级的防火墙即可满足需要,而对于电信、金融、保险等大公司大企业部门就需要采用千兆级吞吐量的防火墙产品。

2. 时延

防火墙的时延能够体现处理数据的速度。其定义是:入口处输入帧最后一个比特到达至出口处输出帧的第一个比特输出所用的时间间隔。为了进行横向比较,同时考虑到大多数网络负载。要在规定的时延范围内测试防火墙的存储转发时延。如果时延过大,那么通过的声音和视频就会出现延迟、颤抖和抖动的现象。

3. 丢包率

防火墙的丢包率对其稳定性和可靠性有很大影响。其定义是:在连续负载下,防火墙设备由于资源不足应转发而未转发、被丢弃的帧的百分比。丢包率都能控制在网络所能接受的范围内。

4. 背靠背

背靠背的测试结果能体现出被测防火墙的缓冲容量。其定义是:从空闲状态开始,以达到传输介质最小合法间隔极限的传输速率发送相当数量的固定长度的帧,当出现第一个帧丢失时,发送的帧数。

网络中经常有一些应用会发生大量的突发数据包(如 NFS、数据备份、路由更新等),而这样的数据包丢失可能会产生等多的数据包,类似于广播风暴,强大的数据缓冲能力可以减小这种突发风暴队网络造成的影响,也体现出一个防火墙对突发数据的处理能力。

5. 并发连接数

并发连接数是指穿越防火墙的主机之间或主机与防火墙之间同时建立的最大连接数。并发连接数是指防火墙和维持 TCP 连接的性能,同时也能通过并发连接数的大小,体现出防火墙对来自客户端的 TCP 连接请求的响应能力。

6.2.4　抗攻击能力因素

防火墙抗攻击能力是指防火墙过滤指定类型的 Internet 攻击的能力。由于黑客的攻击手段层出不穷,因此无法对所有的攻击方式进行抗攻击。目前抗攻击的手段主要有以下几种。

1. Syn flood 攻击

(1) Syn flood 攻击方式

Syn flood 是当前最流行的 DoS 与 DDoS 的方式之一,这是一种利用 TCP 协议缺陷,发送大量伪造的 TCP 连接请求,从而使得被攻击方资源耗尽(CPU 满负荷或内存不足)的攻击方式。

(2) 抗击方式

针对 Syn flood 的攻击行为,有以下几种简单的解决方法。

① 缩短 Syn Timeout 时间,由于 Syn flood 攻击的效果取决于服务器上保持的 Syn 半连接数,这个值＝Syn 攻击的频度×Syn Timeout,所以通过缩短从接收到 Syn 报文到确定这个报文无效并丢弃该连接的时间,例如,设置为 20s 以下(过低的 Syn Timeout 设置可能会影响客户的正常访问),可以成倍地降低服务器的负荷。

② 设置 Syn Cookie,就是给每一个请求连接的 IP 地址分配一个 Cookie,如果短时间内连续收到某个 IP 的重复 Syn 报文,就认定是受到了攻击,以后从这个 IP 地址发来的包会被一概丢弃。

2. Smurf 攻击

Smurf 攻击并不十分可怕,它仅仅是利用 IP 路由漏洞的攻击方法。

(1) Smurf 攻击方式

Smurf 攻击通常分为以下 5 个步骤。

① 黑客锁定一个被攻击的主机(通常是一些 Web 服务器)。

② 黑客寻找可作为中间代理的站点,用来对攻击实施放大(通常会选择多个,以便更好地隐藏自己,伪装攻击)。

③ 黑客给中间代理站点的广播地址发送大量的 ICMP 包(主要是指 ping 命令的响应包)。这些数据包全都以被攻击的主机的 IP 地址作为 IP 包的源地址。

④ 中间代理向其所在的子网上的所有主机发送源 IP 地址欺骗的数据包。

⑤ 中间代理主机对被攻击的网络进行响应。

（2）抗击方式

针对 Smurf 的攻击行为，有以下几种简单的解决方法。

① 不能让网络里的任何人发起这样的攻击。在 Smurf 攻击中，有大量的源欺骗的 IP 数据包离开了第一个网络。

② 通过在路由器上使用输出过滤，就可以滤掉这样的包，从而阻止从网络中发起的 Smurf 攻击。

在路由器上增加这类过滤规则的命令是：

```
Access-list 100 permit IP〈网络号〉〈网络子网掩码〉any
Access-list 100 deny IP any any
```

③ 在局域网的边界路由器上使用这一访问列表的过滤规则，就可以阻止网络上的任何人向局域网外发送这种源欺骗的 IP 数据包。

④ 停止网络作为中间代理。如果没有必须要向外发送广播数据包，就可以在路由器的每个接口上设置禁止直接广播，命令如下：

```
no ip directed-broadcast
```

如果网络比较大，具有多个路由器，那么可以在边界路由器上使用以下命令：

```
ip verify unicast reverse-path
```

让路由器对具有相反路径的 ICMP 欺骗数据包进行校验，丢弃那些没有路径存在的包。最好是运行 Cisco 快速转发（Cisco Express Forwarding，CEF），或者其他相应的软件。这是因为在路由器的 CEF 表中，列出了该数据包所到达网络接口的所有路由项，如果没有该数据包源 IP 地址的路由，路由器将丢弃该数据包。例如，路由器接收到一个源 IP 地址为 1.2.3.4 的数据包，如果 CEF 路由表中没有为 IP 地址 1.2.3.4 提供任何路由（即反向数据包传输时所需的路由），则路由器会丢弃它。

3. Ping of Death 攻击

（1）Ping of Death 攻击方式

所谓 Ping of Death 攻击，就是利用一些尺寸超大的 ICMP 报文对系统进行的一种攻击。IP 报文的长度字段为 16 位，这表明一个 IP 报文的最大长度为 65535。对于 ICMP 响应请求报文，如果数据长度大于 65507，就会使 ICMP 数据＋IP 头长度（20）＋ICMP 头长度（8）＞65535。对于有些路由器或系统，在接收到一个这样的报文后，由于处理不当，会造成系统崩溃、死机或重启。

（2）抗击方式

可以在防火墙上过滤掉 ICMP 报文，或者在服务器上禁止 ping，并且只在必要时才打开 ping 服务。

4. Tear drop 攻击

（1）Tear drop 攻击方式

Tear drop 攻击是一种拒绝服务攻击。Tear drop 攻击是基于 UDP 的病态分片数据包的攻击方法,其工作原理是向被攻击者发送多个分片的 IP 包(IP 分片数据包中包括该分片数据包属于哪个数据包以及在数据包中的位置等信息),某些操作系统收到含有重叠偏移的伪造分片数据包时将会出现系统崩溃、重启等现象。利用 UDP 包重组时重叠偏移(假设数据包中第二片 IP 包的偏移量小于第一片结束的位移,而且算上第二片 IP 包的Data,也未超过第一片的尾部,这就是重叠现象)的漏洞对系统主机发动拒绝服务攻击,最终导致主机系统崩溃;对于 Windows 系统会导致蓝屏死机,并显示 STOP 0x0000000A错误。

(2) 抗击方式

添加系统补丁程序,丢弃收到的病态分片数据包并对这种攻击进行审计。尽可能采用最新的操作系统,或者在防火墙上设置分段重组功能,由防火墙先接收到同一原包中的所有拆分数据包,然后完成重组工作,而不是直接转发。因为在防火墙上可以设置当出现重叠字段时所采用的规则。

5. Land based 攻击

(1) Land based 攻击方式

Land based 攻击方式是:攻击者将一个包的源地址和目的地址都设置为目标主机的地址,然后将该包通过 IP 欺骗的方式发送给被攻击主机,这种包可以造成被攻击主机因试图与自己建立连接而陷入死循环,从而很大程度地降低了系统性能。

(2) 抗击方式

打开防火墙只许 80 和远程管理端口通过,其他任何端口能关的都关了。

6. Ping Sweep 攻击

(1) Ping Sweep 攻击方式

Ping Sweep 攻击可以使网络拓扑完全暴露,它使用 ICMP Echo 攻击多个主机。

(2) 抗击方式

使用防火墙能够过滤 Ping Sweep 攻击包。

6.3　防火墙分类与选购

6.3.1　防火墙的类型

目前市场上的防火墙产品非常之多,划分的标准也比较复杂。从其形式上来看,有两大种类,一是硬件防火墙,二是软件防火墙。硬件防火墙是一个拥有多个端口的金属盒子,它是一套预装有安全软件的专用安全设备,一般采用专用的操作系统,如图 6-3 所示。

图 6-3　硬件防火墙外形

　　硬件防火墙通常称为网络防火墙,这些外围设备的位置处在计算机或网络有线或 DSL 调制解调器之间。很多厂商和一些网络服务提供商(Internet Service Provider,ISP)提供的路由器设备也包括防火墙功能。基于硬件的防火墙特别适用于保护多台计算机,但是也为单独的一台计算机提供高度保护。

　　如果防火墙后面只有一台计算机,或者能确保网络中的其他计算机能随时进行补丁更新,因此免于受到病毒、蠕虫或其他恶意代码的攻击,那么就无须安装额外的软件防火墙进行保护了。基于硬件的防火墙有其优点,有独立设备运行自己的操作系统,所以它们为防御攻击提供了额外的防线,但费用较高。

　　软件防火墙通常可以安装在通用的网络操作系统(如 Windows 和 Linux)上。根据数据通信发生的位置,可将防火墙分为几种类型。

1. 网络层防火墙

　　网络层防火墙也被称为数据包过滤器,它运行在 TCP/IP 堆栈结构的第三层,在数据包与所建立的规则相匹配时才准许其通过。这意味着防火墙是根据预先定义的规则接受或拒绝 IP 数据包的,如图 6-4 所示。

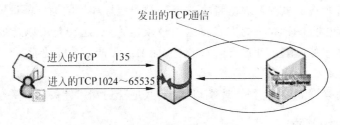

图 6-4　网络层防火墙

　　通过数据包过滤,这种防火墙仔细检查每个数据包的协议和地址信息,却不考虑其内容和上下文数据。数据包过滤防火墙的主要优点是其相对的简单性、低成本、易于部署等特性。Windows 某些版本中的防火墙就属于此类型。

2. 应用层防火墙

　　应用层防火墙运行在 TCP/IP 堆栈结构的最高层,它可以截获一个应用程序的所有数据包。大体上,应用层防火墙可以阻止所有外部的恶意通信到达受保护的机器。通过这种方法,防火墙实际上代表了一个应用程序代理,它支持与远程系统的所有数据交换。其主要观念是要使防火墙后的服务对远程系统不可见。

　　应用层防火墙根据特定的规则集接受或拒绝数据通信。例如,防火墙准许某些命令进入服务器而禁止其他命令。这种技术还可以被用于限制特定文件类型的访问,并可以为获得授权和未获得授权的用户提供不同的访问级别。那些要求详细的数据监视和登录信息的用户喜欢应用层防火墙,因为它不会影响性能。IT 管理员可以设置应用层防火墙,在预先定义的条件发生后,它可以激发警告。应用层网关一般部署在一个独立的与网络连接的计算机上,通常将其称为代理服务器。代理服务器属于一种特殊的应用层防火墙,它使得从外部网络破坏内部资源更加困难,使得对一个内部系统的滥用或误用不会被防火墙外部的攻击者发现。

3. 电路级防火墙

电路级防火墙并不是简单地接收或拒绝数据包,它还可以根据一套可配置的规则来决定一个连接是否合法。如果通过检查,防火墙就打开一个会话,并准许与经过认证的源进行数据通信。防火墙也可以限制这种通信的时间长短。此外,防火墙还可以执行源 IP地址和端口、目标 IP 地址和端口、使用的协议、用户 ID、口令等的验证。它也可以执行数据包过滤。

电路防火墙的缺点是其运行在传输层上,因此它可能需要对传输功能设计进行重大修改,这就会影响网络性能。此外,这种防火墙要求一些专业性强的安装和维护技术。

4. 状态检查多级防火墙

有人称状态检查多级防火墙为最好的防火墙,这种防火墙将多种防火墙的最好特性结合起来。状态检查多级防火墙可以执行网络层的数据包过滤,同时又可以识别和处理应用层的数据。这种防火墙可以提供更高级的网络保护,不过其价格也相对较高。

企业一般根据其需要和喜好来选择防火墙。在通常情况下,购买防火墙会考虑防火墙的体系结构、所需要的并发防火墙会话的数量、所需要的外部访问的范围和类型、所需要的 VPN 协议的类型和数量、需要保护的并发 VPN 的数量、管理用户接口的种类(属于命令行接口、图形用户接口还是 Web 界面),以及对高可用性特性的需要。

还要注意,多数防火墙厂商都提供了附加功能,这些附加功能可以扩展防火墙的功能。这种特性有许多,如反病毒功能、入侵防御、防火墙的使用和活动报告。有些防火墙已经具备了统一威胁管理(United Threat Management,UTM)的特点。考虑到现在的网络威胁层出不穷,企业最好购买一种可以升级从而增强性能又能适应新情况、具备新性能的防火墙。

6.3.2　选择防火墙的原则

选择防火墙时有很多要考虑的因素,但最重要的是以下几点。

1. 总拥有成本和价格

防火墙产品作为网络系统的安全屏障,其总拥有成本不应该超过受保护网络系统可能遭受最大损失的成本。不同价格的防火墙所提供的安全程度不同。对于有条件的企业来说,最好选择整套企业级的防火墙解决方案。目前国外产品集中在高端市场,价格比较昂贵。对于规模较小的企业来说,可以选择国内品牌的防火墙。

2. 确定总体目标

最重要的问题是,确定系统的总体目标,即防火墙应体现运行这个系统的策略。安装后的防火墙是为了明确拒绝对网络连接至关重要的服务之外的所有服务,或者安装就绪的防火墙就是以非威胁方式对"鱼贯而入"的访问提供一种计量和审计的方法。在这些选择中,可能存在着某种程度的威胁。防火墙的最终功能是管理的结果,而非工程上的决策。

3. 明确系统需求

明确系统需求是指需要什么样的网络监视、冗余度以及控制水平。用户确定可接受的风险水平后,可以列出一个必须监测、必须允许的传输流通行,以及应当拒绝传输的清单。换句话说,开始时先列出总体目标,然后把需求分析与风险评估结合在一起,挑出与风险始终对立的需求,加入到计划完成的工作清单中。

4. 防火墙的基本功能很重要

防火墙的基本功能是选择防火墙产品的依据和前提,用户在选购防火墙时应注重下述基本功能。

(1) LAN 接口要丰富

① 支持的 LAN 接口类型:防火墙所能保护的各种网络类型。

② 支持的最大 LAN 接口数:防火墙能够保护的最大内网数目。

③ 服务器平台:防火墙运行所需的操作系统平台。

(2) 协议支持数量要多

① 支持的非 IP 协议:除支持 IP 协议之外,能否支持 AppleTalk、DECnet、IPX 及 NetBEUI 等协议。

② 建立 VPN 通道的协议:构建 VPN 通道所使用的协议,例如,密钥分配等,主要分为 IPSec、PPTP、专用协议等。

③ 可以在 VPN 中使用的协议:在 VPN 中使用的协议,一般是指 TCP/IP 协议。

(3) 要支持多种安全特性

① 支持转发和跟踪 ICMP 协议(ICMP 代理),是否支持 ICMP 代理。

② 提供实时入侵警告,提供实时入侵警告功能,当发生危险事件时,是否能够及时报警,报警的方式可能包括邮件、呼机及手机等。

③ 提供实时入侵警告,提供实时入侵警告功能,当发生入侵事件时,防火墙能够动态响应,调整安全策略。

④ 识别、记录、防止 IP 地址欺骗指使用伪装的 IP 地址作为 IP 包的源地址对受保护网络进行攻击,防火墙应该能够禁止来自外部网络而源地址是内部 IP 地址的数据包通过。

5. 应满足企业的特殊要求

企业安全政策中的某些特殊需求并不是每种防火墙都能提供的,这常会成为选择防火墙时需考虑的因素之一,企业常见的需求如下。

(1) 加密控制标准

① 支持的 VPN 加密标准。VPN 中支持加密算法,例如,数据加密标准 DES、3DES、RC4 以及国内专用的加密算法。

② 除了 VPN 之外,加密的其他用途。加密除用于保护传输数据外,还应用于其他领域,例如,身份认证、报文完整性认证及密钥分配等。

③ 是否提供基于硬件的加密。硬件加密可以提供更快的加密速度和更高的加密强度。

(2) 访问控制

① 提供防火墙的包内容设置。可通过设置不同的数据包内容,对包数据进行过滤。

② 应用层提供代理支持,指防火墙是否支持应用层代理,如 HTTP、FTP、Telnet、

SNMP 等。

③ 在传输层提供代理支持,指防火墙是否支持传输层的代理服务。

④ 防止某些类型文件通过防火墙,指是否支持 FTP 文件类型过滤。

⑤ 用户操作有代理类型。应用层的高级代理功能,如 HTTP 及 POP3。

⑥ 支持网络地址转移。在防火墙上实现 NAT 后,可以隐藏受保护网络的内部结构,在一定程度上提高了网络的安全性。

⑦ 支持硬件口令智能卡,指是否支持硬件口令智能卡等,是一种比较安全的身份认证技术。

(3)特殊防御功能

① 是否支持病毒扫描,是否支持防病毒功能,例如,扫描电子邮件附件中的 DPC 和 ZTP 文件、FTP 中的下载或上传的文件内容,以发现其中包含的危险信息。

② 能否防御 DoS 攻击类型,是否在一定程度上防止或减轻 DoS 黑客攻击。

③ 阻止 ActiveX、Java、Cookie、JavaScript 破坏,防火墙应该能够从页面剥离 Java、Applet、ActiveX 等小程序,或从 Script、PHP 和 ASP 等代码检测出危险代码或病毒,并向浏览器用户报警。

6. 防火墙本身是安全的

作为信息系统的安全产品,防火墙本身也应该保证安全,不给外部入侵者以可乘之机。如果像马其顿防线一样,正面虽然牢不可破,但进攻者能够轻易地绕过防线进入系统内部,网络系统也就没有任何安全可言了。

通常,防火墙的安全性问题来自以下两个方面。

(1)防火墙本身的设计是否合理,一般是合理的,这类问题一般用户本无从入手,只有通过权威认证机构的全面测试才能确定,所以对用户来说,保守的方法是选择一个通过多家权威认证机构测试的产品。

(2)使用不当。一般来说,防火墙的许多配置需要系统管理员手工修改,如果系统管理员对防火墙不是十分熟悉,就有可能在配置过程中遗留安全漏洞。

7. 管理与培训

管理和培训是评价一个防火墙好坏的重要方面。在计算防火墙的成本时,不能只简单地计算购置成本,还必须考虑其拥有成本。人员的培训和日常维护费用通常会占据较大的比例。一家优秀的安全产品供应商必须为其用户提供良好的培训和售后服务。

8. 可扩充性

在网络系统建设初期,由于内部信息系统的规模较小,遭受攻击造成的损失也较小,因此,没有必要购置过于复杂的昂贵的防火墙产品。但随着网络的扩容和网络应用的增加,网络的风险成本也会急剧上升,因此,需要增加具有更高安全件的防火墙产品。如果早期购置的防火墙没有可扩充性,或扩先性成本极高,这是对投资的浪费。好的产品应该留给用户足够的弹性空间,在安全要求水平不高的情况下,可以只选购基本系统,而随着要求的提高,用户仍然有进一步增加选件的余地。这样不仅能够保护用户的投资,对提供防火墙产品的厂商来说,也扩大了产品覆盖面。

9. 防火墙的安全性

防火墙产品中最难评估的是防火墙的安全性能,即防火墙是否能够有效阻挡外部入侵。这一点同防火墙自身的安全性一样,普通用户通常无法判断,即使安装好了防火墙,如果没有实际的外部入侵,也无从得知产品性能的优劣。但在实际应用中,检测安全产品的性能是极为危险的,所以用户在选择防火墙产品时,应该尽量选择占市场份额较大,同时又通过了国家权威认证机构认证测试的产品。

6.3.3 企业防火墙的选购

1. 企业的特殊要求

企业的安全策略中往往有些特殊需求,不是每一个防火墙都会提供的,这常会成为选择防火墙的考虑因素之一,常见的需求如下所示。

(1) 网络地址转换功能

进行网络地址转换(Network Address Translation,NAT)有两个好处:其一是隐藏内部网络真正的 IP,这可以使黑客无法直接攻击内部网络,也是要强调防火墙自身安全性问题的主要原因;其二是可以让内部使用保留的 IP,这对许多 IP 不足的企业是有益的。

(2) 双重 DNS

DNS(Domain Name System,域名系统)为 Internet 上的主机分配域名地址和 IP 地址。用户使用域名地址,该系统会自动把域名地址转为 IP 地址。域名服务是运行域名系统的 Internet 工具。执行域名服务的服务器称为 DNS 服务器,通过 DNS 服务器来应答域名服务的查询。

当内部网络使用没有注册的 IP 地址,或是防火墙进行 IP 转换时,DNS 也必须经过转换,因为,同样的一个主机在内部的 IP 与给予外界的 IP 将会不同,有的防火墙会提供双重 DNS,有的则必须在不同主机上各安装一个 DNS。

(3) 虚拟专用网络

虚拟专用网络(Virtual Private Network,VPN)可以在防火墙与防火墙或移动的客户端之间对所有网络传输的内容加密,建立一个虚拟通道,让两者感觉是在同一个网络上,可以安全且不受拘束地互相访问。

(4) 扫病毒功能

大部分防火墙都可以与防病毒软件搭配实现扫毒功能,有的防火墙则可以直接集成扫毒功能,差别只是扫毒工作是由防火墙完成的,还是由另一台专用的计算机完成的。

(5) 特殊控制需求

有时候企业会有特别的控制需求,例如,限制特定使用者才能发送 E-mail,FTP 只能下载文件不能上传文件,限制同时上网人数,限制使用时间或阻塞 Java、ActiveX 控件等,依需求不同而定。

2. 与用户网络结合

(1) 管理的难易度

防火墙管理的难易度是防火墙能否达到目的的主要考虑因素之一。一般企业之所以很少直接将已有的网络设备当做防火墙的原因,除了包过滤,并不能达到完全的控制之外,设定工作困难、必须具备完整的知识以及不易除错等管理问题,更是一般企业不愿意使用的主要原因。

（2）自身的安全性

大多数人在选择防火墙时都将注意力放在防火墙如何控制连接以及防火墙支持多少种服务上,但往往忽略了一点,防火墙也是网络上的主机之一,也可能存在安全问题,防火墙如果不能确保自身安全,则防火墙的控制功能再强,也终究不能完全保护内部网络。

大部分防火墙都安装在一般的操作系统上,如 UNIX、Windows NT 系统等。在防火墙主机上执行的除了防火墙软件外,所有的程序、系统核心也大多来自于操作系统本身的原有程序。当防火墙主机上所执行的软件出现安全漏洞时,防火墙本身也将受到威胁。此时,任何的防火墙控制机制都可能失效,因为当一个黑客取得了防火墙上的控制权以后,黑客几乎可以为所欲为地修改防火墙上的访问规则,进而入侵更多的系统,因此防火墙自身应有相当高的安全保护措施。

（3）完善的售后服务

用户在选购防火墙产品时,除了从以上的功能特点方面考虑之外,还应该注意的是防火墙是企业整体网络的保护者,并能弥补其他操作系统的不足,使操作系统的安全性不会对企业网络的整体安全造成影响。防火墙应该能够支持多种平台,因为使用者才是完全的控制者,而使用者的平台往往是多种多样的,他们应选择一套符合现有环境需求的防火墙产品。由于新产品的出现,就会有人研究新的破解方法,所以好的防火墙产品应拥有完善及时的售后服务体系。

（4）完整的安全检查

好的防火墙还应该向使用者提供完整的安全检查功能,但是一个安全的网络仍必须依靠使用者的观察及改进,因为防火墙并不能有效地杜绝所有的恶意封包,企业想要达到真正的安全仍然需要内部人员不断记录、改进、追踪。防火墙可以限制只有合法的使用者才能进行连接,但是否存在利用合法掩护非法的情形仍需依靠管理者来发现。

（5）结合用户情况

在选购一个防火墙时,用户应该从自身考虑以下因素。

① 网络受威胁的程度。

② 若入侵者闯入网络,将要受到的潜在的损失。

③ 其他已经用来保护网络及其资源的安全措施。

④ 由于硬件或软件失效,或防火墙遭到拒绝服务攻击,而导致用户不能访问 Internet,造成的整个机构的损失。

⑤ 机构所希望提供给 Internet 的服务,希望能从 Internet 得到的服务以及可以同时通过防火墙的用户数目。

⑥ 网络是否有经验丰富的管理员。

⑦ 今后可能的要求,如要求增加通过防火墙的网络活动或要求新的 Internet 服务。

3. 选购防火墙的注意事项

防火墙是目前使用最为广泛的网络安全产品之一,用户在选购时应该注意以下几点。

（1）是否安全

防火墙自身的安全性主要体现在自身设计和管理两个方面。设计的安全性关键在于操作系统，只有自身具有完整信任关系的操作系统才可以谈论系统的安全性。而应用系统的安全是以操作系统的安全为基础的，同时防火墙自身的安全实现也直接影响整体系统的安全性。

（2）是否稳定

目前，由于种种原因，有些防火墙尚未最后定型或经过严格的大量测试就被推向了市场，其稳定性可想而知。防火墙的稳定性可以通过几种方法进行判断。

① 从权威的测评认证机构获得。例如，可以通过与其他产品相比，考察某种产品是否获得更多的国家权威机构的认证、推荐和入网证明（书），来间接了解其稳定性。

② 实际调查，这是最有效的办法：考察这种防火墙是否已经有了使用单位、其用户量如何，特别是用户们对该防火墙的评价。

③ 自己试用。在自己的网络上进行一段时间的试用（1 个月左右）。

④ 厂商开发研制的历史。一般来说，如果没有两年以上的开发经历，很难保证产品的稳定性。

⑤ 厂商实力，如资金、技术开发人员、市场销售人员和技术支持人员多少等。

（3）是否高效

高性能是防火墙的一个重要指标，它直接体现了防火墙的可用性。如果由于使用防火墙而带来了网络性能大幅度下降，就意味着安全代价过高。一般来说，防火墙加载上百条规则，其性能下降不应超过 5%（指包过滤防火墙）。

（4）是否可靠

可靠性对防火墙类访问控制设备来说尤为重要，直接影响受控网络的可用性。从系统设计上提高可靠性的措施一般是提高本身部件的强健性、增大设计阈值和增加冗余部件，这要求有较高的生产标准和设计冗余度。

（5）功能是否灵活

对通信行为的有效控制，要求防火墙设备有一系列不同级别，满足不同用户的各类安全控制需求的控制机制。例如，对普通用户，只要对 IP 地址进行过滤即可，如果是内部有不同安全级别的子网，有时则必须允许高级别子网对低级别子网进行单向访问。

（6）是否配置方便

在网络入口和出口处安装新的网络设备是每个网络管理员都不喜欢的，因为这意味着必须修改几乎全部现有设备的配置。支持透明通信的防火墙，在安装时不需要对原网络配置做任何改动，所做的工作只相当于接一个网桥或集线器。

（7）是否管理简便

网络技术发展很快，各种安全事件不断出现，这就要求安全管理员经常调整网络安全机制。对于防火墙类访问控制设备，除安全控制机制的不断调整外，业务系统访问控制的调整也很频繁，这些都要求防火墙的管理在充分考虑安全需要的前提下，必须提供方便灵活的管理方式和方法，这通常体现为管理途径、管理工具和管理权限。

（8）是否可以抵抗拒绝服务攻击

在当前的网络攻击中，拒绝服务攻击是使用频率最高的方法。抵抗拒绝服务攻击应该是防火墙的基本功能之一。目前有很多防火墙号称可以抵御拒绝服务攻击，但严格地说，它应该是可以降低拒绝服务攻击的危害而不是抵御这种攻击。在采购防火墙时，网络管理人员应该详细考察这一功能的真实性和有效性。

（9）是否可以针对用户身份过滤

防火墙过滤报文，需要一个针对用户身份而不是 IP 地址进行过滤的办法。目前常用的是一次性口令验证机制，保证用户在登录防火墙时，口令不会在网络上泄露，这样，防火墙就可以确认登录上来的用户确实和他所声明的一致。

（10）是否可扩展、可升级

用户的网络不是一成不变的，和防病毒产品类似，防火墙也必须不断地进行升级，此时支持软件升级就很重要了。如果不支持软件升级，为了抵御新的攻击手段，用户就必须进行硬件上的更换，而在更换期间网络是不设防的，同时用户也要为此花费更多的钱。

6.3.4　个人防火墙的选购

1. 个人防火墙

众所周知杀毒软件具有实时防护和查毒、杀毒的作用。有时候把实时防护的功能也称为病毒防火墙的功能。个人防火墙有什么区别呢？装了杀毒软件还需要装个人防火墙吗？

由于网络的普及，病毒和木马的概念、范畴越来越具有交融性，两者的手段和功能也逐步具有重叠性。很多病毒把依赖网络传播作为一个重点，同时也传播木马，打开系统共享、截获敏感信息发送等，而木马实现的最终功能一定是与网络有关的。木马一定有一个服务端程序，就是在受害机器上运行过的。一类可能是这个程序只是一个卧底，像一个贼一样，记录用户的键盘输入，窃取用户信息、敏感文件以及各类密码等，将这些截获的信息发送到事先被配置指定好的邮箱、空间或是其他可以收到信息的地方；木马的另一大类里应外合是它的首要任务，服务端在目标计算机上被运行后，就驻扎下来，等待外界与之响应。指挥服务端执行命令的是外界的客户端，它可能是与服务端专门配套的客户端程序，也可能是 IE 浏览器或是 CMD 命令提示符。它们两者的通信，不管是服务端一直打开端口等待客户端连接，还是收到客户端的响应后打开随机端口主动去与客户端的反弹式连接，它们总得通过标准的协议去传输一些数据包。

目前主流的木马客户端可发出的命令起码包括下载受害机器上的文件，把文件复制到受害机器上，查看受害机器上的各类木马，远程修改注册表，查看机器上运行的软件，实时查看机器运行的当前桌面，执行计算机上安装的程序，远程关机重启，修改各类系统设置，以及打开计算机上安装的摄像头、话筒音箱等。这就相当于变成了别人的机器一样，毫无安全和秘密可言。而个人防火墙的作用，则正是阻断这些不安全的网络行为。它对计算机发往外界的数据包和外界发送到计算机的数据包进行分析和过滤，把不正常的、恶意的和具备攻击性的数据包拦截下来，并且向用户发出提醒。

如果把杀毒软件比做铠甲和防弹衣，那么个人防火墙可以比做是护城河或是屏护网，隔断内外的通信和往来,敌人侦查不到内部的情况,也进不来,内奸也无法越过这层保护把信息送达出去。

如果计算机不连接网络,不与外部通信,可以说无须安装个人防火墙,即使中了木马也发挥不出作用。但一旦进入网络中,则最好安装一套个人防火墙。

除了阻断向外发送密码等私密信息,阻挡外界的控制外,个人防火墙的作用还在于屏蔽来自外界的攻击,如探测本地的信息和一些频繁的数据包流向本地。

此外,如果本机中了一些蠕虫病毒,这些蠕虫会搜索网络中存在的别的主机,把自己成千上万地像洪水一样地发送出去,个人防火墙则能将之拦截,断掉它们的通路。

所以个人防火墙具有:限制他人进入内部网络;过滤掉不安全的服务和非法用户;防止入侵者接近防御设施;限定人们访问特殊站点;为监视局域网安全提供方便等作用。

2. 安全规则

安全规则就是对计算机所使用的局域网、因特网的内置协议进行设置,从而达到系统的最佳安全状态。个人防火墙软件所涉及的协议主要有以下几种。

(1) ICMP:ICMP 差错报文和 ICMP 询问报文协议。

(2) TCP:传输控制协议。

(3) IP:网际协议,它负责把数据从合适的地方以及用合适的方法传输出去。

(4) UDP:用户数据报协议,UDP 和 TCP 协议封装在 IP 数据包里。

(5) NetBUEI:NetBIOS 增强用户接口,是 NetBIOS 协议的增强版本。

(6) IPX/SPX:以太网所用的协议。

以上这些协议有它们不同的用处,具体使用时根据用户的需要来设置。

3. 个人防火墙的安全规则方式

个人防火墙软件中的安全规则方式一般可分为以下两种。

(1) 定义好的安全规则

就是把安全规则定义成几种方案,一般分为低、中、高 3 种,这样不懂网络协议的用户就可以根据自己的需要灵活设置不同的安全方案,如 ZoneAlarm 防火墙。

(2) 用户可以自定义安全规则

当用户非常了解网络协议时,就可以根据自己所需的安全状态单独设置某个协议,如 AtGuard 防火墙、天网防火墙、Norton Internet Security 2000 V2.0 Personal Firewall 等。

4. 选购个人防火墙时应考虑的因素

目前来说市面上的网络防火墙设备品牌繁多,各种不同档次的产品让人眼花缭乱,使普通用户在购买时无从下手。要选择适应自己需要,能达到最大安全效果的防火墙产品,应考虑以下因素。

(1) 品牌是关键

防火墙产品属高科技产品,生产这样的设备不仅需要强大的资金做后盾,而且在技术实力上也需要有强大的保障。选择了好的品牌在一定程度上也就选择了好的技术和服务,对将来的使用更加有保障。所以在选购防火墙产品时千万别贪图一时便宜,选购一些无保障的产品,要选购有品牌保障的产品。

(2) 安全最重要

防火墙本身就是一个用于安全防护的设备,当然其自身的安全性也就显得更加重要了。防火墙的安全性能取决于防火墙是否采用了安全的操作系统和是否采用专用的硬件平台。因为现在第二代防火墙产品通常不再依靠用户的操作系统,而是采用自己单独开发的操作系统,这个操作系统本身要求没有安全隐患,当然作为普通用户这只能通过品牌来保证。

① 应用系统的安全性能是以防火墙自身操作系统的安全性能为基础的,同时,应用系统自身的安全实现也直接影响到整个系统的安全性。

② 在安全策略上,防火墙应具有相当的灵活性。首先防火墙的过滤语言应该是灵活的,编程对用户是友好的,还应具备若干可能的过滤属性,例如,源和目的 IP 地址、协议类型、源和目的 TCP/UDP 端口及出入接口等,只有这样用户才能根据实际需求采取灵活的安全策略保护自己企业网络的安全。

③ 防火墙除应包含先进的鉴别措施,还应采用尽量多的先进技术,如包过滤技术、加密技术、可信的信息技术等,如身份识别及验证、信息的保密性保护、信息的完整性校验、系统的访问控制机制、授权管理等技术,这些都是防火墙安全系统所必须考虑的。

(3) 高效的性能和高可靠性

防火墙是通过对进入的数据进行过滤来识别是否符合安全策略的,所以在流量比较高时,要求防火墙能以最快的速度及时对所有数据包进行检测,否则就可能造成比较长的延时,甚至死机。这个指标非常重要,它体现了防火墙的可用性能,也体现了个人用户使用防火墙产品的代价(延时),用户无法接受过高的代价。如果防火墙对网络造成较大的延时,还会给用户造成较大的损失。这一点在使用个人防火墙时会深有感触,有时在打开防火墙时上网反应非常慢,而一旦去掉速度就上来了,原因就是防火墙过滤速度不够快。

如果防火墙对原有网络带宽影响过大,无疑就是对原有投资的巨大浪费。目前来说防火墙在类型上基本上都实现了从软件到硬件的转换,算法上也有了很大的优化,一部分防火墙的性能完全可以做到对原有网络的性能影响很小。具体到用户来说,辨别一款防火墙的性能的优劣,主要看权威评测机构或媒体的性能测试结果,这些结果都是以国际标准 RFC 2544 标准来衡量的,主要包括网络吞吐量、丢包率、延迟、连接数等,其中吞吐量又是重中之重。

在性能方面,对于不同用户有不同的要求,不一定速度越高越好,像有的小型的局域网出口速率不到 1Mb/s,选用 100Mb/s 的防火墙就是多余的。

质量好的防火墙能够有效地控制通信,能够为不同级别、不同需求的用户提供不同的控制策略。控制策略的有效性、多样性、级别目标清晰性以及制定难易程度都直接反映出防火墙控制策略的质量。现在大多数的防火墙产品都支持 NAT 功能,它可以让受防火墙保护一方的 IP 地址不被暴露。但注意启用 NAT 后势必会对防火墙系统的性能有所影响。

6.4　防火墙安全策略

6.4.1　网络服务访问策略

网络服务访问策略是一种高级别的策略,用来定义允许的和明确拒绝的服务,包括提供这些服务的使用方法及策略的例外情况,而且还包括对拨号访问以及 SLIP/PPP 连接的限制。这是因为对一种网络服务的限制可能会促使用户使用其他的方法,所以其他途径也应受到保护。例如,如果一个防火墙阻止用户使用 Telnet 服务访问 Internet,而有一些人可能会使用拨号连接来获得这种服务,这样就可能会使网络受到攻击。

网络服务访问策略不但是一个站点安全策略的延伸,而且对于机构内部资源的保护也应起到全局的作用。这种策略可能包括许多事情,从文件切碎条例到病毒扫描程序,从远程访问到移动存储介质的跟踪。

在一般情况下,一个防火墙执行两种通用网络服务访问策略中的一种,允许从内部站点访问 Internet 而不允许从 Internet 访问内部站点;只允许从 Internet 访问特定的系统,例如,信息服务器和电子邮件服务器。有时防火墙也允许从 Internet 访问几个选定的主机,但只是在确实必要时才这样做,而且还要加上身份认证。

在最高层次,某个组织机构的总体战略可能是这样的。

(1) 内部信息对于一个组织的经济繁荣是至关重要的。

(2) 应使用各种经济实惠的办法来保证信息的机密性、完整性、真实性和可用性。

(3) 保护数据信息的机密性、完整性和可用性是高于一切的,是不同层次的员工的责任。

(4) 所有信息处理的设备将被用于完成经过授权的任务。

在这个普通原则之下使用与具体事情相关的策略,如公司财物的使用规定、信息系统的使用规定,防火墙的网络服务访问策略就是处在这一个层次上的。

为了使防火墙能如人所愿地发挥作用,在实施防火墙策略之前,必须制定相应的服务访问策略,而且这种策略一定要具有现实性和完整性。现实性的策略在降低网络风险和为用户提供合理的网络资源之间做出一个权衡。一个完备的、受到公司管理方面支持的策略可以防止用户的抵制,不完备的策略可能会因职员不能理解而被职员忽略,这种策略是名存实亡的。

6.4.2　防火墙的设计策略

防火墙的设计策略是一种级别较低的策略,用来描述防火墙如何对网络服务访问策略中所定义的服务进行具体的限制访问和过滤。在制定这种策略之前,必须了解这种防火墙的性能以及缺点、TCP/IP 本身所具有的易受攻击性和危险性。一般防火墙执行以下两种基本设计策略中的一种。

(1) 除非明确不允许,否则允许某种服务策略。

执行此种策略的防火墙在默认情况下允许所有的服务,除非管理员对某种服务明确表示禁止。

此种策略并不十分优秀,因为它给入侵者更多的机会绕过防火墙。在这种策略下,用户可以访问没有被策略所说明的新的服务。例如,用户可以在没有被策略特别涉及的非标准的 TCP/UDP 端口上执行被禁止的服务。

（2）除非明确允许,否则将禁止某种服务策略。

执行此种策略的防火墙在默认情况下禁止所有的服务,除非管理员对某种服务明确表示禁止。此种策略是一种限制手段,是制定防火墙策略的入手点。

1. 策略的选择

一个公司可以选择第一种策略,也可以选择第二种策略。一个公司可以把一些必需的而又不能通过防火墙的服务放在屏蔽子网上,和其他的系统相隔离开。有些人把这种方法用在 Web 服务器上,这个服务器只是由包过滤进行保护的,并不放在防火墙后面。如果 Web 服务器需要从内部数据库上传或下载数据,则 Web 服务器与内部数据库之间的连接将受到很好的保护。

Web 服务器也可以放在一个堡垒主机上,这是一种运行着尽可能少的服务程序的被强化的主机,并被过滤路由器所保护。许多 Web 服务器以牺牲主机的方式来运行。

总而言之,防火墙是否适合取决于安全性和灵活性的要求,所以在实施防火墙之前,考虑一下策略是至关重要的。如果不这样做,会导致防火墙不能达到要求。

2. 需要考虑的问题

为了确定防火墙设计策略,进而构建实现策略的防火墙,建议从最安全的防火墙设计策略开始,即除非明确允许,否则禁止某种服务,而且策略的制定者应该解决和存档以下几个问题。

（1）需要什么 Internet 服务？如 Telnet、WWW 和 NFS 等。

（2）在哪里使用这些服务？如本地、穿越 Internet、在家里或远方的办公机构等。

（3）是否应当支持拨号入网和加密等其他服务？

（4）提供这些服务的风险是什么？

（5）若提供这种保护,可能会导致网络使用上的不方便等负面影响,这些影响会有多大,是否值得付出这种代价？

（6）和可用性相比,公司把安全性放在什么位置？

为了正确地回答上述问题,需要了解各种 Internet 服务的特点,以决定是否允许某些服务。除此之外,还需进行风险评估,这有利于制定一个松紧得体的策略,因为必须在安全性和使用方便性之间做出权衡。

3. 定义所需要的防御能力

防火墙的监视、冗余度以及控制水平是需要进行定义的。通过企业系统策略的设计,专业人员要确定企业可接受的风险水平,需要列出一个必须监测、必须允许什么传输,以及应当拒绝什么传输的清单。换句话说,专业人员开始时先列出总体目标,然后把需求分析与风险评估结合在一起,挑出与风险始终对立的需求,加入到计划完成的工作清单中。

4. 关注财务问题

财务人员关心的是费用多少以量化提出的解决方案。例如,一个完整的防火墙的高端产品可能价值 10 万美元,而低端产品可能是免费的；从头建立一个高端防火墙可能需要几个月。另外,系统管理开销也是需要考虑的问题。建立自行开发的防火墙固然很好,但重要的是,建立的防火墙应不需要高额的维护和更新费用。

5. 网络的设计

出于实用目的,企业目前关心的是路由器与自身内部网络之间存在的静态传输流路由服务。因此,基于这一事实,在技术上还需要做出几项决策:传输流路由服务可以通过诸如路由器中的过滤规则在 IP 层实现,或通过代理网关和服务在应用层实现。

6.4.3　防火墙的安全策略

防火墙的安全策略是防火墙系统的重要组成部分和灵魂,防火墙的设备是它的忠实执行者和体现者,二者缺一不可。安全策略决定了受保护网络的安全性和易用性,一个成功的防火墙系统首先应有一个合理可行的安全策略,这样的安全策略能够在网络安全需求及用户易用性之间实现良好的平衡。稍有不慎,就会拒绝用户正常请求的合法服务或者给攻击者制造可乘之机。设计一个防火墙的安全策略是研制和开发一个有效的防火墙的第一步,整体安全策略应包含以下主要内容。

1. 用户账户策略

用户账户应包含用户的所有信息,其中最主要的是用户名、口令、用户所属的工作组、用户在系统中的权限和资源存取许可。口令是实现访问控制的简单而有效的方法,只要口令保持机密,非授权用户就无法使用该账户。尽管如此,由于它只是一个字符串,一旦被别人知道,口令就不能提供任何安全了。因此,系统口令的维护是至关重要的,不只是管理员一个人的事情,系统管理员和普通用户都有义务保护好口令。口令的选择是至关重要的,一个好的口令是不容易被黑客猜到的,选择一个有效的口令就成功了一半。一般好的口令应遵循以下规则。

(1) 选择长的口令。口令越长,黑客猜中的概率就越低。大多数系统接受 5~8 个字符长度的口令,还有一些系统允许更长的口令,长口令可以增加安全性。

(2) 最好的口令包括英文字母和数字的组合。

(3) 不要使用英语单词,因为很多人喜欢使用英文单词作为口令,口令字典收集了大量的口令,有意义的英语单词在口令字典中出现的概率比较大。

(4) 用户若可以访问多个系统,则不要使用相同的口令。这样,如果一个系统出了问题则另一个系统也就不安全了。

(5) 不要使用名字、生日、家庭电话等,因为这些可能是入侵者最先尝试的口令。

(6) 不要选择记不住的口令,这样会给自己带来麻烦。

2. 账户锁定策略

账户锁定策略是指在某些情况下(账户受到采用密码词典或暴力破解方式的在线自动登录攻击等),为保护该账户的安全而将此账户进行锁定,使其在一定时间内不能再次使用此账户,从而挫败连续的猜解尝试。

Windows Server 2003 系统在默认情况下,为方便用户起见,并没有对这种锁定策略进行设置,因此,对黑客的攻击没有任何限制。只要有耐心,通过自动登录工具和密码猜解字典进行攻击,甚至可以进行暴力模式攻击,破解密码只是一个时间问题。

账户锁定策略设置的第一步就是指定账户锁定的阈值，即锁定前该账户无效登录的次数。一般来说，由于操作失误造成登录失败的次数是有限的。在这里设置锁定阈值为3次，这样只允许3次登录尝试。如果3次登录全部失败，就会锁定该账户。但是，一旦该账户被锁定后，即使是合法用户也就无法使用了。只有管理员才可以重新启用该账户，这就为用户造成了许多不便。为方便用户起见，可以同时设置锁定的时间和复位计数器的时间，这样在3次无效登录后就开始锁定账户，以及锁定时间以30分钟为限。以上的账户锁定设置可以有效地避免自动猜解工具的攻击，同时对于手动尝试者的耐心和信心也可造成很大的打击。

锁定用户账户常常会造成一些不便，但系统的安全有时更为重要。账户锁定策略用于域账户或本地用户账户，用来确定某个账户被系统锁定的情况和时间长短。

3. 用户权限策略

用户权限策略用来允许授权用户使用系统资源。用户权限一般有两类：第一类是对执行特定任务用户的授权可应用于整个系统；第二类是对特定对象（如目录、文件和打印机等）的规定，这些规定限制用户能否或以何种方式存取对象。其中第一类的权限要高于第二类。通常授予用户的权限有以下几种。

（1）通过网络连接计算机。

（2）备份文件和目录，此权限要高于文件和目录许可。

（3）设置计算机内部系统时钟。

（4）从计算机键盘登录计算机。

（5）指定何种事件和资源被审查，查看和清除安全日志。

（6）恢复文件和目录。

（7）关闭系统。

（8）获取一台计算机的文件、目录或是其他对象的所有权。其中，存取控制判断为资源所有者提供指定唯有权限存取他们的资源，权限为多大程度的能力。访问控制要利用访问控制列表来识别赋予用户和组的资源权限。控制资源存取的工具应该有如下功能。

① 文件管理。

② 用户账户和组中成员权限的管理。

③ 定义网络共享资源权限。

④ 启动和关闭网络服务程序。

此外，这部分还应包括文件和目录的许可及所有权控制，主要是对文件的读、写执行权限的授予。

4. 信任关系策略

所谓信任关系是这样一种情形，如果主体能够符合客体所假定的期望值，那么称客体对主体是信任的。信任关系可以使用期望值来衡量，用信任度表示。主客体间建立信任关系的范畴称为信任域，也就是主客体和信任关系的范畴集合，信任域是服从于一组公共策略的系统集。

信任关系必须由双方建立，使用口令方式，比如 Microsoft 网络的文件和打印机共享服务。在两个域间有两种类型的信任关系：单向信任和双向信任。

（1）单向信任只是一个域信任另外一个域，如图 6-5 所示。典型的应用就是远程访问，它们之间并不相互信任，远程用户只可以在被信任域中使用。

在建立单向信任关系时，被信任域应提供执行信任的口令。信任域在建立信任时必须输入这个口令，关机不能影响信任关系。当一边的信任关系被删除后，两边的信任都必须移去，然后才能重新建立。

（2）双向信任是两个域对等的互相信任，如图 6-6 所示，远程用户可以使用双方授权的资源。双向连接的信任关系只不过是两个单向信任关系，每个域都信任另外一个。每个域都包含用户和资源，用户可以在拥有账户的任何一个域中登录，用户账户和组也可以在任意域中被授予资源的访问许可。系统管理员可以跨越信任关系授权，在资源域中使用它对其他域的用户和组进行授权和存取许可。

图 6-5　单向信任关系　　　　　　图 6-6　双向信任关系

更复杂的是在域间可以建立多个信任关系。几个域信任一个域来保证用户的统一管理，或者一个域信任几个域来保证用户延伸到多个域中，同时还可提供传递验证功能。以上 3 个方面在有些操作系统中已经实现或部分实现，如图 6-7 所示。

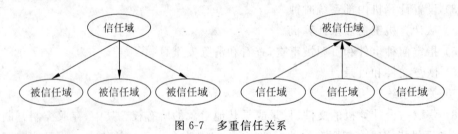

图 6-7　多重信任关系

5．认证、签名和数据加密策略

目前已有的可以公开的加密算法很多，其中最有名的传统加密算法是美国的 DES、RC4、RC5、RC6 以及现在准备替代 DES 的 AES 候选算法（目的被选为新一代的加密标准的是 Rijndael 数据加密算法）、欧洲的 IDEA 算法、澳洲的 LOKI-91 算法和日本的 FEAL 算法等。最著名的公开密钥体制是 RSA 体制和 ElGamal 体制等。最有名的数字签名体制是 DSS 体制、ElGamal 体制和椭圆曲线体制等。最有名的消息认证体制是 MD5 和 SHA-1 等。

安全有效的加密算法，是安全服务和安全体制的基础和核心，因此对加密算法的选取应从两个方面入手。

（1）从这些算法中选取 3DES、RC4、IDEA、RSA 和 MD5 等算法作为系统的核心加密算法，保证系统符合国际标准。

（2）根据我国的商业密码管理条例，在国内的重要部门的保密通信系统中，必须使用国内认可的密码算法，但是目前国内还没有自己的加密标准算法。

6.4.4　包过滤的安全策略

包过滤路由器根据过滤规则来过滤基于标准的数据包,完成包过滤功能。

1. OSI 参考模型中包过滤控制点

包过滤规则可以建立在 OSI 模型的 2~7 层,即它可以根据 2~7 层中任意一层的头信息对数据包进行过滤。根据 Internet 的特性,防火墙在以下 3 层中设置控制点是科学的。

(1) 网络层控制点应该设在源和目的 IP 地址、协议类型以及 IP 选项上。

(2) 传输层控制点应该设在 TCP 头中的源和目的端口号以及 TCP 标志位上,对于 ICMP 的数据包主要根据消息类型来进行过滤。

(3) 应用层控制点应该基于特定协议分别设定。

2. 包过滤操作过程

(1) 包过滤规则必须被包过滤设备端口存储起来。

(2) 当包到达端口时,对包报头进行语法分析。大多数包过滤设备只检查 IP、TCP 或 UDP 报头中的字段。

(3) 包过滤规则以特殊的方式存储。应用于包的规则的顺序与包过滤器规则存储顺序必须相同。

(4) 若一条规则阻止包传输或接收,则此包不被允许。

(5) 若一条规则允许包传输或接收,则此包可以被继续处理。

(6) 若包不满足任何一条规则,则此包被阻塞。

3. 包过滤规则的制订

包过滤规则的制订大体有两种模式。

(1) 基于关闭的,即在默认情况下阻断所有内外互访,个别开放单项服务。

(2) 基于开放式的,即在默认情况下开放所有内外互访,个别关闭单项服务。

过滤是双向的,路由器对于不同流向的数据包,按不同的规则进行匹配过滤,以决定是"拒绝"还是"允许"。因此,总体过滤规则是两个方向的过滤规则的有机结合。

4. 对特定协议包的过滤

对于特定的协议,包过滤采用不同的过滤策略,如 FTP 协议。FTP 协议有两个端口,一个是控制端口 21,另一个是数据连接端口 20,因此对 FTP 要进行特殊的考虑。

对于 UDP 包,根据 UDP 协议的特性,只能使用端口号对 UDP 包进行过滤,但是 UDP 协议是面向无连接的协议,没有 TCP 的 ACK 位,因此,对于 UDP 数据包要记录连接的数据包和返回数据包的端口号,根据端口号来进行过滤。基于 UDP 的一些应用协议,如 RPC,要采取更为严格的限制措施。

5. 与服务相关的过滤

根据特定的服务,如 FTP、HTTP、Telnet 等允许或拒绝流动的数据包。多数的服务都有已知的 TCP/UDP 端口号,例如,Telnet 服务的是 TCP 的 23 号端口,SMTP 服务的是 TCP 的 25 号端口。为了阻塞所有进入的 Telnet 连接,防火墙只需简单地丢弃所有

TCP 端口号等于 23 的数据包。为了将 Telnet 连接限制到内部的数台机器上,必须拒绝所有 TCP 端口号等于 23 并且目标 IP 地址非法的数据包。一些典型的过滤规则如下。

（1）允许进入的 Telnet 会话与指定的内部主机连接。

（2）允许进入的 FTP 会话与指定的内部主机连接。

（3）允许所有外出的 Telnet 会话。

（4）允许所有外出的 FTP 会话。

（5）拒绝所有来自特定的外部主机的数据包。

6. 与服务无关的过滤

有几种类型的攻击很难使用基本的包头信息来识别,因为这几种攻击是与服务无关的,因此过滤规则需要附加的信息。这些信息是通过审查特定的 IP 选项、检查特定段的内容等才能得到的。下面列举几种典型攻击类型并制订相应的包过滤规则。

（1）源 IP 地址欺骗攻击

攻击的特点是入侵者从外部传输一个假装是来自内部主机的数据包,即数据包中所包含的源 IP 地址为内部网络上的 IP 地址。这种攻击对只使用源地址安全功能的系统很奏效。在那样的系统中,来自内部的信任主机的数据包被接收,而来自其他主机的数据包全部被丢弃。包过滤规则是丢弃所有来自外部源 IP 地址又是内部的数据包。

（2）源路由攻击

其特点是,源站点指定了数据包在 Internet 中所走的路线,其目的是为了旁路安全措施并使数据包到达的路径不可预料。包过滤规则是丢弃所有包含源路由选项的数据包。

（3）极小数据段式攻击

攻击的特点是入侵者使用分段的特性,创建极小的分段并强行将 TCP 头信息分成多个数据包段,目的是为了绕过用户定义的过滤规则,入侵者寄希望于包过滤器只检查第一个分段而放过其余的分段。对于这种类型攻击包过滤规则是丢弃协议类型为 TCP、IP Fragment Offset 等于 1 的数据包。

7. 基于网络 IP 和 MAC 地址绑定的包过滤

在网络管理中 IP 地址盗用现象时有发生,这不仅影网络的正常使用,而且当被盗用的地址具有较高的权限时,可能会造成巨大的经济损失,以及带来其他的安全隐患。把网络接口的 IP 和 MAC 地址绑定起来,可以很好地解决这一问题。因为每块网卡具有唯一的一个标识号码,就是网卡的 MAC 地址,而每个 MAC 地址也仅供唯一的一块网卡使用。所以,通过 IP/MAC 的绑定,在防火墙内部建立起 IP 地址同 MAC 地址一一对应的关系之后,即使有人盗用 IP 地址发送数据包,那些数据包也会因 IP/MAC 地址不匹配而被过滤掉,从而使入侵企图遭到挫败。

6.5　数据包过滤

6.5.1　数据包过滤所涉及的协议

1. IPSec 的定义

采用数据包过滤方式的防火墙工作在 OSI 参考模型的第三层（网络层）上,IPSec

(Internet Protocol Security)协议就是建造虚拟专用网的国际标准之一。

IPSec 即 Internet 安全协议,是 IETF 提供 Internet 安全通信的一系列规范,它提供私有信息通过公用网的安全保障。IPSec 适用于目前的版本 IPv4 和下一个版本 IPv6。IPSec 规范相当复杂,规范中包含大量的文档。由于 IPSec 在 TCP/IP 协议的核心层——IP 层实现,因此可以有效地保护各种上层协议,并为各种安全服务提供一个统一的平台。

IPSec 也是被下一代 Internet 所采用的网络安全协议。IPSec 协议是现在 VPN 开发中使用最广泛的一种协议,它有可能在将来成为 IPVPN 的标准。IPSec 的基本目的是把密码学的安全机制引入 IP 协议,通过使用现代密码学方法支持保密和认证服务,使用户能有选择地使用,并得到所期望的安全服务。IPSec 是随着 IPv6 的制定而产生的,鉴于 IPv4 的应用仍然很广泛,所以后来在 IPSec 的制定中也增加了对 IPv4 的支持。IPSec 在 IPv6 中是必须支持的。

2. IPSec 的特点

IPSec 可以保证局域网、专用或公用的广域网及 Internet 上信息传输的安全,具有以下几个特点。

(1) 保证 Internet 上各分支办公点的安全连接,公司可以借助 Internet 或公用的广域网搭建安全的虚拟专用网络,这使得公司可以不必耗巨资去建立自己的专用网络,而只需依托 Internet 即可获得同样的效果。

(2) 保证 Internet 上远程访问的安全,在计算机上装有 IPSec 的终端用户可以通过拨入所在地的 ISP 的方式获得对公司网络的安全访问权,这一做法降低了流动办公雇员及远距离工作者的长途电话费用。

(3) 通过外部网或内部网建立与合作伙伴的联系,IPSec 通过认证和密钥交换机制确保企业与其他组织的信息往来的安全性与机密性。

(4) 提高了电子商务的安全性,尽管在电子商务的许多应用中已嵌入了一些安全协议,IPSec 的使用还可以使其安全级别在原有的基础上有所提高,因为所有由网络管理员指定的通信都是经过加密和认证的。

IPSec 的主要特征在于它可以对所有 IP 级的通信进行加密和认证,正是这一点才使 IPSec 可以确保包括远程登录、客户/服务器、电子邮件、文件传输及 Web 访问在内的多种应用程序的安全。

3. IPSec 协议体系结构

IPSec 将几种安全技术结合起来形成一个完整的安全体系,它包括安全协议部分和密钥协商部分。

(1) 安全关联和安全策略

安全关联(Security Association,SA)是构成 IPSec 的基础,是两个通信实体经协商建立起来的一种协定,它们决定了用来保护数据包安全的安全协议(AH 协议或者 ESP 协议)、转码方式、密钥及密钥的有效存在时间等。

(2) IPSec 协议的运行模式

IPSec 协议的运行模式有两种:IPSec 隧道模式及 IPSec 传输模式。隧道模式的特点是数据包最终目的地不是安全终点。在通常情况下,只要IPSec双方有一方是安全网关或路由器,就必须使用隧道模式。在传输模式下,IPSec主要对上层协议即IP包的载荷进行封装保护,在通常情况下,传输模式只用于两台主机之间的安全通信。

（3）AH协议

设计AH(Authentication Header,认证头)协议的目的是增强IP数据报的安全性。AH协议提供无连接的完整性、数据源认证和抗重放保护服务,但是AH不提供任何保密性服务。IPSec验证报头AH是个用于提供IP数据报完整性、身份认证和可选的抗重传攻击的机制,但是不提供数据机密性保护。验证报头的认证算法有以下两种。

① 基于对称加密算法(如DES)。

② 基于单向哈希算法(如MD5或SHA-1)。

验证报头的工作方式有传输模式和隧道模式。传输模式只对上层协议数据(传输层数据)和IP头中的固定字段提供认证保护,把AH插在IP报头的后面,主要适合于主机实现。隧道模式把需要保护的IP包封装在新的IP包中,作为新报文的载荷,然后把AH插在新的IP报头的后面,隧道模式对整个IP数据报提供认证保护。

（4）ESP协议

ESP(Encapsulate Security Payload,封装安全载荷)用于提高Internet协议(IP)的安全性。它可为IP提供机密性、数据源验证、抗重放以及数据完整性等安全服务。ESP属于IPSec的机密性服务。其中,数据机密性是ESP的基本功能,而数据源身份认证、数据完整性检验以及抗重传保护都是可选的。ESP主要支持IP数据包的机密性,它将需要保护的用户数据进行加密后再重新封装到新的IP数据包中。

（5）Internet密钥交换协议

Internet密钥交换(Internet Key Exchange,IKE)协议是IPSec默认的安全密钥协商方法。IKE通过一系列报文交换为两个实体(如网络终端或网关)进行安全通信派生会话密钥。IKE建立在Internet安全关联和密钥管理协议(ISAKMP)定义的一个框架之上。IKE是IPSec目前正式确定的密钥交换协议,IKE为IPSec的AH和ESP协议提供密钥交换管理和SA管理,同时也为ISAKMP提供密钥管理和安全管理。IKE具有两种密钥管理协议(Oakley和SKEME安全密钥交换机制)的一部分功能,并综合了Oakley和SKEME的密钥交换方案,形成了自己独一无二的受鉴别保护的加密材料生成技术。

4. IPSec的实现方式

IPSec的一个最基本的优点是它可以在共享网络中访问设备,甚至是在所有的主机和服务器上完全实现,这在很大程度上避免了升级任何网络相关资源的需要。在客户端,IPSec架构允许使用远程访问的路由器或基于纯软件方式使用普通调制解调器的PC和工作站。IPSec通过两种工作模式在应用上提供更多的弹性:传输模式和隧道模式,如图6-8所示。

（1）传输模式通常用在当ESP在一台主机(客户机或服务器)上实现时,传输模式使用原始明文IP头,并且只加密数据,包括它的TCP和UDP头。

（2）隧道模式通常被用在两端或是一端是安全网关的架构中,隧道模式处理整个IP数据包,包括全部TCP/IP或UDP/IP头和数据,它用自己的地址作为源地址加入到新的

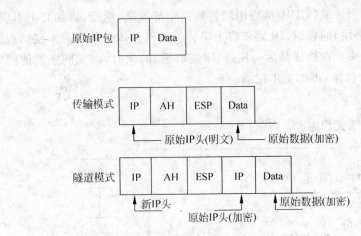

图 6-8　IPSec 协议的两种工作模式

IP 头。当隧道模式用在用户终端设置时,它可以提供更多的便利来隐藏内部服务器主机和客户机的地址。

　　ESP 支持传输模式,这种方式保护了高层协议。传输模式也保护了 IP 包的内容,特别是用于两个主机之间的端对端通信(例如,客户机与服务器,或是两台工作站)。传输模式中的 ESP 加密有时候会认证 IP 包内容,但不认证 IP 的包头。这种配置对于装有 IPSec 的小型网络特别有用。

　　但是,要全面实施 VPN,使用隧道模式会更有效。ESP 也支持隧道模式,保护了整个 IP 包。为此,IP 包在添加了 ESP 字段后,整个包以及包的安全字段被认为是新的 IP 包外层内容,附有新的 IP 外层包头。原来的(及内层)包通过"隧道"从一个 IP 网络起点传输到另一个 IP 网点,中间的路由器可以检查 IP 的内层包头。因为原来的包已被打包,新的包可能有不同的源地址及目的地址,以达到安全目的。

　　隧道模式用在两端或是一端是安全网关的架构中,如装有 IPSec 的路由器或防火墙。使用隧道模式后,防火墙内很多主机不需要安装 IPSec 也能安全地通信。这些主机所生成的未加保护的网包,经过外网使用隧道模式的安全联合规定(即 SA,发送者与接收者之间的单向关系,定义装在本地网络边缘的安全路由器或防火墙中的 IPSec 软件 IP 交换所规定的参数)传输。

6.5.2　数据包的概念

1. 数据包

　　包(Packet)是 TCP/IP 通信传输中的数据单位,一般也称为数据包。数据包是由各层连接的协议组成的,在每一层,数据包都由数据包头与数据包体两部分组成。在包头中存放与这一层相关的协议信息,在包体中存放这一层的数据信息。这些数据也包含了上层的全部信息。在每一层上对包的处理是将从上层获取的全部信息作为包体,然后,按照本层的协议再加上包头。这种对包的层次性操作(每一层均加上一个包头)一般称为封装。

　　在应用层,包头含有需被传送的数据,当构成下一层(传输层)的包时,传输控制协议

（TCP）或用户数据报协议（UDP）从应用层将数据全部取来，然后，再加装上本层的包头，当构成下一层（网络层）的包时，IP协议将上层的包头与包体全部当成本层的包体，然后，再加装上本层的包头。在构成最后一层（网络接口层）的包时，以太网或其他网络协议将IP层的整个包作为包体，再加上本层的包头。

2. 包封闭形式

数据包的封装形式如图6-9所示。

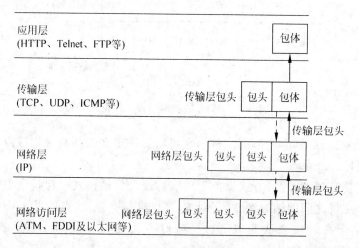

图 6-9   数据包的封装形式

网络连接的另一边（接收方）的工作是解包，过程刚好与图6-9所示的封装过程相反。也就是说在另一边，为了获取数据而由下而上依次把包头剥离。

从数据包过滤系统来看，包的最重要信息是各层依次加上的包头。接下来主要介绍各种将被包过滤路由器检查的包的包头内容，先介绍数据包过滤的工作原理。

6.5.3   数据包过滤的工作原理

数据包过滤是在IP层实现的，因此，它可以只用路由器完成。包过滤根据包的源IP地址、目的IP地址、源端口、目的端口及包传递方向等报头信息来判断是否允许包通过。过滤用户定义的内容，如IP地址。其工作原理是系统在网络层检查数据包，与应用层无关，包过滤器的应用非常广泛，因为CPU用来处理包过滤的时间可以忽略不计，而且这种防护措施对用户透明，合法用户在进出网络时，根本感觉不到它的存在，使用起来很方便。这样系统就具有很好的传输性能，易扩展。

包过滤技术根据以下条件允许或不允许某些包在网络上进行传递。

（1）将包的目的地址作为判断依据。

（2）将包的源地址作为判断依据。

（3）将包的传送协议作为判断依据。

大多数包过滤系统判断是否传送包时，并不关心包的具体内容，作为防火墙的包过滤系统只能执行以下几种操作。

（1）不允许任何用户从外部网使用 Telnet 登录。

（2）允许任何用户使用 SMTP 由外向内部网发送电子邮件。

（3）只允许某台机器通过 NNTP 由外向内部网发送新闻。

但包过滤不允许执行如下操作。

（1）允许某个用户从外部网用 Telnet 登录，而不允许其他用户进行这种操作。

（2）允许用户传送一些文件，而不允许传送其他文件。

数据包过滤系统不能识别数据包中的用户信息，同样数据包过滤系统也不能识别数据包中的文件信息。包过滤系统的主要特点是允许用户在一台机器上提供对整个网络的保护。以 Telnet 为例，假定不让客户使用 Telnet，而将网络中现有机器上的 Telnet 服务关闭，作为系统管理员在现有的条件下可以做到，但是这样并不能保证在网络中新增机器时，新机器的 Telnet 服务也被关闭，或其他用户永远不再重新安装 Telnet 服务。如果有了包过滤系统，由于只要在包过滤中对此进行设置，也就不存在机器中的 Telnet 服务是否关闭与安装的问题了。

路由器为所有进出网络的数据流提供了一个有用的阻塞点，而有关保护只能由网络中特定位置的过滤路由器来提供。比如，考虑这样的安全规则，让网络拒绝任何含有内部邮件的包——就是那种看起来好像来自于内部主机而其实是来自于外部网的包，入侵者总是利用这种源地址伪装包把它们伪装成来自于内部网。使用包过滤路由器实现所设计的安全规则，唯一的方法是通过参数网络上的包过滤路由器。只有处在这种位置上的包过滤路由器才能通过查看包的源地址，辨认出这个包到底是来自于内部网还是来自于外部网，如图 6-10 所示。

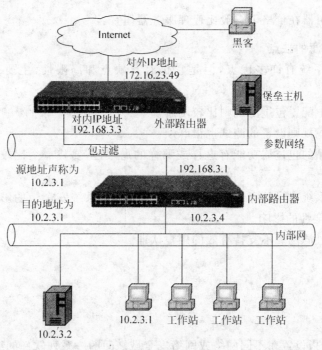

图 6-10　源地址伪装

6.5.4 数据包过滤的优缺点

1. 数据包过滤的优点

数据包过滤方式有许多优点,其中一个优点是仅用一个放置在重要位置上的包过滤路由器就可保护整个网络。如果站点与 Internet 间只有一台路由器,那么,不管站点的规模有多大,只要在这台路由器上设定合适的包过滤,站点就可以获得很好的网络安全保护。

包过滤不需要用户软件的支撑,也不要求对客户机做特别的设置,并且不必对用户做任何培训。当包过滤路由器允许包通过时,它看起来与普通路由器没有任何区别,用户甚至感觉不到包过滤功能的存在。只有包过滤路由器在执行有些包的禁入和禁出时,用户才认识到它与普通路由器的不同。包过滤对用户来讲是透明的,这种透明就是可在不要求用户做任何操作的前提下完成包过滤。

数据包过滤的主要优点有以下几个。

(1) 对于一个小型的、不太复杂的站点,包过滤比较容易实现。

(2) 因为过滤路由器工作在 IP 层和 TCP 层,所以处理包的速度比代理服务器快。

(3) 过滤路由器为用户提供了一种透明的服务,用户不需要改变客户端的任何应用程序,也不需要用户学习任何新的东西。因为过滤路由器工作在 IP 层和 TCP 层,而 IP 层和 TCP 层与应用层的问题毫不相关,所以,过滤路由器有时也被称为"包过滤网关"或"透明网关",之所以被称为网关,是因为包过滤路由器和传统路由器不同,它涉及传输层。

(4) 过滤路由器在价格上一般比代理服务器便宜。

2. 数据包过滤的缺点

尽管包过滤系统有许多优点,但是它仍有其缺点和局限性,主要表现在以下几个方面。

(1) 在机器中配置包过滤规则比较困难。

(2) 对包过滤规则设置的测试也很麻烦。

(3) 许多产品的包过滤功能有这样或那样的局限性,要找一个比较完整的包过滤产品很难。

(4) 包过滤系统本身就存在某些缺陷,这些缺陷对系统安全性的影响要大大超过代理服务对系统安全性的影响。

(5) 一些包过滤网关不支持有效的用户认证。

习题六

一、判断题

1. 防火墙是指设置在不同网络或网络安全域之间的一系列软件的组合。　　(　　)

2. 在逻辑上,防火墙是一个分离器,一个限制器,也是一个分析器,有效地监控了内部网和 Internet 之间的特殊活动,保证了内部网络的安全。　　(　　)

3. 吞吐量是衡量防火墙性能的重要指标之一。吞吐量小就会造成新的网络瓶颈,以致影响到整个网络性能。 (　　)

4. 防火墙的时延能够体现处理数据的速度。其定义是:入口处输入帧最后一个比特到达至出口处输出帧的第一个比特输出所用的时间间隔。 (　　)

5. 网络服务访问策略是一种高级别的策略,用来定义允许的和明确拒绝的服务,包括提供这些服务的使用方法及策略的例外情况,而且还包括对拨号访问以及 SLIP/PPP 连接的限制。 (　　)

6. 防火墙的安全策略是防火墙系统的重要组成部分和灵魂,防火墙的设备是它的忠实执行者和体现者,二者可以兼顾。 (　　)

7. 所谓信任关系是这样一种情形,如果主体能够符合客体所假定的期望值,那么称主体对客体是信任的。 (　　)

8. 数据包过滤所涉及的协议是 TCP/IP。 (　　)

9. 数据包过滤是在 IP 层实现的,因此,它不可以用路由器完成。 (　　)

10. 在数据包过滤系统中,机器配置包过滤规则比较困难。 (　　)

二、填空题

1. 防火墙是一种高级 _____ 设备,置于 _____ 安全域之间的一系列部件的 _____,它是不同网络安全域间 _____ 的唯一 _____,能根据企业有关的 _____ 控制出入网络的 _____。

2. 防火墙的工作原理是按照 _____ 的配置和 _____,监控所有通过防火墙的 _____,只允许 _____ 的数据通过,同时记录有关的 _____ 来源,服务器提供的 _____ 以及试图 _____ 的任何企图,以方便管理员的监测和跟踪,并且防火墙本身也必须 _____ 渗透。

3. 防火墙具有的主要功能有以下几个: _____ 功能、 _____ 功能、 _____ 功能、 _____ 功能、 _____ 功能、 _____ 功能、 _____ 功能。

4. 在选择防火墙时考虑的宏观因素大致可分为以下几个: _____ 因素、 _____ 因素、 _____ 因素、 _____ 因素、 _____ 因素、 _____ 因素、 _____ 因素等。

5. 用户权限策略是用来 _____ 用户使用 _____。用户权限一般有两类:第一类是对 _____ 用户的授权可应用于整个系统;第二类是对 _____ 的规定。

6. 在选择防火墙时考虑的性能因素大致可分为以下几个: _____ 因素、 _____ 因素、 _____ 因素、 _____ 因素、 _____ 因素。

7. 选择防火墙时有很多要考虑的因素,但最重要的是以下几个: _____ 因素、 _____ 因素、 _____ 因素、 _____ 因素、 _____ 因素、 _____ 因素、 _____ 因素、 _____ 因素、 _____ 因素等。

8. 包是 _____ 协议通信传输中的 _____ 单位,一般也称数据包。数据包是由 _____ 的协议组成的,在每一层,数据包都由 _____ 与数据 _____ 两部分组成。

9. 数据包因为过滤路由器工作在 _____ 层和 _____ 层,所以处理包的速度比 _____ 快。

10. 数据包过滤不需要 _____ 的支撑,也不要求对 _____ 做特别的设置,并且不必对用户做_____。当包过滤路由器_____通过时,它看起来与_____没有任何区别。

三、思考题

1. 简述防火墙的定义。

2. 简述防火墙的工作原理。

3. 简述防火墙的主要功能。

4. 简述防火墙的优缺点。

5. 简述选择防火墙时考虑的宏观因素。

6. 简述选择防火墙时考虑的管理因素。

7. 简述选择防火墙时考虑的性能因素。

8. 简述防火墙的分类。

9. 简述防火墙选择原则。

10. 简述防火墙的网络服务访问策略。

11. 简述防火墙的设计策略。

12. 简述防火墙的安全策略。

13. 简述数据包过滤的概念。

14. 简述数据包过滤的工作原理。

15. 简述数据包过滤的优缺点。

第 7 章

防火墙技术与应用

如今的防火墙是被用来保护计算机网络免受非授权人员的骚扰与黑客的入侵。防火墙犹如一道护栏隔在被保护的内部网与不安全的非信任网络之间,人们目前广泛使用的因特网便是世界上最大的不安全网络,近年来媒体报道的很多黑客入侵事件都是通过因特网进行攻击的。

防火墙可以是非常简单的过滤器,也可能是精心配置的网关,但它们的原理是一样的,都是监测并过滤所有内部网和外部网之间的信息交换。防火墙保护着内部网络敏感的数据不被偷窃和破坏,并记录内外通信的有关状态信息日志,如通信发生的时间和进行的操作等。本章主要介绍防火墙技术与应用,通过本章的学习,要求:

(1) 掌握防火墙的体系结构。

(2) 学会防火墙的典型应用。

(3) 掌握分布式防火墙的概念。

(4) 掌握个人防火墙的概念及设置。

7.1 防火墙体系结构

7.1.1 包过滤型结构

1. 结构

包过滤型结构是通过专用的包过滤路由器或是安装了包过滤功能的普通路由器来实现的。包过滤型结构对进出内部网络的所有信息进行分析,按照一定的安全策略对这些信息进行分析与限制,其结构如图 7-1 所示。

包过滤型防火墙作为内外连接的唯一通道,要求所有的报文都必须在此通过检查。路由器上安装有基于 IP 层的报文过滤软件,实现报文过滤功能。许多路由器本身带有报文过滤配置选项,但一般比较简单。单纯由过滤路由器构成防火墙的危险,包括路由器本身及路由器允许访问的主机等。

路由器是一种典型的网络层设备,在 OSI 参考模型之中被称为中介系统,完成网络层中继或第三层中继的任务。路由器负责在两个局域网的网络层间传输帧数据,转发帧时需要改变帧中的地址。

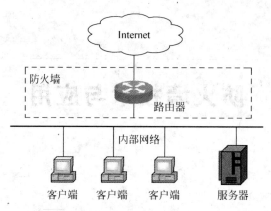

图 7-1　包过滤型结构防火墙

2．工作原理

路由器用于连接多个逻辑上分开的网络，所谓逻辑网络是指一个单独的网络或者一个子网。当要将数据从一个子网传输到另一个子网时，可通过路由器来完成。因此，路由器具有判断网络地址和选择路由的功能，它能在多网络互联环境中建立灵活的连接，可用完全不同的数据分组和介质访问方法连接各种子网，路由器只接收源站或其他路由器的信息，属于网络层的一种互联设备。它不关心各子网使用的硬件设备，但要求运行与网络层协议相一致的软件。

路由器分为本地路由器和远程路由器，本地路由器是用来连接网络传输介质的，如光纤、同轴电缆、双绞线；远程路由器是用来连接远程传输介质的，并要求采用相应的设备，如电话线要配调制解调器，无线路由器要通过无线接收机、发射机。一般来说，异种网络互联与多个子网互联都应采用路由器来完成。路由器的主要工作就是为经过路由器的每个数据帧寻找一条最佳传输路径，并将该数据有效地传送到目的站点。由此可见，选择最佳路径的策略即路由算法是路由器的关键所在。为了完成这项工作，在路由器中保存着各种传输路径的相关数据——路由表，供路由器选择路由时使用。路由表中保存着子网的标志信息、网上路由器的个数和下一个路由器的名字等内容。路由表可以是由系统管理员固定设置好的，也可以由系统动态修改，可以由路由器自动调整，也可以由主机控制。

（1）静态路由表

由系统管理员事先设置好固定的路由表称为静态路由表，一般是在系统安装时根据网络的配置情况预先设定的，它不会随未来网络结构的改变而改变。

（2）动态路由表

动态路由表是路由器根据网络系统的运行情况而自动调整的路由表。路由器根据路由选择协议提供的功能，自动学习和记忆网络运行情况，在需要时自动计算数据传输的最佳路径。

3．优点

包过滤型结构的优点如下所示。

（1）处理速度快、费用低且对用户透明。

（2）结构简单，便于管理。

4. 缺点

包过滤型结构的缺点如下所示。

（1）对包过滤的判断仅限于数据包的头信息，没有涉及包的内容与用户，因此它只能阻止少部分 IP 欺骗的数据包。

（2）日志功能有限，不能从日志中发现黑客的攻击记录。

（3）配置比较烦琐。

7.1.2　双宿网关结构

1. 结构

双宿主机是具有多个网络接口卡的主机，每个接口都可以和一个网络连接，因为它能在不同的网络之间进行数据交换，因此也称为网关。双宿网关结构是用一台装有两块网卡的主机作为防火墙，将外部网络与内部网络实现在物理上隔开，这台处于防火墙关键部位且运行应用级网关软件的计算机系统称为堡垒主机，如图 7-2 所示。

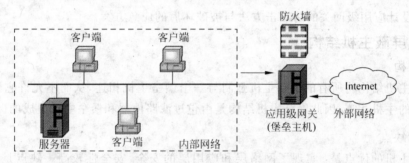

图 7-2　双宿网关结构防火墙

堡垒主机上运行新旧防火墙软件，可以转发应用程序、提供服务等。与包过滤型防火墙相比，作为堡垒主机的系统软件可用于维护系统日志、硬件复制日志或远程日志。堡垒主机可与内部网络系统通信，也可与外部网络系统通信。借助于双宿主机，防火墙内、外两网的计算机便可间接通信了。内、外网的主机不能直接交换信息，信息交换要由该双宿主机"代理"并"服务"，因此该主机也相当于代理服务器。所以，内部网络十分安全。内部主机通过双宿主机防火墙得到 Internet 服务，并由该主机集中进行安全检查和日志记录。双宿主机防火墙工作在 OSI 的最高层，掌握着应用系统中可用于安全决策的全部信息。

2. 工作原理

双宿网关是围绕着至少具有两个网络接口的双宿主机而构成的。双宿主主机内外的网络均可与双宿主机通信，但内外网络之间不可直接通信，内外部网络之间的 IP 数据流被双宿主机完全切断。双宿主机可以通过代理或让用户直接注册到其上来提供很高程度的网络控制。

双宿主机结构采用主机替代路由器执行安全控制功能，故类似于包过滤型防火墙。双宿主机是一台配有多个网络接口的主机，它可以用来在内部网络和外部网络之间进行寻径。如果在一台双宿主机中寻径功能被禁止了，则这个主机可以隔离与它相连的内部网络和外部网络之间的通信，而与它相连的内部和外部网络都可以执行由它所提供的网络应用,如果这个应用允许,它们就可以共享数据,这样就保证了内部网络和外部网络的某些节点之间可以通过双宿主机上的共享数据传递信息,但内部网络与外部网络之间却不能传递信息,从而达到保护内部网络的作用。它是外部网络用户进入内部网络的唯一通道,因此双宿主机的安全至关重要,它的用户口令控制是一个关键。

3. 优缺点

双宿网关结构的优点是:它的安全性较高。其缺点是:入侵者一旦得到了双宿网关的访问权,即可入侵内部网络,任何网上用户均可以随便访问内部网。

4. 注意事项

在设置该应用级网关时应该注意以下几点。

(1) 在该应用级网关的硬件系统上运行安全可信任的安全操作系统。

(2) 安全应用代理软件,保留 DNS、FTP、SMTP 等必要的服务,删除不必要的服务与应用软件。

(3) 设计应用级网关的防攻击方法与被破坏后的应急方案。

7.1.3 屏蔽主机结构

1. 结构

屏蔽主机结构将所有的外部主机强制与一个堡垒主机相连,从而不允许它们直接与内部网络的主机相连,因此屏蔽主机结构是由包过滤路由器和堡垒主机组成的。

2. 优缺点

屏蔽主机的优点是:实现了网络层和应用层的安全,安全性较高。缺点是:堡垒主机一旦被绕过,则堡垒主机和其他内部网络的主机之间没有任何保护网络安全的措施,内网将暴露。

3. 工作原理

屏蔽主机体系结构使用一个单独的路由器提供来自仅与内部网络相连的主机的服务。在这种体系结构中,主要的安全由数据包过滤提供(例如,数据包过滤用于防止人们绕过代理服务器直接相连)。

在屏蔽的路由器上的数据包过滤是按这样一种方法设置的,即堡垒主机是数据包过滤,允许堡垒主机开放,也允许连接到外部网络。

Internet 上的主机能连接到内部网络上的系统(例如,传送进来的电子邮件)。即使这样,也仅有某些确定类型的连接被允许。任何外部的系统试图访问内部的系统或者服务将必须连接到这台堡垒主机上。因此,堡垒主机需要提供高等级的安全性。

(1) 允许其他的内部主机为了获得某些服务与 Internet 上的主机连接(即允许那些已经由数据包过滤的服务)。

(2) 不允许来自内部主机的所有连接(强制那些主机经由堡垒主机使用代理服务)。

Internet 向内部网的移动使得它的设计比没有外部数据包能到达内部网络的双宿主机体系结构似乎更冒风险。实际上双宿主机体系结构在防备数据包从外部网络穿过内部网络时也容易失败(因为这种失败类型是完全出乎预料的,不大可能防备黑客侵袭)。进而言之,保护路由器比保护主机容易实现,因为它提供非常有限的服务组。在多数情况下,屏蔽主机体系结构能提供比双宿主机体系结构更好的安全性和可用性。

4. 数据包转发过程

屏蔽主机结构中包过滤路由器的数据包转发过程如图 7-3 所示。

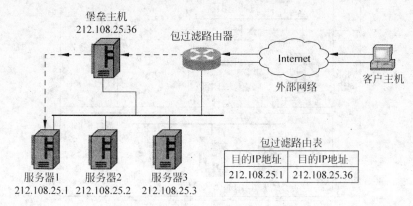

包过滤路由表	
目的IP地址	目的IP地址
212.108.25.1	212.108.25.36

图 7-3 包过滤路由器的数据包转发过程

假设外部某主机想要访问内部网络某个 IP 地址为 212.108.25.1 的服务器,该主机发送了一个请求包。该请求包被包过滤路由器接收到以后,先从数据包中得到目的地址,检查这个 IP 地址是否合法,如果合法,再查询转发路由表,假设得到的该 IP 地址相应的转发目的地址即为 IP 地址为 212.108.25.36 的堡垒主机,则将该数据包转发到这个堡垒主机,通过其判断这个请求的主机是否是该服务器的合法用户。如果合法,则将该请求数据包转发给该服务器。这个数据包实际的转发路径应为"客户主机→包过滤路由器→堡垒主机→被请求的服务器"。如果内部网络的主机要访问外部网络的服务器,也要经过堡垒主机与包过滤路由器的检查。

7.1.4 屏蔽子网结构

1. 结构

屏蔽子网结构使用了两个屏蔽路由器和两个堡垒主机。在该系统中,从外部包过滤路由器开始的部分是由网络系统所属的单位组建的,属于内部网络,也称为"DMZ 网络"。外部包过滤路由器与外部堡垒主机构成了防火墙的过滤子网;内部包过滤路由器和内部堡垒主机则用于对内部网络进行进一步的保护。屏蔽子网结构如图 7-4 所示。

2. 工作原理

(1) 添加额外的安全层

屏蔽子网防火墙技术是指在被屏蔽子网体系结构中再添加额外的安全层到屏蔽主机体系结构中,也就是通过添加周边网络更进一步地把内部网络与因特网(或其他外部网络)隔离开来。

(2) 同时使用两个屏蔽路由器

屏蔽子网体系结构最简单的形式是同时使用两个屏蔽路由器,每一个都连接到周边网络上。一个位于周边网络与内部网络之间,另一个位于周边网络与外部网络(通常为因

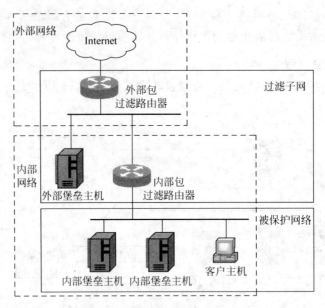

图 7-4　屏蔽子网结构防火墙

特网)之间。

(3) 把双端主机放在这一子网内

屏蔽子网防火墙把双端主机放在这一子网内,用包过滤型路由器使这个子网与内部网络分开。在许多屏蔽子网防火墙的实现中,两个包过滤型路由器放在子网的两端,在子网内构成了一个"非军事区"(DMZ),像万维网和文件传送协议(FTP)这样的因特网服务器一样就放在 DMZ 中。文件传送协议是计算机网络上主机之间传送文件的一种服务协议。文件传送协议是一种因特网通信协议,用户利用文件传送协议可以在因特网的主机之间传送文件,可以实现文件信息资源共享,是因特网上应用较多的一项服务。

(4) 堡垒主机

在屏蔽主机防火墙和屏蔽子网防火墙这两种网络安全方案中,双端主机必须有高度的安全性能,能够抵抗来自外部的各种攻击,因此有的文献也把它称为堡垒主机。这个主机和包过滤型系统共同构成了整个防火墙的安全基础,数据在通过这个快速的包过滤型系统时可以进行详细的记录和审计。

(5) 内部包过滤路由器

内部包过滤路由器也称为阻塞路由器,用于保护内部的网络使之免受 Internet 和周边网络的侵犯。

内部包过滤路由器为用户的防火墙执行大部分的数据包过滤工作。它允许从内部网到 Internet 的有选择的出站服务。内部路由器所允许的在堡垒主机和用户的内部网之间的服务可以不同于内部路由器所允许的在 Internet 和用户的内部网之间的服务。限制堡垒主机和内部网之间服务的理由是减少堡垒主机被攻破时对内部网的危害。

(6) 外部包过滤路由器

外部包过滤路由器有时也称为不访问路由器,保护周边网和内部网使之免受来自

Internet 的侵犯。实际上,外部包过滤路由器倾向于允许几乎任何数据从周边网出站,并且它们通常只执行非常少的数据包过滤。保护内部机器的数据包过滤规则在内部路由器和外部路由器上基本上应该是一样的,如果在规则中允许侵袭者访问的错误,错误就可能出现在两个路由器上。

外部路由器一般由外部群组构成,并使用一些通用型数据包过滤规则来维护路由器,但是不愿意使用维护复杂或者频繁变化的规则组。

外部路由器能有效地执行的安全任务之一是,阻止从 Internet 上伪造源地址进来的任何数据包,这样的数据包自称来自内部的网络,但实际上是来自 Internet。

3. 优点

屏蔽子网结构的优点是:支持网络层和应用层的安全功能。

7.2 防火墙的应用

在计算机网络管理中,防火墙是一种非常有效的安全解决方案,它可以为用户提供一个相对安全的网络环境。但是,并不是说防火墙在安全管理中是万能的,采用了防火墙的网络同样会存在一些安全漏洞和隐患。

7.2.1 控制因特网用户对内部网络的访问

这是一种应用最广,也是最重要的防火墙应用环境。在这种应用环境下,防火墙主要保护内部网络不遭受因特网用户(主要是指非法的黑客)的攻击。目前绝大多数企业,特别是中小型企业,采用防火墙就是为了这种目的,其结构图如图 7-5 所示。

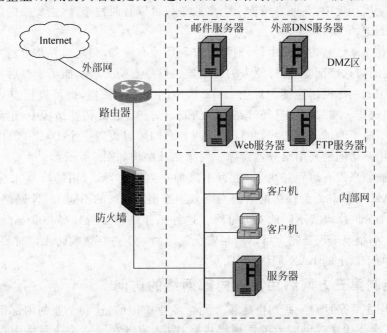

图 7-5　防火墙应用之一

在一般情况下防火墙网络可划分为 3 个不同级别的安全区域。

1. 内部网络

内部网络是防火墙重点保护的对象,包括全部的企业内部网络设备及用户主机。这个区域是防火墙的可信区域。

2. 外部网络

外部网络也是防火墙要防护的对象,包括外部因特网主机和设备。这个区域是防火墙的非可信网络区域。

3. DMZ(非军事区)

DMZ 是从企业内部网络中划分的一个小区域,包括内部网络中用于公众服务的外部服务器,如 Web 服务器、邮件服务器、FTP 服务器、外部 DNS 服务器等,它们都是用于为因特网提供某种信息服务的。

在以上 3 个区域中,用户需要对不同的安全区域应用不同的安全策略。虽然内部网络和 DMZ 区都属于企业内部网络的一部分,但它们的安全级别是不同的。对于要保护的大部分内部网络,在一般情况下禁止所有来自因特网用户的访问,而由企业内部网络划分出去的 DMZ 区,因需为因特网应用提供相关的服务,所以在一定程度上,没有内部网络限制那么严格,如 Web 服务器通常允许任何人进行正常的访问。

另外,建议通过 NAT(网络地址转换)技术将受保护的内部网络的全部主机地址映射成防火墙上设置的少数几个有效公网 IP 地址。这样做有两个好处:一则可以对外屏蔽内部网络构和 IP 地址,保护内部网络的安全;二则因为是公网 IP 地址共享,所以可以大大节省公网 IP 地址的使用,从而可以节省企业投资成本。

在这种应用环境中,在网络结构上企事业单位可以有两种选择,主要根据单位原有网络设备情况而定。

如果企业原来已有边界路由器,则可充分利用原有设备,利用边界路由器的包过滤功能,添加相应的防火墙配置,这样原来的路由器也就具有防火墙功能了。然后再利用防火墙与需要保护的内部网络连接。对于 DMZ 区中的公用服务器,则可直接与边界路由器相连,不用经过防火墙。它可只经过路由器的简单防护。在此拓扑结构中,边界路由器与防火墙一起组成了两道安全防线,并且在这两者之间可以设置一个 DMZ 区,用来放置那些允许外部用户访问的公用服务器设施。网络拓扑结构如图 7-6 所示。

如果企业原来没有边界路由器,也可不添加边界路由器,仅由防火墙来保护内部网络。此时 DMZ 区域和需要保护的内部网络分别连接防火墙的不同 LAN 网络接口,因此需要对这两部分网络设置不同的安全策略。这种拓扑结构虽然只有一道安全防线,但对于大多数中、小企业来说是完全可以满足安全需求的。不过在选购防火墙时要注意,防火墙一定要有两个以上的 LAN 网络接口。

7.2.2 控制第三方网络用户对内部网络的访问

这种应用主要是针对一些规模比较大的企事业单位的,这些企业的内部网络通常要与分支机构、合作伙伴或供应商的局域网进行连接,或者在同一企业网络中存在多个子网。在这种应用环境下,防火墙主要限制第三方网络对内部网络的非授权访问,可以采用

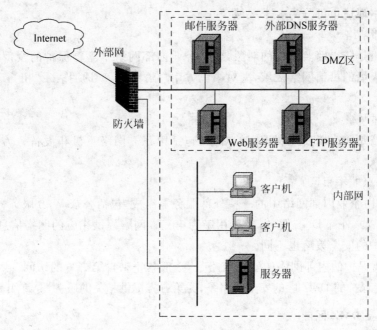

图 7-6 防火墙应用之二

以下几种方案。

1. 需要 DMZ 区域

这种情况是企业需要为第三方网络提供一些公用服务器,供日常访问,其结构如图 7-7 所示。

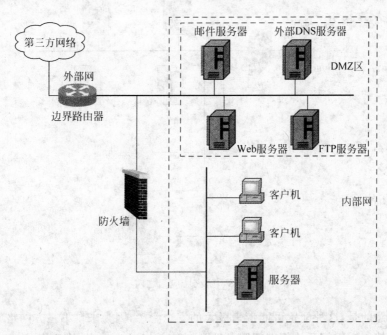

图 7-7 防火墙应用之三

这种网络环境也可分为 3 个区域。

（1）内部网络

内部网络是防火墙要保护的对象，包括企业内部网络中需要保护的全部设备和用户主机。为防火墙的可信网络区域，需对第三方用户透明隔离（透明表示"相当于不存在的"的意思）。

（2）外部网络

外部网络是防火墙要限制访问的对象，包括第三方网络主机和设备。为防火墙的非可信网络区域。

（3）DMZ（非军事区）

DMZ 是由企业内部网络中的一些外部服务器组成，包括公众 Web 服务器、邮件服务器、FTP 服务器、外部 DNS 服务器等，用于为第三方网络提供相应的网络信息服务。

需要保护的安全策略也不同。

（1）需要保护的内部网络的安全策略是，一般禁止来自第三方的访问。

（2）需要保护的 DMZ 区的安全策略是，为第三方提供相关的服务，允许第三方的访问。

2. 不需要 DMZ 区域

在这种情况下，整个网络就只包括内部网络和外部网络两个区域。某些需要向第三方网络提供特殊服务的服务器或主机与需要保护的内部网络通过防火墙的同一 LAN 接口连接，作为内部网络的一部分，通过防火墙配置只对第三方开放内部网络中特定的服务器/主机资源。网络拓扑结构如图 7-8 所示。

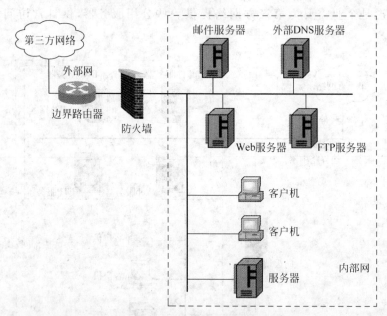

图 7-8　防火墙应用之四

需要注意的是，这种配置可能带来极大的安全隐患，因为来自第三方网络中的攻击者可能破坏和控制对它们开放的内部服务器/主机，并以此为据点，进而破坏和攻击内部网络中的其他主机/服务器等网络资源。

7.2.3 控制内部网络的几种方法

1. 控制内部网络对不同部门的访问

这种应用环境就是在一个企业内部网络之间,对一些安全敏感的部门进行隔离保护。通过防火墙保护内部网络中敏感部门的资源不被非法访问。这些所谓的"敏感部门"通常是指人事部门、财务部门和市场部门等,在这些部门网络主机中的数据对于企业来说是非常重要的,它的工作不能完全离开企业网络,但其中的数据又不能随便供网络用户访问。这时有几种解决方案,通常是采用 VLAN 配置,但这种方法需要配置 3 层以上的交换机,同时配置方法较为复杂。另一种有效的方法就是采用防火墙进行隔离,在防火墙上进行相关的配置(比起 VLAN 来简单许多)。通过防火墙隔离后,尽管同属于一个内部局域网,但是其他用户的访问都需要经过防火墙的过滤,只有符合条件的用户才能访问。这类防火墙通常不仅通过包过滤来筛选数据包,而且还要对用户身份的合法性(在防火墙中可以设置允许哪些用户访问)进行识别。通常为自适应代理服务器型防火墙,这种防火墙方案还可以有日志记录功能,对网络管理员了解网络安全现状及进行改进非常重要。这种防火墙的网络拓扑结构如图 7-9 所示。

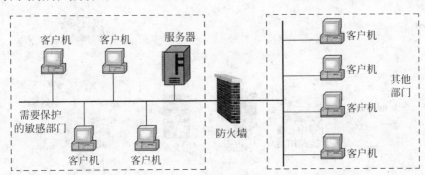

图 7-9 防火墙应用之五

2. 控制对服务器中心的网络访问

这种应用环境就是对于一个服务器中心,比如主机托管中心,其众多服务器需要对第三方(合作伙伴、因特网用户等)开放,但是所有这些服务器分别属于不同用户所有,其安全策略也各不相同。如果把它们都定义在同一个安全区域中,显然不能满足各用户的不同需求,这时就得分别设置。要按不同安全策略保护这些服务器,可采用以下两种方法。

(1) 为每个服务器单独配置一个独立的防火墙,如图 7-10 所示。

这种方案是一种最直接、最传统的方法,其优点是简单、方便、容易实现,但缺点是成本过高,管理过难。

(2) 采用虚拟防火墙方式,网络拓扑结构如图 7-11 所示。这主要是利用三层交换机的 VLAN(虚拟局域网)功能,先将每一台连接在三层交换机上的用户服务器所连接的网络配置成一个单独的 VLAN 子网,然后通过高性能防火墙对 VLAN 子网进行配置,就相当于将一个高性能防火墙划分为多个虚拟防火墙。

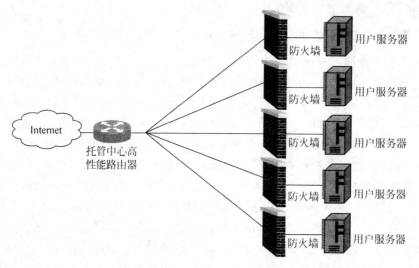

图 7-10   防火墙应用之六

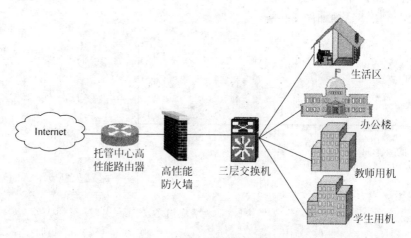

图 7-11   防火墙应用之七

三层交换机是具有部分路由器功能的交换机,三层交换机最重要的作用是加快大型局域网内部的数据交换,所具有的路由功能也能起到这个作用,能够做到一次路由,多次转发。对于数据包转发等规律性的过程由硬件高速实现,而像路由信息更新、路由表维护、路由计算、路由确定等功能,由软件实现。

这种方案的优点是投入成本低、使用方便、管理容易,但缺点是配置复杂,初次安装调试难度过大。

7.2.4   中小企业防火墙的典型应用

1. 防火墙典型应用体系结构

企业一般通过专线方式接入公网,获得公网地址,企业也架设了 Web、E-mail 服务器,满足宣传业务、网络通信的需求。目前企业面临的问题有以下几种。

(1) 公网地址太少,无法满足企业内部员工上网需要。

（2）企业架设的应用服务器面临来自公网和企业内部的攻击。

为了解决以上问题，可以采用防火墙，其结构体系如图 7-12 所示。

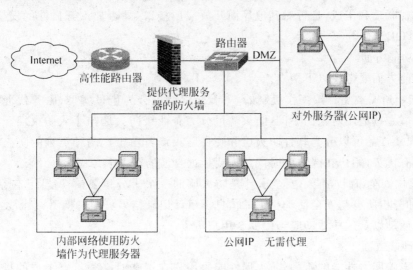

图 7-12　中小企业防火墙使用结构体系

将有限的公网地址分配给企业面向公网的服务器和少数员工，其他员工上网采用私网地址，通过代理或 NAT 后进入公网。企业的应用服务器面临着潜在的攻击威胁，可将服务器放入 DMZ 区（又称隔离区），这样既提供了外界访问的通路，又可以隔离来自外部的攻击。

2. 选择防火墙的策略

（1）产品方面

选择产品时要考虑以下几点。

① 考查开发商实力。在购买产品前应首先考查开发团队的规模和人员结构，开发时间，产品线组成，公司的规模、信誉度、经营历史，该产品的销售记录，并通过多种渠道了解产品的应用状况。

② 考查产品认证。在选择产品时，要注意检查所购产品通过了哪些认证，而且在可能的情况下，要向厂商索取测试文档，以便确切了解产品的各项指标，作为产品选型的依据。目前主要的认证有 4 种：中国信息安全产品测评认证中心的认证（针对企业应用）、国家保密局测评认证中心的认证（针对政府涉密网应用）、公安部计算机信息安全产品质量监督检验中心（获得销售许可）以及中国人民解放军信息安全测评认证中心（针对军队使用）。

③ 考查厂商服务。在购买产品前，不仅要询问厂商是否具备技术支持电话和网上在线支持，是否能对产品的安装、配置及使用予以明确指导，更为重要的是考查厂商的快速响应能力，即一旦使用中遇到用户解决不了的问题或故障时，厂商能否及时响应、快速解决问题。

④ 考查与其他产品的互融和开放性。网络安全不是一两个厂商的一两个产品就能

解决的问题,因此,如何保证网络中的多个安全产品能够很好地共融、联动、集成,就成为保护用户投资的非常重要的因素。在产品选型时,需要考查该产品能够与哪些厂商的哪些产品实现联动和集成,是否对其他厂商开放应用接口,是否加入开放性的安全联盟,如OPSEC、TOPSEC 等。

(2) 功能方面

在功能方面要考虑以下两点。

① 确定所需类型。按工作机制的不同,防火墙可分为包过滤型、服务代理型以及复合型防火墙。按适用对象的不同,防火墙可分为企业级防火墙与个人防火墙。按平台的不同,防火墙产品可以分为软件防火墙和硬件防火墙。由于这两种类型的防火墙在不同的方面各有优势,用户在选购的时候还需要根据自己的需求来考虑。

② 提供安全审计功能。安全审计是防火墙的一个十分重要的功能,它包括识别、记录、存储和分析所有与安全活动相关的信息。审计记录结果可用来检测、判断发生了哪些安全相关活动以及这些活动应当由哪个用户负责。

(3) 性能方面

作为影响网络性能的瓶颈,防火墙性能是用户在选购时必须重点考查的指标。一般的衡量指标主要包括最大吞吐量、延迟、转送速率、丢包率、缓冲能力以及访问控制规则对防火墙性能的影响。吞吐量指防火墙在不丢包的情况下能够达到的最大速率,通常将它作为衡量防火墙性能的最重要的指标,人们所说的百兆防火墙、千兆防火墙都是根据吞吐量来衡量的。对性能的考查需要进行专业的测试,用户在购买产品时听取厂商关于其产品性能的介绍只是一个方面,更为重要的还是权威测评机构出具的性能测试报告。

(4) 安全方面

防火墙作为一种安全防护设备,在网络中是众多攻击者的目标,故其自身的安全性十分重要。

① 支撑平台。在选购时应考查防火墙的支撑平台,一般来说,防火墙至少应构建于安全操作系统之上,有些产品采用的专用操作系统甚至是专用的硬件平台,其安全性可以得到更好的保证。

② 抗攻击性。防火墙的抗攻击性不容忽视。防火墙应能抵御以下类型的攻击:拒绝服务攻击、预攻击扫描、IP 假冒攻击、邮件攻击、口令字攻击、抗扫描等。

③ 防火墙自身的安全。为了防止冒用,防火墙应该采取密码、电子钥匙等设置,并采用强用户认证机制,即管理员必须通过双因子认证才能登录,对配置和访问权限进行修改。同时,管理主机与防火墙之间的通信一般采用加密传输。好的防火墙应具有双机备份功能,在实现上不应存在高中风险的安全漏洞。

7.3 分布式防火墙

7.3.1 分布式防火墙概述

1. 分布式防火墙

随着防火墙技术的发展及应用需求的提高,原来作为单一主机的防火墙现在已发生了许多变化。最明显的变化就是现在许多中、高档的路由器中已集成了防火墙功能,还有的防火墙已不再是一个独立的硬件实体,而是由多个软、硬件组成的系统,这种防火墙俗称为"分布式防火墙"。

2. 传统防火墙的缺陷

传统的网络防火墙存在着以下不足之处。

(1) 无法检测加密的 Web 流量

目前对于一个门户网站来说,希望所有的网络层和应用层的漏洞都被屏蔽在应用程序之外,这对于传统的网络防火墙而言是很难做到的。

由于加密的 SSL 流中的数据对于网络防火墙是不可见的,防火墙无法迅速截获 SSL 数据流并对其解密,因此无法阻止应用程序的攻击,甚至有些网络防火墙根本就不提供数据解密的功能。

(2) 普通应用程序加密后,也能轻易避开防火墙的检测

网络防火墙无法看到的不仅仅是 SSL 加密的数据,对于加密的应用程序数据,同样也看不见。在如今大多数网络防火墙依赖的是静态的特征库,与入侵监测系统(Intrusion Detect System,IDS)的原理类似。只有当应用层攻击行为的特征与防火墙的数据库中已有的特征完全匹配时,防火墙才能识别和截获攻击数据。

如今只要采用常见的编码技术,就能够将恶意代码和其他攻击命令隐藏起来,转换成某种形式,既能欺骗前端的网络安全系统,又能够在后台服务器中执行。这种加密后的攻击代码,只要与防火墙规则库中的规则不一样,就能够躲过网络防火墙,成功避开特征匹配。

(3) 结构性限制

传统防火墙的工作机理依赖于网络的物理拓扑结构。但随着越来越多的企业利用因特网构架自己的跨地区网络,包括家庭移动办公和服务器托管等越来越普遍,所谓内部企业网已经是一个逻辑的概念。另外,电子商务的应用要求商务伙伴之间在一定权限下进入到彼此的内部网络,所以说,企业网的边界已经是一个逻辑的边界,物理的边界日趋模糊,边界防火墙的应用受到了越来越多的结构性限制。

(4) 内部安全

传统防火墙设置安全策略的一个基本假设是:网络的一边即外部的所有人是不可信任的,另一边即内部的所有人是可信任的。但在实际环境中,据统计,80%的攻击和越权访问来自于内部,也就是说,边界防火墙在对付网络安全的主要威胁来自于内部时束手无策。

(5) 效率和故障

传统防火墙把检查机制集中在网络边界处的单点上,产生了网络的瓶颈问题,这也是目前防火墙用户在选择防火墙产品时不得不首先考查其检测效率的原因。对传统防火墙来说,针对不同的应用和多样的系统要求,不得不经常在效率和可能冲突的安全策略之间权衡利害取得折中方案,因而产生了许多策略性的安全隐患。

(6) 无法扩展深度检测功能

基于传统的防火墙,如果希望只扩展深度检测功能,而没有相应增加网络性能,是不

行的。真正的针对所有网络和应用程序流量的深度检测功能,需要相当强大的处理能力,以完成大量的计算任务,包括 SSL 加密/解密功能、完全的双向有效负载检测、确保所有合法流量的正常化、广泛的协议性能等。这些任务,在基于标准 PC 的硬件上是无法高效运行的,虽然一些网络防火墙供应商采用的是基于 ASIC 的平台,但通过进一步研究就能发现,旧的基于网络的 ASIC 平台对于新的深度检测功能是无法支持的。

3. 分布式防火墙的产生

为了克服传统防火墙的种种缺陷而产生了"分布式防火墙",英文名为 Distributed Firewalls。它是在传统防火墙的基础上开发的,但目前主要是以软件形式出现的,也有一些国际著名网络设备开发商(如 3COM、Cisco 等)开发生产了集成分布式防火墙技术的硬件分布式防火墙,开发了嵌入式防火墙 PCI 卡或 PC 卡,但负责集中管理的还是一个服务器软件。因为将分布式防火墙技术集成在硬件上,所以通常称为"嵌入式防火墙",其实其核心技术就是"分布式防火墙"技术。

分布式防火墙是一种主机驻留式的安全系统,用以保护企业网络中的关键节点服务器、数据及工作站免受非法入侵的破坏。分布式防火墙通常是内核模式应用,它位于操作系统 OSI 栈的底部,直接面对网卡,它们对所有的信息流进行过滤与限制,无论是来自 Internet 的,还是来自内部网络的。

分布式防火墙把 Internet 和内部网络均视为"不友好的"。它们对个人计算机进行保护的方式如同边界防火墙对整个网络进行保护一样。对于 Web 服务器来说,分布式防火墙进行配置后能够阻止一些非必要的协议,如 HTTP 和 HTTPS 之外的协议通过,从而阻止了非法入侵的发生,同时还具有入侵检测及防护功能。

分布式防火墙克服了操作系统所具有的已知及未知的安全漏洞,如服务否认、应用及口令攻击,从而使操作系统得到强化。分布式防火墙对每个服务器都能进行专门的保护。系统管理员能够将访问权限只赋予服务器上的应用所使用的必要的端口及协议,如 HTTP、HTTPS、80 端口、443 端口等。

7.3.2 分布式防火墙的特点

1. 特点

在新的安全体系结构下,分布式防火墙代表了新一代防火墙技术的潮流,它可以在网络的任何交界和节点处设置屏障,从而形成了一个多层次、多协议,内外皆防的全方位安全体系。它主要有以下几个特点。

(1) 增强系统的安全性

分布式防火墙增加了针对主机的入侵检测和防护功能,加强了对来自内部攻击的防范,可以实施全方位的安全策略。

在传统边界式防火墙应用中,企业内部网络非常容易受到有目的的攻击,攻击者一旦接入了企业局域网内的某台计算机,并获得这台计算机的控制权,它们便可以利用这台机器作为入侵其他系统的跳板。而最新的分布式防火墙将防火墙功能分布到网络的各个子网、桌面系统、笔记本电脑以及服务器 PC 上。分布于整个公司内的分布式防火墙使用户可以方便地访问信息,而不会将网络的其他部分暴露在潜在非法入侵者面前。凭借这种端到端的安全性能,用户通过内部网、外联网、虚拟专用网及远程访问所实现的与企业的互联不再有任何区别。

分布式防火墙还可以使企业避免发生由于某一个端点系统的入侵而导致向整个网络蔓延的情况发生,同时也使通过公共账号登录网络的用户无法进入那些限制访问的计算机系统。

(2) 提高了系统的性能

分布式防火墙可以针对各个服务器及终端计算机的不同需要,对防火墙进行最佳配置,配置时能够充分考虑到这些主机上运行的应用,可在保障网络安全的前提下大大提高网络运转效率。

(3) 提高了系统的可扩展性

分布式防火墙随系统扩充提供了安全防护无限扩充的能力。因为分布式防火墙分布在整个企业的网络或服务器中,所以它具有无限制的扩展能力。随着网络的增大,它们的处理负荷也在网络中进一步分布,因此它们的高性能可以持续保持,而不会像边界式防火墙一样随着网络规模的增大而不堪重负。

(4) 支持 VPN 通信

分布式防火墙最重要的特点在于,它能够保护物理拓扑上不属于内部网络,但位于逻辑上的“内部”网络中的那些主机,这种需求随着 VPN 的发展越来越多。对这个问题的传统处理方法是将远程“内部”主机和外部主机的通信依然通过防火墙隔离来进行控制,而远程“内部”主机和防火墙之间采用“隧道”技术保证安全性,这种方法使原本可以直接通信的双方必须绕经防火墙,不仅效率低而且增加了防火墙过滤规则设置的难度。与之相反,分布式防火墙的建立本身就是基本逻辑网络的概念,因此对它而言,远程“内部”主机与物理上的内部主机没有任何区别,它从根本上防止了这种情况的发生。

2. 功能

分布式防火墙具有以下几个主要功能。

(1) Internet 访问控制

能够依据工作站名称、设备指纹等属性,使用 Internet 访问规则,控制该工作站或工作站组在指定的时间段内允许/禁止访问模板或网址列表中所规定的 Internet Web 服务器,某个用户可否基于某工作站访问 WWW 服务器,同时当某个工作站/用户达到规定流量后确定是否断网。

(2) 应用访问控制

通过对网络通信从数据链路层、网络层、传输层到应用层基于源地址、目标地址、端口、协议的逐层包过滤与入侵监测,控制来自局域网/Internet 的应用服务请求,如 SQL 数据库访问、IPX 协议访问等。

(3) 网络状态监控

实时动态报告当前网络中所有的用户登录、Internet 访问、内网访问、网络入侵事件等信息。

(4) 黑客攻击的防御

抵御包括 Smurf 拒绝服务攻击、ARP 欺骗式攻击、Ping 攻击、Trojan 木马攻击等在内的近百种来自网络内部以及来自 Internet 的黑客攻击手段。

（5）日志管理

日志管理包括对工作站协议规则日志、用户登录事件日志、用户 Internet 访问日志、指纹验证规则日志、入侵检测规则日志的记录与查询分析。

（6）系统工具

系统工具用于系统层参数的设定、规则等配置信息的备份与恢复、流量统计、模板设置、工作站管理等。

7.3.3　分布式防火墙的体系结构

分布式防火墙与传统的边界防火墙不同，它要负责对网络边界、各子网和网络内部各节点的安全防护，所以"分布式防火墙"是一个完整的系统，而不是单一的产品。根据其所需完成的功能，新的防火墙体系结构包含如下部分。

1. 网络防火墙

网络防火墙（Network Firewall）是用于内部网与外部网之间，以及内部网各子网之间的防护产品。与传统边界防火墙相比，它多了一种用于对内部子网的安全防护层，这样整个网络间的安全防护体系就显得更加安全可靠，不过在功能上与传统的边界式防火墙类似。这一部分有的公司采用的是纯软件方式，而有的公司可以提供相应的硬件支持。

2. 主机防火墙

主机防火墙（Host Firewall）作用在同一内部子网的工作站与服务器之间，以确保内部网络服务器的安全。这也是传统边界式防火墙所不具有的，是对传统边界式防火墙在安全体系方面的一个完善。

主机防火墙驻留在主机中，负责策略的实施。它对网络中的服务器和桌面机进行防护，这些主机的物理位置可能在内部网中，也可能在内部网外（如托管服务器或移动办公的便携机）。

（1）主机驻留

主机防火墙驻留在被保护的主机上。该主机以外的网络（内部网或外部网）都认为是不可信任的，因此可以针对该主机上运行的具体应用和对外提供的服务来设定针对性很强的安全策略，从而使安全策略从网络与网络之间推广延伸到每个网络末端。

（2）嵌入操作系统内核

由于操作系统自身存在许多安全漏洞，运行在其上的应用软件无一不受到威胁。主机防火墙也运行在该主机上，所以其运行机制是主机防火墙的关键技术之一。为自身的安全和彻底修复操作系统的漏洞，主机防火墙的安全监测核心引擎要以嵌入操作系统内核的形态运行，直接接管网卡，在对所有数据包进行检查后再提交给操作系统，以杜绝隐患。

（3）类似于个人防火墙

针对桌面应用的主机防火墙与个人防火墙有相似之处，如它们都对应个人系统，但其差别又是本质性的。首先，管理方式不同，个人防火墙的安全策略由系统使用者自己设置,别人不能干涉,其目的是防止外部攻击,主机防火墙的安全策略必须由管理员统一安排和设置,除了对该桌面机起到保护作用外,还可以对该桌面机的对外访问加以控制。其次,个人防火墙面向个人用户,主机防火墙则面向企业级客户。

3. 中心管理软件

中心管理(Central Management)软件是一个服务器软件,负责总体安全策略的策划、管理、分发及日志的汇总。这是防火墙新的管理功能,是以前传统边界防火墙所不具有的。

对于分布式防火墙系统,由于在结构上不再依赖拓扑结构,因此系统的规模伸缩性很大,这就决定了分布式防火墙系统策略管理模型必须适应这一需求,所构造的系统必须具有良好的伸缩性,这样防火墙就可进行智能管理,提高了防火墙的安全防护灵活性,具备可管理性。

7.3.4 分布式防火墙的应用

一个典型的分布式防火墙系统一般由 3 部分组成:网络防火墙、主机防火墙和中心策略服务器,其网络拓扑结构如图 7-13 所示。

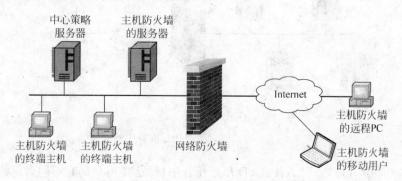

图 7-13 典型的分布式防火墙网络拓扑结构

在分布式防火墙工作时,首先由制定防火墙接入控制策略的中心,通过编译器将策略语言的描述转换成内部格式,形成策略文件,然后策略中心采用系统管理工具把策略文件分发给各台"内部"主机,"内部"主机将从 IP 安全协议和策略文件两个方面来判断是否接受收到的数据包。

1. 策略语言

在中心策略服务器中用来说明哪些连接是允许的,哪些连接是禁止的,如 KeyNote 就是一种常用的策略描述语言。使用策略描述语言来制定策略,并编译成内部形式存储于策略数据库中,由系统管理工具将策略发布到各个终端,各终端根据这些策略对数据包进行过滤。

2. 系统管理工具

用来将形成的策略文件分发给被防火墙保护的所有主机。这里所说的防火墙并不是传统意义上的边界防火墙,而是逻辑上的分布式防火墙。

3. IP 安全协议

IPSec 是一种对 TCP/IP 协议族的网络加密保护机制，它为 IP 层提供了安全服务，用来保护一条或多条主机与主机之间、安全网关与安全网关之间、安全网关与主机之间的路径。IP 安全协议中的密码凭证为主机提供了可靠的、唯一的标志，并且与网络的物理拓扑结构无关，通常用密码凭证来标志各个主机。

4. 分布式防火墙在托管服务中的应用

因特网和电子商务的发展促进了因特网数据中心的迅速崛起，数据中心的主要业务之一就是提供服务器托管服务。对服务器托管用户而言，该服务器在逻辑上是企业网的一部分，不过在物理上并不在企业网内部。对于这种应用分布式防火墙就十分得心应手。用户只需在托管服务器上安装防火墙软件，并根据该服务器的应用设置安全策略，利用中心管理软件对该服务器进行远程监控即可。其体系结构如图 7-14 所示。

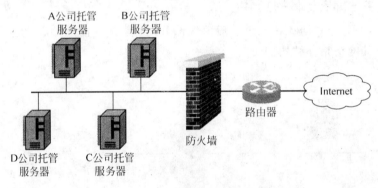

图 7-14 分布式防火墙在托管服务中的应用

从图 7-14 中可知，公司 A、B、C、D 都是托管用户，这些用户都有不同数量的服务器在数据中心托管，在服务器上也有不同的应用。如果托管用户希望把这些服务器的安全问题委托给数据中心专业的安全服务部门来负责，就可以与数据中心签订相应的安全服务保障合同。

数据中心的安全服务部门在需提供安全服务的服务器上安装一套 CyberwallPLUS-SV 主机防火墙产品，并根据用户具体应用要求设定相应的策略。对于安装了 CyberwallPLUS-CM 中心管理系统的管理终端，数据中心安全服务部门的技术人员可以对所有在数据中心委托安全服务的服务器的安全状况进行监控，并提供有关的安全日志记录。

7.4 防火墙安装与配置

7.4.1 防火墙安装与配置

1. 防火墙的网络接口

防火墙一般至少有 3 个网络接口，因此它至少可以与 3 个网络相连接。

（1）内网，内网一般包括企业的内部网络或内部网络的一部分。

（2）外网，外网指的是非企业内部的网络或 Internet，内网与外网之间进行通信，要通过防火墙来实现访问限制。

（3）DMZ（非军事化区），DMZ 是一个隔离的网络，可以在这个网络中放置 Web 服务器或 E-mail 服务器等，外网的用户可以访问 DMZ。

2. 防火墙的安装与初始配置

防火墙的安装与初始配置包括以下几个步骤。

（1）给防火墙加电使它启动。

（2）将防火墙的 Console 口连接到计算机的串口上，并通过 Windows 操作系统自带的超级终端进入防火墙的特权模式。

（3）配置 Ethernet 的参数。

（4）配置内外网卡的 IP 地址、指定外部地址范围和要进行转换的内部地址。

（5）设置指向内网与外网的默认路由。

（6）配置静态 IP 地址映射。

（7）设置需要控制的地址、所作用的端口和连接协议等控制选项，并设置允许 Telnet 远程登录防火墙的 IP 地址。

（8）保存所有的配置。

3. 防火墙的访问模式

以 Cisco PIX 系列的防火墙为例，它有 4 种访问模式，在不同的访问模式下可以对防火墙进行不同的配置与操作。

（1）非特权模式。防火墙启动开始自检时，即进入非特权模式，它的提示符为"pixfirewall ＞"。

（2）特权模式。在非特权模式下，输入命令 enable 即可进入特权模式，对防火墙的当前配置进行修改，它的提示符为"pixfirewall ♯"。

（3）配置模式。在特权模式下，输入命令 configure terminal 即可进入配置模式，对防火墙的大部分配置都在这个模式下进行，它的提示符为"pixfirewall(config) ♯"。

（4）监视模式。防火墙在开机或重启时，按住 Esc 键并发送 Break 命令即可进入监视模式，在该模式下可以对防火墙进行操作系统映像更新、口令恢复等操作，它的提示符为"monitor ＞"。

7.4.2 防火墙与路由器的安全配置

防火墙已经成为企业网络建设中的一个关键组成部分，但有很多用户认为网络中已经有了路由器，可以实现一些简单的包过滤功能，不再需要防火墙了。以下针对 NetEye 防火墙与业界应用最多、最具代表性的 Cisco 路由器在安全方面的对比，来阐述为什么用户网络中有了路由器后还需要防火墙。

1. 两种设备产生和存在的背景不同

（1）两种设备产生的根源不同

路由器是基于对网络数据包路由而产生的。路由器需要完成的是将不同网络的数据包进行有效的路由，至于为什么路由、是否应该路由、路由过后是否有问题等根本不关心，所关心的是：能否将不同网段的数据包进行路由从而进行通信。

防火墙产生于人们对安全性的需求。数据包是否可以正确到达、到达的时间、方向等不是防火墙关心的重点，重点是这个（一系列）数据包是否应该通过、通过后是否会对网络造成危害。

（2）根本目的不同

路由器的根本目的是保持网络和数据的"通"，而防火墙的根本目的是保证任何不允许的数据包"不通"。

2. 核心技术不同

Cisco 路由器核心的 ACL 列表是基于简单的包过滤，从防火墙技术实现的角度来说，NetEye 防火墙是基于状态包过滤的应用级信息流过滤。

3. 安全策略制定的复杂程度不同

路由器的默认配置对安全性的考虑不够，需要进行一些高级配置才能达到一些防范攻击的作用，安全策略的制定绝大多数都是基于命令行的，其针对安全性的规则的制定相对比较复杂，配置出错的概率较高。

NetEye 防火墙的默认配置可以防止各种攻击，达到即用即安全，安全策略的制定使用全中文的 GUI 的管理工具，其安全策略的制定人性化，配置简单，出错率低。

4. 对性能的影响不同

路由器是被设计用来转发数据包的，而不是专门设计作为全特性防火墙的，所以用于进行包过滤时，需要进行的运算非常复杂，对路由器的 CPU 和内存的需要都非常大，而路由器由于其硬件成本比较高，进行高性能配置时硬件的成本都比较高。

NetEye 防火墙的硬件配置非常高（采用通用的 Intel 芯片，性能高且成本低），其软件也为数据包的过滤进行了专门的优化，其主要模块运行在操作系统的内核模式下，在设计时特别考虑了安全问题，其进行数据包过滤的性能非常高。

由于路由器是简单的包过滤，包过滤的规则数的增加，NAT 的规则数的增加，对路由器性能的影响都相应地增加，而 NetEye 防火墙采用的是状态包过滤，包过滤的规则数、NAT 的规则数对性能的影响接近于零。

5. 审计功能的强弱差异巨大

路由器本身没有日志、事件的存储介质，只能通过采用外部的日志服务器（如 syslog、trap）等来完成对日志、事件的存储；路由器本身没有审计分析工具，对日志、事件的描述采用的是不太容易理解的语言；路由器对攻击等安全事件的响应不完整，对于很多的攻击、扫描等操作不能够产生准确及时的事件。审计功能的弱化，使管理员不能够对安全事件进行及时、准确的响应。

NetEye 防火墙的日志存储介质有两种，包括本身的硬盘存储和单独的日志服务器。针对这两种存储，NetEye 防火墙都提供了强大的审计分析工具，使管理员能够非常容易分析出各种安全隐患；NetEye 防火墙对安全事件的响应的及时性还体现在它的多种报警方式上，包括蜂鸣、trap、邮件、日志；NetEye 防火墙还具有实时监控功能，可以在线监控通过防火墙的连接，同时还可以捕捉数据包进行分析，为分析网络运行情况、排除网络故障提供了方便。

6. 防范攻击的能力不同

对于像 Cisco 这样的路由器,其普通版本不具有应用层的防范功能,不具有入侵实时检测等功能,如果需要具有这样的功能,就需要升级 IOS 为防火墙特性集,此时不但要承担软件的升级费用,同时由于这些功能都需要进行大量的运算,还需要进行硬件配置的升级,进一步增加了成本,而且很多厂家的路由器不具有这样的高级安全功能。可以得出:

具有防火墙特性的路由器成本＞防火墙＋路由器

具有防火墙特性的路由器功能＜防火墙＋路由器

具有防火墙特性的路由器可扩展性＜防火墙＋路由器

综上所述,可以得出结论:用户的网络拓扑结构的简单与复杂、用户应用程序的难易程度不是决定是否应该使用防火墙的标准,决定用户是否使用防火墙的一个根本条件是用户对网络安全的需求。

即使用户的网络拓扑结构和应用都非常简单,防火墙仍然是必需的和必要的;如果用户的环境、应用比较复杂,那么防火墙将能够带来更多的好处,防火墙将是网络建设中不可或缺的一部分,对于通常的网络来说,路由器将是保护内部网的第一道关口,而防火墙将是第二道关口,也是最为严格的一道关口。

7.4.3　天网个人防火墙概述

1. 个人防火墙

个人防火墙是防止个人计算机中的信息被外部侵袭的一项技术,在系统中监控、阻止任何未经授权允许的数据进入或发送到因特网及其他网络系统中。

个人防火墙的原理是:按照事先规定好的配置与规则,监测并过滤通过防火墙的数据流,只允许授权的或者符合规则的数据通过。防火墙能够记录有关连接的信息、服务器或主机间的数据流量以及任何试图通过防火墙的非法访问记录,同时自身也应具备较高的抗攻击性能。

个人防火墙产品如著名 Symantec 公司的诺顿、Network Ice 公司的 BlackIce Defender、McAfee 公司的思科及 Zone Lab 的 free ZoneAlarm 等,都能帮助个人对系统进行监控及管理,防止计算机病毒、流氓软件等程序通过网络进入个人计算机或在个人未知情况下向外部扩散。这些软件都能够独立运行于整个系统中或针对个别程序、项目,所以使用十分方便并且实用。

个人防火墙,通常是在一台计算机上安装了具有封包过滤功能的软件,如 ZoneAlarm 及 Windows XP SP2 后内置的防火墙程序。

2. 个人防火墙安全规则

在个人防火墙软件中的安全规则可分为以下两种。

(1) 定义好的安全规则,就是把安全规则定义成几种方案,一般分为低、中、高 3 种,这样不懂网络协议的用户,就可以根据自己的需要灵活设置不同的安全方案,如 ZoneAlarm 防火墙。

(2) 用户自定义安全规则,就是在非常了解网络协议的情况下,用户根据自己所需的安全状态，单独设置某个协议，如 AtGuard 防火墙、天网防火墙、Norton Internet Security 2000 V2.0 Personal Firewall 等。

3. 天网个人防火墙简介

天网防火墙个人版 SkyNet FireWall(以下简称为天网防火墙)是由广州众达天网技术有限公司研发制作给个人计算机使用的网络安全程序工具。广州众达天网技术有限公司自 1999 年推出天网防火墙个人版 V1.0 后，连续推出了 V1.01、V2.0、…、V2.5.0、V2.7.7 等更新版本，到目前为止，天网安全阵线网站及各大授权下载站点已经接受超过 4000 万次天网防火墙个人版的下载请求，天网防火墙各版本已被千百万网络用户安装使用，为国人提供了安全保障。

天网防火墙个人版是"中国国家安全部"、"中国公安部"、"中国国家保密局"及"中国国家信息安全测评认证中心"信息安全产品最新检验标准认证通过，并可用于中国政府机构和军事机关及对外发行销售的个人版防火墙软件。

天网防火墙是国内外针对个人用户最好的中文软件防火墙之一。在目前网络受攻击案件数量直线上升的情况下，用户随时都可能遭到各种恶意攻击，这些恶意攻击可能导致的后果是用户的上网账号被窃取、冒用，银行账号被盗用，电子邮件密码被修改，财务数据被利用，机密档案丢失，隐私曝光等，黑客(Hacker)或刽客(Cracker)甚至能通过远程控制删除用户硬盘上所有的资料数据，导致整个计算机系统架构全面崩溃。为了抵御黑客或刽客的攻击，天网防火墙个人版能拦截一些来历不明、有害的访问或攻击行为。

4. 天网个人防火墙系统环境要求

(1) 软件环境

① Microsoft Windows NT。

② Microsoft Windows 2000 专业版。

③ Microsoft Windows XP 家庭版/专业版。

(2) 硬件环境

① PC 兼容计算机或 Intel x86 的微处理器。

② 至少 64MB RAM，建议 96MB(配合操作系统软件的最低需求)。

③ 至少 8MB 硬盘空间，建议 16MB。

(3) 安装注意事项

① 本软件适用于 Windows 2000/NT/XP 操作系统平台。

② 如果安装了较旧版本的天网防火墙个人版，需要使用原天网防火墙内附的卸载移除程序，在卸载移除旧版本的天网防火墙后，才可安装天网防火墙个人版。

③ 安装软件无法写入或更新使用中的文件，安装前应先关闭所有打开的软件(包括该公司出品的其他软件)。

④ 安装软件时，将复制相关文件至计算机中，可能会被要求重新启动系统再次安装，若安装程序在安装中出现错误，可能是原系统文件中已存在相同文件名的文件且此文件正被其他程序使用，可以选择"忽略"错误以跳过这些文件的安装，程序仍可继续安装。

⑤ 安装时若询问是否取代旧文件，可视情形尽量选择保留较新文件。

7.4.4　天网个人防火墙设置

1. 系统设置

安装天网个人防火墙后,在主窗口中单击"系统设置"按钮,即可打开如图 7-15 所示的界面。

(1)"基本设置"选项卡

从图 7-15 中可知,在"基本设置"选项卡中可进行以下选项设置。

① 启动:当选中"开机后自动启动防火墙"复选框时,天网个人防火墙将在操作系统启动的时候自动启动,否则需要手工启动天网防火墙。

② 皮肤:天网防火墙提供了"天网 2006"、"深色优雅"和"经典风格"3 种皮肤供用户选择,选择后单击"确定"按钮即可生效。

③ 规则设定:单击"重置"按钮,将打开如图 7-16 所示的对话框。如果单击"确定"按钮,天网防火墙将会把防火墙的安全规则全部恢复为初始设置,以前用户对安全规则的修改和加入的规则将会全部被清除掉。

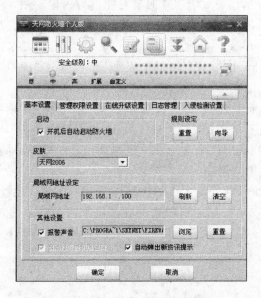

图 7-15　"基本设置"选项卡

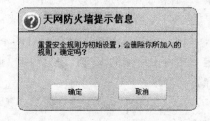

图 7-16　提示信息

单击"向导"按钮,用户可以按系统提示一步一步完成天网防火墙的设置。

④ 局域网地址设定:设置用户在局域网内的 IP 地址。需要注意的是,如果用户的机器是在局域网内使用的,一定要设置好这个地址,因为防火墙将会以这个地址来区分局域网和 Internet 的 IP 来源。

(2)"管理权限设置"选项卡

该选项允许用户设置管理员密码保护防火墙的安全设置。用户可以设置管理员密码,防止未授权用户随意改动设置、退出防火墙等。

初次安装防火墙时没有设置密码。单击"设置密码"按钮,设置管理员密码,确定后密码生效。用户可选择在允许某应用程序访问网络时,需要或者不需要输入密码。单击"清

除密码"按钮,在输入正确的密码后,确定即可清除密码。需要注意的是:

① 如果用户连续 3 次输入错误密码,防火墙系统将暂停用户请求 3 分钟,以保障密码安全。

② 设置管理员密码后进行修改安全级别等操作时也需要输入密码。(试用版用户只能设置固定的密码:skynet。)

(3)"在线升级设置"选项卡

用户可根据需要选择有新版本提示的频度。为了更好地保障系统安全,防火墙需要及时升级程序文件,因此,建议用户把在线升级设置为"有新的升级包就提示"。

(4)"日志管理"选项卡

用户可根据需要设置是否自动保存日志、日志保存路径、日志大小和提示。(试用版用户只能使用默认保存路径和默认的日志大小。)

(5)"入侵检测设置"选项卡

用户可以在这里进行入侵检测的相关设置。

① 选中"启动入侵检测功能"选项,表示在防火墙启动时就开始进行入侵检测,不选则关闭入侵检测功能。当开启入侵检测时,检测到可疑的数据包时防火墙会弹出入侵检测提示对话框。

② 选中"报警功能,表示拦截该 IP 的同时,请一直保持提醒我"选项,单击"确定"按钮后,会在入侵检测的 IP 列表里面保存。拦截这个 IP 的日志则继续记录。

③ 选中"静默功能,表示拦截该 IP 的同时,不必再进行日志记录或报警提示"选项,用户可设定静默时间:3 分钟、10 分钟、始终。单击"确定"按钮后,会在入侵检测的 IP 列表里面保存。在设定时间内拦截这个 IP 的日志则不会记录。当达到设定的静默时间后此条 IP 信息将自动从入侵检测的 IP 列表里面删除。

④ 选中"检测到入侵后,无须提示自动静默入侵主机的网络包"选项,当防火墙检测到入侵时不会弹出入侵检测提示对话框,它将按照用户设置的默认静默时间禁止此 IP,并记录在入侵检测的 IP 列表里。用户可以在"默认静默时间"里设置静默 3 分钟、10 分钟和始终静默。

2. 安全级别设置

天网个人版防火墙的预设安全级别分为低、中、高、扩 4 个等级,默认的安全等级为中级,其中各等级的安全设置说明如下。

(1)低级别

当选择低级别时,所有应用程序初次访问网络时都将询问,已经被认可的程序则按照设置的相应规则运行。计算机将完全信任局域网,允许局域网内部的机器访问自己提供的各种服务(文件、打印机共享服务),但禁止因特网上的机器访问这些服务,适用于在局域网中提供服务的用户。

(2)中级别

当选择中级别时,所有应用程序初次访问网络时都将询问,已经被认可的程序则按照设置的相应规则运行。禁止访问系统级别的服务(如 HTTP、FTP 等)。局域网内部的机器只允许访问文件、打印机共享服务。使用动态规则管理,允许授权运行的程序开放的端口服务,比如,网络游戏或者视频语音电话软件提供的服务,适用于普通个人上网用户。

(3) 高级别

当选择高级别时,所有应用程序初次访问网络时都将询问,已经被认可的程序则按照设置的相应规则运行。禁止局域网内部和因特网的机器访问自己提供的网络共享服务(文件、打印机共享服务),局域网和因特网上的机器将无法看到本机器。除了已经被认可的程序打开的端口,系统会屏蔽掉向外部开放的所有端口,这是最严密的安全级别。

(4) 扩展级别

扩展级别基于“中”安全级别再配合一系列专门针对木马和间谍程序的扩展规则,可以防止木马和间谍程序打开 TCP 或 UDP 端口监听甚至开放未许可的服务。应根据最新的安全动态对规则库进行升级。适用于需要频繁试用各种新的网络软件和服务,又需要对木马程序进行足够限制的用户。

(5) 自定义级别

当选择自定义级别时,可以自己设置规则。需要注意的是,规则设置不正确会导致无法访问网络。这个选项适用于对网络有一定了解并需要自行设置规则的用户。

3. IP 默认规则设置

IP 规则是针对整个系统的网络层数据包监控而设置的。利用自定义 IP 规则,用户可针对个人不同的网络状态,设置自己的 IP 安全规则,使防御手段更周到、更实用。用户可以单击“IP 规则管理”按钮或者在“安全级别”选项组中选择“自定义”安全级别进入 IP 规则设置界面,如图 7-17 所示。

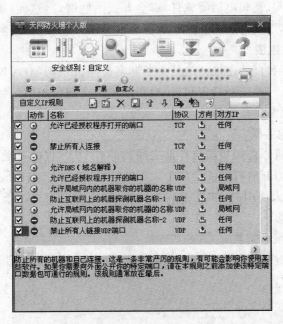

图 7-17　IP 规则设置界面

关于各项规则,下面介绍其中几个比较重要的。实际上天网个人防火墙本身已经默认设置了相当好的规则,一般用户并不需要做任何 IP 规则修改,就可以直接使用。

（1）防御 ICMP 攻击

选择后，即别人无法用 ping 的方法来确定用户的存在，但不影响用户去 ping 别人。因为 ICMP 协议现在也被用来作为蓝屏攻击的一种方法，而且该协议对于普通用户来说，是很少使用到的。

（2）防御 IGMP 攻击

IGMP 是用于组播的一种协议，对于 Windows 的用户是没有什么用途的，但现在也被用来作为蓝屏攻击的一种方法，建议选择此设置，不会对用户造成影响。

（3）TCP 数据包监视

通过这条规则，可以监视机器与外部之间的所有 TCP 连接请求。注意，这只是一个监视规则，开启后会产生大量的日志，该规则是给熟悉 TCP/IP 协议网络的人使用的，如果不熟悉网络，则不要开启。这条规则一定要是 TCP 协议规则的第一条。

（4）禁止因特网上的机器使用我的共享资源

开启该规则后，别人就不能访问用户的共享资源，包括获取用户的机器名称。

（5）禁止所有人连接低端端口

防止所有的机器和自己的低端端口连接。由于低端端口是 TCP/IP 协议的各种标准端口，几乎所有的 Internet 服务都是在这些端口上工作的，所以这是一条非常严格的规则，有可能会影响用户使用某些软件。如果需要向外面公开特定端口，应在本规则之前添加使该特定端口数据包可通行的规则。

（6）允许已经授权程序打开的端口

某些程序，如 ICQ、视频电话等软件，都会开放一些端口，这样，通信双方才可以连接到彼此的机器上。本规则可以保证这些软件正常工作。

（7）禁止所有人连接

防止所有的机器和自己连接。这是一条非常严格的规则，有可能会影响用户使用某些软件。如果需要向外面公开特定端口，应在本规则之前添加使该特定端口数据包可通行的规则。该规则通常放在最后。

（8）UDP 数据包监视

通过这条规则，可以监视机器与外部之间的所有 UDP 包的发送和接收过程。注意，这只是一个监视规则，开启后可能会产生大量的日志，平常不要打开。这条规则是给熟悉 TCP/IP 协议网络的人使用的，如果不熟悉网络，则不要开启。这条规则一定要是 UDP 协议规则的第一条。

（9）允许 DNS（域名解析）

允许域名解析。注意，如果要拒绝接收 UDP 包，就一定要开启该规则，否则会无法访问因特网上的资源。

习题七

一、判断题

1. 包过滤型结构是通过专用的包过滤路由器或是安装了包过滤功能的普通路由器

来实现的。（　　）

2．双宿网关结构是用一台装有两块网卡的主机作为防火墙,将外部网络与内部网络在物理上隔开,这台处于防火墙关键部位且运行应用级网关软件的计算机系统称为堡垒主机。（　　）

3．屏蔽主机结构将所有的外部主机强制与一个堡垒主机相连,从而可以允许它们直接与内部网络的主机相连,因此屏蔽主机结构是由包过滤路由器和堡垒主机组成的。
（　　）

4．屏蔽子网结构使用了两个屏蔽路由器和 3 个堡垒主机。（　　）

5．在屏蔽主机防火墙和屏蔽子网防火墙这两种网络安全方案中,双端主机必须有高度的安全性能,能够抵抗来自外部的各种攻击,因此有的文献也把它称为堡垒主机。
（　　）

6．外部包过滤路由器有时也称为访问路由器,保护周边网和内部网使之免受来自Internet 的侵犯。（　　）

7．企业一般通过专线方式接入公网,获得公网地址,企业也架设了 Web、E-mail 服务器,满足宣传业务、网络通信的需求。（　　）

8．分布式防火墙是由多个软、硬件组成的系统。（　　）

9．防火墙一般只有 3 个网络接口,因此它可以与 3 个网络相连接。（　　）

10．防火墙一般有两种访问模式,在不同的访问模式下可以对防火墙进行不同的配置与操作。（　　）

二、填空题

1．路由器用于_____的网络,所谓逻辑网络是指_____的网络或者_____。当要将数据从一个子网传输到另一个子网时,可通过_____来完成。

2．双宿网关是围绕着至少_____的双宿主主机而构成的。双宿主主机内外的网络均可与_____通信,但内部与外部网络之间_____通信,内外部网络之间的 IP 数据流被_____完全切断。

3．屏蔽主机体系结构使用_____路由器提供来自仅与_____相连的主机的服务。在这种体系结构中,主要的安全由_____提供。

4．屏蔽子网防火墙技术是指在_____体系结构中再添加_____到屏蔽主机体系结构中,也就是通过_____更进一步地把内部网络与因特网隔离开来。

5．包过滤型结构是通过_____的_____或是安装了_____功能的普通路由器来实现的。

6．双宿主机是_____的主机,每个接口都可以和_____连接,因为它能在_____的网络之间进行_____,因此也称为_____。

7．屏蔽主机结构将所有的_____强制与一个_____相连,从而不允许它们_____与_____的主机相连,因此屏蔽主机结构是由_____路由器和_____主机组成的。屏蔽子网结构是使用_____和_____构成的。

8．分布式防火墙具有_____安全性、_____性能、_____性能、_____等特点。

9. 分布式防火墙具有_____功能、_____功能、_____功能、_____功能、_____功能、_____功能等。

10. 个人防火墙是防止_____中的信息被_____的一项技术,在系统中_____、阻止任何_____的数据进入或发送到因特网及其他网络系统中。

三、思考题

1. 简述包过滤型防火墙的结构。

2. 简述包过滤型防火墙的工作原理。

3. 简述双宿网关型防火墙的结构。

4. 简述双宿网关型防火墙的工作原理。

5. 简述屏蔽主机型防火墙的结构。

6. 简述屏蔽主机型防火墙的工作原理。

7. 简述屏蔽子网型防火墙的结构。

8. 简述屏蔽子网型防火墙的工作原理。

9. 简述防火墙的一般应用。

10. 简述个人防火墙的概念。

11. 简述个人防火墙的工作原理。

第 8 章

防火墙管理与测试

　　防火墙管理是指对防火墙具有管理权限的管理员行为和防火墙运行状态的管理,管理员的行为主要包括:通过防火墙的身份鉴别,编写防火墙的安全规则,配置防火墙的安全参数,查看防火墙的日志等。防火墙的维护从其管理开始,并且作为管理的一部分,防火墙虽然提供了广泛多样的控制,但是最终它们仅仅是工具,只是确定保护对象和识别潜在威胁的多样化防御战略的一部分。本章主要介绍防火墙管理与测试,通过本章的学习,要求:

　　(1) 掌握防火墙管理分类。

　　(2) 学会防火墙的日常管理。

　　(3) 掌握防火墙的测试方法。

　　(4) 学会防火墙安全事故的处理。

　　(5) 掌握常用的扫描工具。

8.1　防火墙管理

8.1.1　防火墙管理分类

　　防火墙的管理一般分为本地管理、远程管理和集中管理等。

1. 本地管理

　　本地管理是指管理员通过防火墙的 Console 口或防火墙提供的键盘和显示器对防火墙进行配置管理。

　　(1) 键盘管理

　　键盘是最主要的输入设备之一,主要功能是把文字信息和控制信息输入到计算机中,其中文字信息的输入是其最重要的功能,因为在 Windows 98 和 Windows XP 中鼠标已分担了大部分的控制信息输入任务。在防火墙管理中,键盘的主要功能是输入和管理资料。

　　(2) 显示器管理

　　显示器是最主要的输出设备之一,主要功能是将一定的电子文件通过特定的传输设备显示到屏幕上再反射到人眼进行显示。

从广义上讲,街头随处可见的大屏幕,电视机的荧光屏,手机、快译通等的显示屏都算是显示器的范畴,一般指与计算机主机相连的显示设备。它的应用非常广泛,大到卫星监测,小至 VCD,可以说,在现代社会里,它的身影无处不在,其结构一般为圆形底座加机身,随着彩显技术的不断发展,现在出现了一些其他形状的显示器,但应用不多。

2. 远程管理

远程管理是指管理员通过以太网或防火墙提供的广域网接口对防火墙进行管理,管理的通信协议可以基于 FTP、Telnet、HTTP 等。

3. 集中管理

集中管理是防火墙的一种管理手段,通常利用一个界面来管理网络中的多个防火墙,和用一个遥控器管理家中所有电器一样简单,可大大简化管理员的管理工作。

8.1.2　防火墙 SNMP 管理

1. 概述

在防火墙的管理中,最为常见的是通过 SNMP(Simple Network Management Protocol,简单网络管理协议)进行管理。

随着网络数目与网络内主机数目的日益增多,单纯依靠一些网络专业人士进行网络管理已经不可能了,必须有一种通行的网络管理标准以及相应的管理工具使普通人也能够管理网络。SNMP 提供了一种直接监视网关的方法,因此,成了一种通用的网络管理工具。它有 3 种可供选择的管理工具:HEMS、SNMP 和建立在 TCP/IP 基础上的 CMIP (CMOT)。基本的 SNMP 已经被广泛使用了,所有的网络产品都提供对 SNMP 的支持,新开发的具有远程管理能力的 SNMP 是 RMON,它使管理人员可以对整个子网进行管理,而不是对整个子网内的设备进行管理。

SNMP 首先是由 Internet 工程任务组(Internet Engineering Task Force,IETF)的研究小组为了解决 Internet 上的路由器管理问题而提出的。

通过将 SNMP 嵌入数据通信设备,如交换机或集线器中,就可以从一个中心站管理这些设备,并以图形方式查看信息。目前可获取的很多管理应用程序通常可在大多数当前使用的操作系统下运行。

2. SNMP 体系结构

SNMP 在体系结构分为被管理的设备(Managed Device)、SNMP 管理器(SNMP Manager)和 SNMP 代理(SNMP Agent)三个部分。

(1) 被管理的设备

被管理的设备是网络中的一个节点,有时被称为网络单元(Network Elements),被管理的设备可以是路由器、网络管理服务器、交换机、网桥、集线器等。每一个支持 SNMP 的网络设备中都运行着一个 SNMP 代理,它负责随时收集和存储管理信息,记录网络设备的各种情况,网络管理软件再通过 SNMP 通信协议查询或修改代理所记录的信息。

(2) SNMP 管理器

SNMP 管理器通过网络管理软件来进行管理工作。网络管理软件的主要功能之一,就是协助网络管理员完成管理整个网络的工作。网络管理软件要求 SNMP 代理定期收集重要的设备信息,收集到的信息将用于确定独立的网络设备、部分网络或整个网络运行的状态是否正常。SNMP 管理器定期查询 SNMP 代理收集到的有关设备运转状态、配置及性能等的信息。

（3）SNMP 代理

SNMP 代理是驻留在被管理设备上的网络管理软件模块,它收集本地计算机的管理信息并将这些信息翻译成兼容 SNMP 协议的形式。

SNMP 使用面向自陷的轮询方法（Trap-directed Polling）进行网络设备管理。在一般情况下,网络管理工作站通过轮询被管理设备中的代理进行信息收集,在控制台上用数字或图形的表示方式显示这些信息,提供对网络设备工作状态和网络通信量的分析和管理功能。当被管理设备出现异常状态时,管理代理通过 SNMP 自陷立即向网络管理工作站发送出错通知。当一个网络设备产生了一个自陷时,网络管理员可以使用网络管理工作站来查询该设备状态,以获得更多的信息。SNMP 数据处理流程如图 8-1 所示。

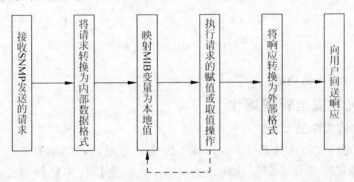

图 8-1　SNMP 数据处理流程

管理信息数据库（Management Information Base,MIB）是由 SNMP 代理维护的一个信息存储库,是一个具有分层特性的信息的集合,它可以被网络管理系统控制。MIB 定义了各种数据对象,网络管理员可以通过直接控制这些数据对象去控制、配置或监控网络设备,MIB 树的结构如图 8-2 所示。

SNMP 通过 SNMP 代理来控制 MIB 数据对象。无论 MIB 数据对象有多少个,SNMP 代理都需要维持它们的一致性,这也是代理的任务之一。

现在已经定义的有几种通用的标准管理信息数据库,这些数据库中包括了必须在网络设备中支持的特殊对象,所以这几种 MIB 可以支持简单网络管理协议。使用最广泛、最通用的 MIB 是 MIB-Ⅱ。此外,为了利用不同的网络组件和技术,有人还开发了一些其他种类的 MIB。

SNMP 是一种易于实现的基本的网络管理工具,它能够满足短期的管理要求。因为基于 OSI 的管理协议现在进展缓慢,所以它起到了一个重要的补充作用。

SNMP 协议提供了用于定义网络信息和框架及用于交换信息的协议标准。SNMP 模型引入了管理器和代理的概念,管理器指的是以人类管理员身份负责所有网络（或部分网络）的软件。代理指的是被管理设备中的软件,它用以完成管理器所需要进行的局部管

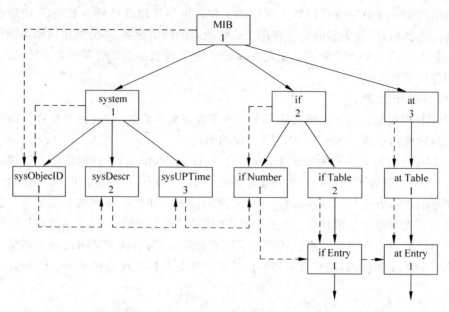

图 8-2　MIB 树的结构

理和应急通知管理器的功能。

8.1.3　防火墙安全管理建议

1. 防火墙的实际工作建议

（1）最少的特权（Least Privilege），减少因为职务或特权影响开放防火墙的限制条件，并将防火墙规则的预设限制动作设为 deny，也就是任何未经特别允许的联机一律禁止。

（2）彻底防御（Defense in Depth），防火墙过滤规则尽可能使用多个限制规则取代单一限制条件。

（3）最少信息（Minimal Information），勿将跟企业组织或网络有关的信息暴露出来。

（4）KISS（Keep It Short and Simple），复杂的配置设定容易造成错误并因此导致安全的漏洞，因此，应使防火墙的设定及配置尽可能简单化。

（5）防火墙系统只能控制经过防火墙的网络联机，因此，防火墙应该为连上 Internet 的唯一网关（Gateway）。

2. 防火墙硬件的安全配置建议

（1）将防火墙管理主控台分开，目前许多厂牌防火墙系统皆提供从远程通过另一平台管理防火墙的能力，未来如有增加防火墙的需要，也可以对防火墙进行集中控管。

（2）建议将防火墙放置于安全环境中，也就是一天 24 小时有专人操作控管的环境。

3. 防火墙配置建议

（1）身份确认及认证（Identification and Authentication），使用支持对认证信息加密的认证机制来限制使用者使用访问 Internet 的服务。

（2）配置防火墙成为可以显示某标题以便提醒使用者在存取服务之前必须先用防火

墙对他们的身份进行确认。例如：

This system is for XX Company authorized user only.
Unauthorized users may be prosecuted.

（3）机密性（Confidentiality），建议任何对于防火墙的远程管理都必须通过加密的管道。

（4）完整性（Integrity），为了维护系统的完整性，安装防火墙的操作系统必须针对安全设定进行进一步的强化安全性处理。

（5）可用性（Availability），在完成防火墙系统的安装及测试之后，建立一份完整的系统备份并将它存放在安全的地方。

（6）安装新版本操作系统或防火墙系统软件，或实行维护时，防火墙系统应该终止所有的网络连接，在经过完整测试确定没问题之后再恢复网络连接。

（7）获得以及安装防火墙相关的修正程序（Fix）。

（8）稽核（Audit），防火墙系统上具有安全性考量的机密事件必须要进行追踪（Trace），设定操作系统上的稽核功能来追踪对于操作系统以及防火墙软件档案具有写（Write）或执行（Execute）权限的动作。

（9）开启防火墙系统上的记录功能，对于被拒绝动作的稽核要以较详细的格式记录，对于允许动作的稽核则可以以较短的格式记录。如果记录的数量太大而影响正常运作，可以选择几个规则将它们的记录功能关闭。

4. 防火墙系统的管理建议

（1）身份确认及认证，系统管理者必须选择一个在其他所使用的系统上所未曾使用的密码。

（2）每位使用者在同一系统上必须要有各自不同的账号，不可互相共享账号。

（3）登录的账号及密码不可在 LAN 或 WAN 上以明文传送。

（4）权限管理（Privilege Management），指定给防火墙管理者不超过所需权限的账号，例如，给没有编辑防火墙安全策略权限的管理者只有 read 权限的账号。

（5）在防火墙系统上尽量不要有使用者账号存在，最好只有系统管理者在防火墙系统上有账号，终端用户不允许访问防火墙系统。

5. 防火墙安全政策（Security Policy）管理建议

（1）防火墙系统的所有配置改动均需以文件记载，文件中变更的记录中要写明谁在何时对防火墙做了什么变更。

（2）对防火墙的安全策略进行变更之后，必须对防火墙进行测试以确定变更可以如预期的执行。

（3）在配置发生变更之后，对防火墙系统进行备份并存储在安全的地方。

6. 防火墙记录及警讯管理建议

（1）系统应该将系统的稽核记录送至一个集中稽核汇整系统，防火墙的记录档案必须保存归档在另一系统上而不是保存在防火墙本身系统上，并且应该至少存盘一年以上。

（2）将防火墙系统的警讯机制设定成将警讯传送至真正做监控的管理工作站,至少防火墙应该通过 E-mail 传送给防火墙管理者。基于管理技术考量,防火墙应该将警讯通过 SNMP Trap 传送至网络监控工作站。

（3）如果将防火墙上设定成提供 SNMP 功能,必须确定将其限制成只有内部网络的适当管理工作站才能存取。

（4）测试防火墙,在变更或维护之后,必须对防火墙做完整的测试。测试是否允许的网络联机真的被允许通过,其他的网络联机如期望的被拒绝（Rejected）或丢弃（Dropped）,检查对于所有的变更,记录及警讯功能是否可以正常运作。

8.1.4　防火墙日常管理

日常管理是经常性的烦琐工作,以使防火墙保持清洁和安全,为此,需要经常进行数据备份、账号管理、磁盘空间管理、监视系统管理、系统管理、保持最新状态等。

1. 数据备份

一定要备份防火墙的数据。使用一种定期的、自动的备份系统为一般用途的机器做备份。当这个系统正常做完备份之后,最好还能发送出一封确定信,而当它发现错误的时候,也最好能产生一个明显不同的信息。

数据备份的根本目的是重新利用,也就是说,备份工作的核心是恢复,一个无法恢复的备份对任何系统来说都是毫无意义的。在实际情况中,厂商或集成商更多的是向用户吹嘘,自己的产品在备份过程中如何巧妙。然而,作为最终用户,一定要清醒地认识到,能够安全、方便而又高效地恢复数据,才是备份系统的真正意义所在。也许很多人会以为,既然备份系统已经把需要的数据备份下来了,恢复应该不成什么问题。这就大错而特错了,事实上,无论是在金融电信行业的数据中心,还是在普通的系统中,备份数据无法恢复,从而导致数据丢失的例子实在太多太多了。就在日前,我国西北地区的一个省级电信运营商还遭此劫难,系统数据遗失殆尽,该运营商的声誉和众多用户的利益都受到了重大损害。这次事故的主要责任者之一就是一个全球知名的备份软件厂商,因为其提供的备份产品没能正常恢复系统数据。

2. 账号管理

账号的管理,包括增加新账号、删除旧账号及检查密码期限等,是最常被忽略的日常管理工作。在防火墙上,正确地增加新账号、迅速地删除旧账号以及适时地变更密码,是一项非常重要的工作。

建立一个增加账号的程序,尽量使用一个程序增加账号。即使防火墙系统上没有多少用户,但每一个用户都可能是一个危险。一般人都有一个毛病,就是漏掉一些步骤,或在过程中暂停几天。如果这个空当正好碰到某个账号没有密码,入侵者就很容易进来了。

在账号建立程序中一定要标明账号日期,以及每隔一段时间就自动检查账号。虽然不需要自动关闭账号,但是需要自动通知那些账号超过期限的人。如果可能,设置一个自动系统监控这些账号。这可以在 UNIX 系统上产生账号文件,然后传送到其他的机器上,或者是在各台机器上产生账号,自动把这些账号文件复制到 UNIX 上,再检查它们。

3. 磁盘空间管理

数据总是会塞满所有可用的空间,即使在几乎没有什么用户的机器上也一样。人们总是向文件系统的各个角落丢东西,把各种数据转存进文件系统的临时地址中,这样引起的问题可能常常会超出人们的想象。暂且不说可能需要使用哪些磁盘空间,只是这种碎片就容易造成混乱,使事件的处理更复杂。于是有人可能会问:"那是上次安装新版程序留下来的程序吗? 是入侵者放进来的程序吗? 那真的是一个普通的数据文件吗? 是一些对入侵者有特殊意义的东西吗?"等等。遗憾的是,没有任何系统能自动找出这种"垃圾",尤其是可以在磁盘上到处写东西的系统管理者。因此,最好有一个人定期检查磁盘,如果让每一个新任的系统管理者去遍历磁盘会特别有效,会发现原来管理员忽略的许多东西。

磁盘空间管理的功能及常用的参数如下所示。

(1) 报告文件系统中的可用或已用存储空间及文件信息节点数量。

(2) 报告指定或者默认目录下每个文件或目录占用的磁盘空间。

(3) find-size:检索指定目录中指定大小的文件。

(4) ls-s:以数据块为单位,列出文件的大小。

(5) quot:用于显示指定文件系统中每个用户当前占用的数据块(1KB)数量。

(6) dd:用于实现原始数据赋值。可以复制文件甚至文件系统(整个磁盘分区)。

(7) cpio:用于创建、转储或者回复 cpio 文档文件,实现文件或者文件系统的备份与恢复。

(8) tar:用于创建、转储或者恢复 tar 档案文件,实现文件或者文件系统的备份与恢复。

4. 监视系统管理

在对防火墙的管理中,监视系统是重点,它可以回答系统管理者的以下问题。

(1) 防火墙已岌岌可危了吗?

(2) 防火墙能提供用户需求的服务吗?

(3) 防火墙还在正常运作吗?

(4) 尝试攻击防火墙的是哪些类型的攻击?

要回答这几个问题,首先应该知道什么是防火墙的正常工作状态。

(1) 专用设备的监视

虽然大部分的监视工作都是利用防火墙上现成的工具或记录数据,但是也可能会觉得如果有一些专用的监视设备会很方便。例如,可能需要在周围网络上放一个监视站,以便确定通过的都是预料中的数据包。可以使用有网络窥视软件包的一般计算机,也可以使用特殊用途的网络检测器。

确定这一台监视机器不会被入侵者利用,最好的办法就是不让入侵者知道防火墙的存在。在某些网络设备上,只要利用一些技术和一对断线器(Wire Cutter)取消网络接口的传输功能,就可以使这台机器无法被检测到,也很难被入侵者利用。如果有操作系统的原始程序,可以从那里取消传输功能,随时停止传输。

（2）应该监视的内容

在理想的情况下，应该知道通过防火墙的一切事情，包括每一条连接，以及每一个丢弃或接收的数据包。然而，实际上却很难做到，而折中的办法是，在不影响主机速度，也不会太快填满磁盘的情况下，尽量多做记录，然后，再为所产生的记录整理出摘要。

在特殊情况下，要记录好以下内容。

① 所有抛弃的包和被拒绝的连接。

② 每一个成功的连接通过堡垒主机的时间、协议和用户名。

③ 所有从路由器中发现的错误、堡垒主机和一些代理程序。

（3）监视工作中的一些经验

① 可疑事件的划分。

a. 知道事件发生的原因，而且这不是一个安全方面的问题。

b. 不知道是什么原因，也许永远不知道是什么原因引起的，但是无论它是什么，它从未再出现过。

c. 有人试图侵入，但问题并不严重，只是试探一下。

d. 有人事实上已经侵入。

② 探试站点的可能。

如果发现以下情况，网络系统管理员就有理由怀疑有人在探试站点。

a. 试图访问在不安全的端口上提供的服务（如企图与端口映射或者调试连接）。

b. 试图利用普通账户登录（如 guest）。

c. 请求 FTP 文件传输或传输 NFS（Network File System，网络文件系统）映射。

d. 给站点的 SMTP（Simple Mail Transfer Protocol，简单邮件传输协议）发送 debug 命令。

③ 关注事项。

如果网络系统管理员见到以下任何情况，应该更加关注，因为侵袭可能正在进行之中。

a. 多次企图登录但多次失败的合法账户，特别是因特网上的通用账户。

b. 目的不明的数据包命令。

c. 向某个范围内每个端口广播的数据包。

d. 不明站点的成功登录。

④ 怀疑已有人成功地侵入站点。如果网络系统管理员发现了以下情况，应该怀疑已有人成功地侵入站点。

a. 日志文件被删除或者修改。

b. 程序突然忽略所期望的正常信息。

c. 新的日志文件包含有不能解释的密码信息或数据包痕迹。

d. 特权用户的意外登录（如 root 用户），或者出现突然成为特权用户的意外用户。

e. 来自本机的明显的试探或者侵袭，出现名字与系统程序相近的应用程序。

f. 登录提示信息发生了改变。

（4）对试探做出的处理

在通常情况下，不可避免地会发觉外界对防火墙进行明显试探——有人向 Internet

提供的服务发送数据包,企图用不存在的账户进行登录等。试探通常进行一两次,如果他们没有得到令人感兴趣的反应,通常就会走开。而如果想弄明白试探来自何方,这可能就要花大量时间追寻类似的事件。然而,在大多数情况下,这样做不会有很大成效,这种追寻试探的新奇感很快就会消失。

一些人满足于建立防火墙机器去诱惑人们进行一般的试探。例如,在匿名的 FTP 区域设置装有用户账号数据的文件,即使试探者破译了密码,看到的也只是一个虚假信息。这对于消磨空闲时间是没有害处的,还能得到报复的快感,但是事实上它不会改善防火墙的安全性。它只能使入侵者恼怒,从而坚定闯入站点的决心。

5. 系统管理

防火墙本身不能成为忽视网络系统管理的借口。实际上,正好相反,如果防火墙被穿透了,一个管理松弛的网站就会完全暴露在入侵和破坏之下。防火墙能让网站更有效地实施系统管理,因为,防火墙对网站提供了保护,网站可以花更多的时间在系统管理上,花更少的时间对异常和破坏的情况进行处理。在网站上可以开展以下工作。

(1) 通过安装补丁程序和安全工具使操作系统和软件版本标准化。

(2) 制订局域网补丁程序和新软件的安装工作表。

(3) 如果能更便于管理,使系统具有更高的安全性,可采用集中的系统管理服务。

(4) 对服务系统进行定期扫描和检查,找出配置上的漏洞和错误,并在系统管理员与防火墙管理员之间建立一条信道,通过它传递新的安全问题警告、系统警报、安全补丁程序和其他与安全相关的信息。

6. 保持最新状态

保持防火墙的最新状态也是维护和管理防火墙的一个重点。在这个侵袭与反侵袭的领域中,每天都产生新的事物、发现新的问题、以新的方式进行侵袭,同时现有的工具也会不断地被更新。因此,要使防火墙能同该领域的发展保持同步。

当防火墙需要修补、升级,或增加新功能时,就必须投入较多的时间。当然所花的时间长短视修补、升级或增加新功能的复杂程度而定。开始时对站点需求估计得越准确,防火墙的设计和建造做得越好,防火墙适应这些改变所花的时间就越少。

8.2 防火墙测试

8.2.1 防火墙测试的重要性

防火墙是设置在被保护网络和外部网络之间的一道屏障,以防止发生不可预测的、潜在破坏性的侵入。它实际上是一种隔离技术,通过监测、限制、更改跨越防火墙的数据流,尽可能地对外部屏蔽网络内部的信息、结构和运行状况,将内部网和外部网(Internet)分开,以此来实现网络的安全保护。防火墙能否起到防护作用,最根本、最有效的证明方法是对其进行测试,甚至采用各种手段对防火墙进行模拟攻击,以保证测试的全面性与有效性。

一般来说,在 3 种情况下应该对防火墙进行测试:在安装之后,测试工作是否正常;

在网络发生重大变更后；周期性地对防火墙进行测试,确保其继续正常工作。很显然,持续的周期性测试是维护防火墙很重要的一步。如果相信一个没有被核实的防火墙配置或一个只在安装时核实过的配置,将是很危险的。例如,有时可能会对防火墙进行适当的改变以获得一个暂时的访问权,但可能会忽视此改变对整个安全体系的影响。显然,自我测试不能保证防火墙没有易受攻击之处,但测试的目的就是尽量确保防火墙不会失败。

在测试一个防火墙时,要看一下防火墙是如何被管理、被监视的。需要关注的内容如下。

(1) 用户管理(即谁可以访问防火墙设备及对防火墙做出改变)。

(2) 对配置和防火墙规则库的更改。

(3) 更新及将安全补丁运用到操作系统和防火墙上。

(4) 监视防火墙软件的新漏洞。

(5) 决定所有的防火墙活动是否被记录。

(6) 确定对规则活动、日志和规则冲突是否进行了监视。

(7) 决定防火墙的持续性计划是否安置得当。

(8) 测试防火墙规则库。防火墙规则库可以指明哪些数据库被准许通过或拒绝(丢弃)。数据包可来自内部或外部源,而防火墙的规则库根据几条标准或规则,可以决定是否准许一个数据包通过。

8.2.2　防火墙的测试方法

1. 防火墙的白盒测试

以设计为主要观点的白盒测试,通常强调防火墙系统的整体设计。一个正式的防火墙产品首先应该经过全面的、详细的白盒测试,并且出具完整的测试报告。由于白盒测试要求评测人员必须对防火墙的设计原理及其实现细节有深入的了解,决定了该测试通常只能由生产防火墙的厂商进行,这样的测试缺乏应有的透明性和公正性。

2. 防火墙的黑盒测试

以使用为主要观点的黑盒测试则不管防火墙内部系统设计,只试图从使用者的角度从外部对防火墙进行攻击,测试防火墙是否能将非法闯入的测试数据包阻挡在外。黑盒测试不要求评测人员对防火墙的细节有深入的了解,只需确定测试的目的,将待测目标网络的信息资料收集齐全,再列出测试的清单,根据清单逐项测试即可。该测试可确认防火墙系统安装和配置的正确性,并侦测出防火墙是否能防御已知的安全漏洞,是当前较为通用的手段。

3. 防火墙的渗透测试

渗透测试是一种针对防火墙安全性的测试手段,它通过构造网络环境,以攻击者的身份对防火墙进行渗透,并根据渗透的难易程度评价防火墙的安全性能。该方法是目前使用最广泛的一种防火墙测试方法。一些类似 ICSA Labs 和 Checkmark 的组织也是使用该方法为防火墙产品开发者提供认证的,但渗透测试不对防火墙规则与安全策略之间的相互关系进行测试,且只能测试已知的安全漏洞。

4. 防火墙的性能测试

性能测试主要考查在实际环境中防火墙是否胜任指定环境的处理能力需求,即在正常情况下是否具备较好的可用性。

性能测试项目主要包括吞吐量、时延特性、包过滤规则数、代理规则数、最大连接数、内部网络的用户数等。

性能测试主要采用相应的测试仪器与工具,如 SmartBits 6000B 网络性能测试/分析系统、WebSuite 等软件来测试防火墙的吞吐量、延迟、丢包率、背对背包和并发连接数、抗 DoS 攻击能力等各方面性能。

在测试之前,应首先搭建网络拓扑结构,将测试仪器的相应端口分别与防火墙的内网口和外网口相连,并在防火墙上进行相应的配置,然后从测试仪器的一个端口通过防火墙从内网向外网发送一定类型和数量的数据包,另一个端口监测并记录接收到的数据,最后生成测试结果。

(1) 吞吐量的测试

吞吐量是衡量防火墙性能的重要指标之一。吞吐量越大,说明被测设备处理数据包的能力越强。一般以所能达到的线速的百分比(或称通过速率)来表示。由于防火墙要对数据进行严格检查,因此会影响到其数据转发性能,如在发送小帧长数据的情况下会造成防火墙的吞吐量能力下降,从而会造成网络出现新的瓶颈,以致影响到整个网络的性能。

(2) TCP 并发连接测试

TCP 并发连接数是防火墙性能中一项重要的衡量指标,是指穿越防火墙的主机之间或主机与防火墙之间能同时建立的最大连接数。它不仅能体现防火墙建立和维持 TCP 连接的性能,而且通过并发连接数的大小体现防火墙对来自于客户端的 TCP 连接请求的响应能力。如果支持的并发连接数有限,它就会成为网络的瓶颈。但在连接中发送数据包,而数据包受带宽的影响较大,则不足以评价防火墙的真正性能。

(3) 延迟测试

延迟测试都是在一定的线速下进行的,如在 10% 负载下测试防火墙的存储转发延迟结果。防火墙的延迟测试能够体现它处理数据的速度,也可以作为不同防火墙进行横向比较的性能指标。

(4) 丢包率测试

丢包率主要测试的是在连续负载的情况下,防火墙设备由于资源不足应转发但却未转发的帧百分比。如对于 64～1518B 的帧长,分别采用 25%、45%、75%、100% 线速测试其丢包率的大小。

(5) 背对背帧的测试

根据 RFC 1242,背对背帧定义为:对于给定的传输媒介,从空闲状态开始,以最小的合法时间间隔发送连续的固定长度的数据帧。背对背帧的测试结果能体现出被测防火墙的缓冲容量。在实际应用中,背对背帧通常表现为突发帧,特别是像使用 NFS 协议进行远程磁盘数据存取和备份之类的操作,会导致网络上出现较大的数据流量。进行此项测试可以考查防火墙数据缓冲的扩展性能。

5. 防火墙的抗攻击能力测试

防火墙抗攻击能力是指防火墙过滤指定类型的 Internet 攻击的能力。目前,在黑客的攻击行为中,使用最多、最有效的是 DoS 攻击,它造成的结果是服务器拒绝服务。防火墙作为网络的单一通道,要保证受保护网络的安全,它本身应具有抗攻击能力。抗攻击能力的大小反映了它本身的安全性,是网络安全的保证。可以通过 SmartBits 及 WebSuite 等测试工具,在一定的负载压力下,对防火墙的抗攻击能力进行测试。抗攻击能力测试包括 land-based attack、ping flood、ping of death、ping sweep、smurf attack、syn flood 和 teardrop attack 测试。

6. 防火墙的管理测试

管理也是防火墙安全的关键内容。其中,防火墙本身的易管理性、认证加密的程度以及日志审计的完整性是反映防火墙管理功能强弱的重要标志。管理测试主要包括日志审计和管理权限设置等方面的内容。

7. 防火墙的产品认证阶段测试

如果希望对合格的防火墙产品进行认证,还要送交国家信息安全测评中心授权的部门进行认证。认证测试主要包括功能测试、性能测试、安全性测试、协议一致性测试、渗透性测试等,如果测试结果符合有关标准和规范的要求,则予以认证。其中,安全性测试是整个测评认证体系中一切测试活动的核心内容。

安全性测试的方法是:测评认证中心依据相关标准(如 GB/T 18010—1999、CC 标准等),制定出分组防火墙与应用防火墙的保护轮廓,供测评参考使用。

保护轮廓主要提供测试的轮廓与框架,使测试人员在测试过程中能够确定出比较合理的测试范围,满足安全测试的一般要求,保证测试报告的内容满足防火墙的安全测试要求。

保护轮廓针对某一类安全目标定义安全需求,其需求按照类、族、组件的形式进行定义,首先将安全需求划分成若干大类,每个类再根据不同的安全目标划分成若干族,每个族根据不同强度或能力再划分成组件。组件是最小的安全需求单位,是安全需求的具体表现形式,选择一个需求组件相当于选择了一项安全需求。在进行评估时,可以选用保护轮廓中已定义的安全需求组件,或根据实际所测的产品添加其他必要的安全需求组件,构成安全组件包,表示一组安全功能需求或保证需求,这些需求可以满足所期望的某个子目标的需要,也可用于构造更大的安全组件包,最终形成具体测试产品的安全目标,然后根据安全目标中的测试项目,逐项测试。

8.2.3　防火墙测试案例

1. 概述

在此防火墙测试案例中,选用思博伦通信公司的 SmartBits 6000B 作为测试仪器。控制台使用一台配置为 PⅢ 1GHz/128MB 内存/20GB 硬盘的惠普台式机。

2. 测试防火墙性能的方法

在测试百兆防火墙性能时,使用 SmartBits 6000B 的 10/100M Ethernet SmartMetrics 模

块的两个 10/100Base-TX 端口,将其分别与防火墙的内外网口直连,如图 8-3 所示。

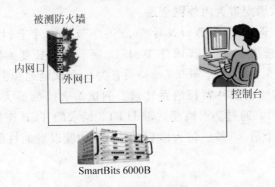

图 8-3　防火墙性能测试

测试千兆防火墙性能与百兆防火墙基本上一样,使用 1000Base-X SmartMetrics 模块的两个 1000Base-SX GBIC,通过光纤将其分别与千兆防火墙的内外网口直连。

3. 测试防火墙抗攻击能力的方法

测试防火墙抗攻击能力时,使用 SmartBits 6000B 的 10/100M Ethernet SmartMetrics 模块的4个 10/100Base-TX 端口,分别连接到 ammer24 交换机上(该交换机经过测试达到标准要求),防火墙的内外网口也连接到交换机上(千兆防火墙通过光纤与交换机连接),如图 8-4 所示。

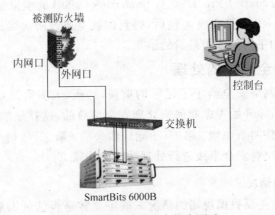

图 8-4　防火墙抗攻击能力测试

测试软件为 SmartFlow 1.50 和 WebSuite Firewall 1.10。

4. 性能测试

性能测试主要依照 RFC 2544、RFC 2647 以及中华人民共和国国家标准 GB/T 18019—1999《信息技术包过滤防火墙安全技术要求》、GB/T 18020—1999《信息技术应用级防火墙安全技术要求》和 GB/T 17900—1999《网络代理服务器的安全技术要求》。

测试吞吐量、延迟和丢包率使用的是 SmartFlow 1.50,测试双向性能时,每一个方向设置一个流(Flow),单向性能测试设置一个流,测试使用的是 UDP 包。

百兆防火墙与千兆防火墙的测试方法相同。测试防火墙双向、单向性能与最大并发连接数时，要求将防火墙配置为内外网全通。

测试双向性能时，选用 64 字节、128 字节、256 字节、512 字节、1518 字节 5 种长度的帧，测试单向性能时，选用 64 字节、512 字节、1518 字节 3 种长度的帧。吞吐量的测试时间为 60s，允许的帧丢失率（Acceptable Loss）设置为 0，测试延迟和丢包率的时间为 120s，测试延迟的压力为 10% 和该种帧长的吞吐量。测试防火墙的最大并发连接数时，使用 WebSuite Firewall 1.10，通过防火墙建立带 HTTP 请求的 TCP 连接（TCP Connection/HTTP），速率为 500 个请求/秒。防火墙启动 NAT 功能以后的性能测试方法与单向性能的测试方法相同。

5. 防攻击测试

在测试防火墙防攻击能力时，要求防火墙允许内外网相互访问，允许 ping。每种攻击设置 5 个 session，在 100% 压力下发送攻击包，同时测试防火墙能否建立 50000 个 HTTP 连接（称为背景流），连接速率也为 500 请求/秒。攻击由外网向内网发起，背景流为外网向内网建立 HTTP 请求。

测试 SynFlood、Smurf、Land-based、Ping Sweep、Ping Flood 5 种攻击时，可发送 1000 个攻击包；在测试 Ping of Death 攻击时 5 个 session 发送 5 个超长包，每个超长包分成 45 个攻击包，共 225 个攻击包；测试 TearDrop 攻击时 5 个 session 共发送 5 个攻击，每个攻击由 3 段组成，一共发送 15 个攻击包。

使用 NAI 公司的 Sniffer Pro 4.70 对 SmartBits 6000B 的模拟受攻击端口进行抓包，过滤掉一些广播包、ARP 包等非攻击包后，得到的就是通过防火墙的攻击包。每种测试都进行 3 遍，取 3 次的平均值作为最后的结果。

8.2.4　防火墙安全事故的处理

尽管人们已经对网络安全给予了足够的重视，然而，大多数站点还是发生了安全事故，并且是在被入侵后才开始考虑如何来处理安全事故的，这样显然太仓促了，应该做到有备无患。首先要记住两条原则：第一，不能惊慌失措；第二，尽量全面地将当时现场情况加以记录。下面给出对安全事故进行处理的一般步骤。

1. 评估事故现场情况

在发生事故后，首先要根据现场的情况来确定黑客是否已进入系统，若果真如此，那无论他是否正在运行程序，都应立即进行紧急处理。如果黑客还没有攻入防火墙，那么可以先观察黑客是否正在攻击系统，如他正在实施攻击，可先观察一下他的攻击操作（这有助于进行追踪工作），还需采取一些措施以防止他攻破防火墙。紧急处理的方法包括关闭系统或中断站点与外部网的连接。

2. 视情况而采取行动

依据现场的情况来确定是否需要关闭系统或中断与外部的连接。在对现场做了大致的评估后，下一步工作便是对黑客的攻击做出反应，以免系统遭受更大的损害。对系统破坏性最小的反应是将已被黑客攻破的机器首先从网络上脱开。如果认为站点内可能还有其他机器已被黑客攻破，那么就应将认为可能已被攻破的所有机器均从网络上脱开。在某些紧急情况下,甚至需要关闭系统,但在关闭系统之前,要注意到以下几点。

(1) 突然关闭系统可能会破坏一些有用信息。

(2) 关闭系统后难以进行事故的分析工作。

(3) 对系统上运行的用户来讲,关闭系统会给他们带来很大的影响。

3．进行事故分析

在完成了上述两个步骤后,其实还不可以立即着手恢复系统,而应该先考虑一下是否已了解了事故的全部内容,如果急急忙忙地去处理,有可能还会引起事态的扩展。在这个时候,找一个内行的人商量一下,就是一个最好的办法。在全面而又充分了解事故情况的前提下,设计好事故的处理步骤,然后再着手进行具体处理工作。

4．通知有关方面

通知有关方面人员,告诉"本站点出现安全事故"。

5．记录系统概况

快速记录系统当时的概况。可用移动磁盘来快速备份被攻破的系统以记录系统当时的概况。这样做的目的如下。

(1) 假如因对系统的误处理而导致系统崩溃,可迅速恢复原状,并再重新处理。

(2) 这种时候的系统备份是将来进行事故原因调查的重要证据。

(3) 在事故处理完毕后,仍可对此备份再进行研究,以改善防火墙。

6．重新启动并恢复

整个过程中的最后一步便是对事故的具体处理了。可根据事故的发展程度采用以下手段来处理事故。

(1) 如果黑客没有成功地破坏系统,那么用不着做出任何响应,可认为安全事故完全是外部网对内部系统的无意骚扰。

(2) 如果黑客不断地来干扰系统,那么就应该立即加强对网络的监视,同时要告知站点内的其他人也来关注事态的进一步发展。

(3) 如果黑客已成功地侵入系统,那么应该立即着手确定黑客到底对系统造成了多大的损害,他还留下哪些信息。

(4) 最坏的结果是系统因遭黑客的破坏而必须重建,而重建系统的原因不一定是系统已完全被黑客破坏,而是只有重建的系统才被认为是干净的。在系统重建时,必须让硬件进行自检,然后再装入干净的系统软件。

7．要对事故处理的全过程做好记录

对事故处理的全过程做好记录的目的有以下几个。

(1) 在下次处理同样的事故时更加利索。

(2) 可从中获取某些教训,以便下次处理同样的事故时能处理得更好。

(3) 对事故处理的全过程的记录是追踪入侵者的重要依据。

8．事故处理完毕后的工作

事故处理完毕并不表示整个工作已经完成。此时,还应考虑如何防止同类事故的再

次发生。可以仔细查看在对事故进行处理前的现场记录,从中找出黑客是如何进入系统的,从而对系统加以修正,设法堵住黑客进入系统的漏洞。其次,还要对事故处理的全过程重新加以审查,以确定哪些步骤是合理的而哪些又不太合适,从而在下次处理同样的事故时更加迅速与有效。

8.3　网络扫描工具

8.3.1　网络扫描器

1. 网络扫描器的概念

迅速发展的 Internet 给人们的生活、工作带来了巨大的方便,但同时也带来了一些不容忽视的问题,网络信息的安全保密问题就是其中之一。

网络的开放性以及黑客的攻击是造成网络不安全的主要原因。科学家在设计 Internet 之初就缺乏对安全性的总体构想和设计,人们所用的 TCP/IP 协议建立在可信的环境之下,首先考虑的是网络互联,它是缺乏对安全方面的考虑的,而且 TCP/IP 协议是完全公开的,远程访问使许多攻击者无须到现场就能够实施攻击,连接的主机基于互相信任的原则等这一些性质使网络更加不安全。

先进的技术是实现网络信息安全的有力武器,这些技术包括密码技术、身份验证技术、访问控制技术、安全内核技术、网络反病毒技术、信息泄露防治技术、防火墙技术、网络安全漏洞扫描技术、入侵检测技术等。而在系统发生安全事故之前对其进行预防性检查,及时发现问题并予以解决不失为一种很好的办法,于是网络安全漏洞扫描技术应运而生。

真正的扫描器是 TCP 端口扫描器,这种程序可以选择 TCP/IP 端口和服务(如 Telnet 或 FTP),并记录目标的回答。通过这种方法,可以搜集到关于目标主机的有用信息(如一个匿名用户是否可以登录等)。而其他所谓的扫描器仅仅是 UNIX 网络应用程序,这些程序一般用于观察某一服务是否正在一台远程机器上正常工作,它们不是真正的扫描器,但也可以用于收集目标主机的信息(UNIX 平台上通用的 Ruseers 和 Host 命令就是这类程序的很好的例子)。尽管扫描器程序一般是为 UNIX 工作站编写的,但现在已有用于任何操作系统的扫描器。扫描器能够发现目标主机某些内在的弱点,这些弱点可能是破坏目标主机安全性的关键因素。但是,要做到这一点,必须了解如何识别漏洞。许多扫描器没有提供多少指南手册和指令,因此,数据的解释非常重要。扫描器对于 Internet 安全性之所以重要,是因为它们能发现网络的弱点。一个好的扫描器能够给出一个服务器和网络中潜在的安全漏洞,每台服务器的安全等级,存在哪些脆弱的服务,有哪些危险的用户账号,并提醒系统管理员应该修改服务器中的一些不安全的配置,给出详细的安全建议。

2. 扫描器的工作原理

扫描器是一种自动检测远程或本地主机安全脆弱点的程序,通过使用扫描器可以不留痕迹地发现远程服务器的各种 TCP 端口的分配及提供的服务和它们的软件版本,从而能间接地或直观地了解到远程主机所存在的安全问题。

扫描器的工作原理是,采用模拟攻击的形式对目标可能存在的已知安全漏洞进行逐项检查。目标可以是工作站、服务器、交换机、数据库应用等各种对象,然后根据扫描结果向系统管理员提供周密可靠的安全性分析报告,为提高网络安全整体水平产生重要依据。

在网络安全体系的建设中,安全扫描工具花费低、效果好、见效快、与网络的运行相对对立、安装运行简单,可以大规模减少安全管理员的手工劳动,有利于保持全网安全政策的统一和稳定。

3. 网络扫描器的功能

扫描器并不是一个直接攻击网络漏洞的程序,它仅仅能帮助人们发现目标机的某些内在的弱点。一个好的扫描器能对它得到的数据进行分析,帮助人们查找目标主机的漏洞,但它不会提供进入一个系统的详细步骤。

扫描器应该有以下 3 项功能。

(1) 发现一个主机或网络的能力。

(2) 一旦发现一台主机,就会发现什么服务正运行在这台主机上的能力。

(3) 通过测试这些服务发现漏洞的能力。

扫描器对 Internet 安全很重要,因为它能揭示一个网络的脆弱点。在任何一个现有的平台上都有几百个熟知的安全脆弱点。在大多数情况下,这些脆弱点都是唯一的,仅影响一个网络服务。人工测试单台主机的脆弱点是一项极其烦琐的工作,而扫描程序能轻易地解决这些问题。扫描程序开发者利用可得到的常用攻击方法并把它们集成到整个扫描中,这样使用者就可以通过分析输出的结果发现系统的漏洞。

4. 常见端口扫描介绍

(1) TCP FIN 扫描

关闭的端口会用适当的 RST 来回复 FIN 数据包,而打开的端口会忽略对 FIN 数据包的回复。

优点:FIN 数据包可以不惹任何麻烦的通过。

缺点:这种方法和系统的实现有一定的关系,有些系统不论是打开的还是关闭的端口对 FIN 数据包都要给以回复,在这种情况下该方法就不实用了。

(2) TCP connect()扫描

操作系统提供 connect()系统调用,用来与每一个感兴趣的目标计算机的端口进行连接。如果端口处于侦听状态,那么 connect()就能成功。否则,这个端口是不能用的,即没有提供服务。

优点:系统中的任何用户都有权利使用这个调用;如果对每个目标端口以线性的方式进行扫描,将会花费相当长的时间,但如果能同时打开多个套接字,就能加速扫描。

缺点:很容易被发现,目标计算机的 logs 文件会显示一连串连接和连接出错的消息,并且能很快地关闭。

8.3.2 扫描程序

目前市场上存在的扫描器产品主要可分为基于主机的,主要关注软件所在主机上面的风险漏洞;基于网络的,主要是通过网络远程探测其他主机的安全风险漏洞。

国外基于主机的产品主要有 AXENT 公司的 ESM、ISS 公司的 System Scanner 等;

基于网络的产品包括 ISS 公司的 Internet Scanner、AXENT 公司的 NetRecon、NAI 公司的 CyberCops Scanner、Cisco 公司的 NetSonar 等。

下面介绍一些可以在 Internet 上免费获得的扫描程序。

1. NSS（网络安全扫描器）

（1）概述

NSS 由 Perl 语言编写而成，它最大的特点是运行速度非常快，可以执行以下常规检查。

① Sendmail。

② 匿名 FTP。

③ NFS 出口。

④ TFTP。

⑤ Hosts. equiv。

⑥ XHost。

（2）功能

利用 NSS，用户可以获得更强大的功能，其中包括以下几个。

① AppleTalk 扫描。

② Novell 扫描。

③ LAN 管理员扫描。

④ 子网扫描。

（3）执行进程。

NSS 执行的进程包括以下几个。

① 取得指定域的列表或报告，该域原本不存在这类列表。

② 用 ping 命令确定指定主机是否是连通的。

③ 扫描目标主机的端口。

④ 报告指定地址的漏洞。

（4）提示

在对 NSS 进行解压缩后，不能立即运行 NSS，需要对它进行一些修改，必须设置一些环境变量，以适应机器配置。主要变量包括以下几个。

① ＄TmpDir_NSS 使用的临时目录。

② ＄YPX-ypx 应用程序的目录。

③ ＄PING_可执行的 ping 命令的目录。

④ ＄XWININFO_xwininfo 的目录。

如果隐藏了 Perl include 目录（目录中有 Perl include 文件），并且在 PATH 环境变量中没有包含该目录，需要加上这个目录；同时，用户应该注意 NSS 需要 ftplib. pl 库函数。NSS 具有并行能力，可以在许多工作站之间进行分布式扫描。而且，它可以使进程分支在资源有限的机器上运行 NSS（或未经允许运行 NSS），应该避免这种情况，在代码中有这方面的选项设置。NSS 扫描程序可以通过搜索引擎找到地址，直接下载即可。

2. strobe(超级优化 TCP 端口检测程序)

(1) 概述

strobe 是一个 TCP 端口扫描器,它可以记录指定机器的所有开放端口。strobe 运行速度也非常快。

(2) 特点

优点:strobe 的主要优点是,它能快速识别指定机器上正在运行什么服务。

缺点:strobe 的主要缺点是,这类信息是很有限的,一次 strobe 攻击充其量可以提供给"入侵者"一个粗略的指南,告诉什么服务可以被攻击。但是,strobe 用扩展的命令行选项弥补了这个不足。比如,在用大量指定端口扫描主机时,可以禁止所有重复的端口描述。其他选项包括以下几个。

① 定义起始和终止端口。

② 定义在多长时间内接收不到端口或主机响应便终止这次扫描。

③ 定义使用的 socket 号码。

④ 定义 strobe 要捕捉的目标主机的文件。

(3) 提示

strobe 扫描程序可以通过搜索引擎找到地址,直接下载即可。在获得 strobe 的同时,必然获得手册页面,这对于 Solaris 2.3 是一个明显的问题,为了防止发生问题,必须禁止使用 getpeername()。在命令行中加入-g 标志就可以实现这一目的。同时,尽管 strobe 没有对远程主机进行广泛测试,但它留下的痕迹与早期的 ISS 一样明显,被 strobe 扫描过的主机会知道这一切。

3. SATAN(安全管理员的网络分析工具)

(1) 概述

SATAN 是为 UNIX 设计的,它主要是用 C 和 Perl 语言编写的(为了用户界面的友好性,还用了一些 HTML 技术)。它能在许多类 UNIX 平台上运行,有些根本不需要移植,而在其他平台上也只是稍做改变。

(2) 特点

① 在 Linux 上运行 SATAN 有一个特殊问题,应用于原系统的某些规则在 Linus 平台上会引起系统失效的致命缺陷。

② 在 tcp-scan 模块中实现 select()调用也会产生问题。

③ 如果用户扫描一个完整子网,则会引进反向 fping 爆炸,即套接字(Socket)缓冲溢出。

(3) 功能

SATAN 用于扫描远程主机的许多已知的漏洞,其中包括但并不限于以下这些漏洞。

① FTPD 脆弱性和可写的 FTP 目录。

② NFS 脆弱性。

③ NIS 脆弱性。

④ RSH 脆弱性。

⑤ Sendmail。

⑥ X 服务器脆弱性。

（4）提示

SATAN 的安装和其他应用程序一样，每个平台上的 SATAN 目录可能略有不同，但一般都是/satan-1.1.1。安装的第一步（在阅读了使用文档说明后）是运行 Perl 程序 reconfig。这个程序将搜索各种不同的组成成分，并定义目录路径。如果它不能找到或定义一个浏览器，则运行失败，那些把浏览器安装在非标准目录中（并且没有在 PATH 中进行设置）的用户将不得不手工进行设置。同样，那些没有用 DNS（未在自己机器上运行 DNS）的用户也必须在/satan-1.1.1/conf/satan.cf 中进行下列设置：

$ dont_use_nslookuo＝1;

在解决了全部路径问题后，用户可以在分布式系统上运行安装程序（IRIX 或 Sun OS），建议要非常仔细地观察编译，以找出错误。

SATAN 比一般扫描器需要的资源更多，尤其是在内存和处理器功能方面要求更高一些。如果在运行 SATAN 时速度很慢，可以尝试几种解决办法。最直接的办法就是扩大内存和提高处理器能力，但是，如果这种办法不行，建议用下面两种方法：一是尽可能地删除其他进程；二是把一次扫描主机的数量限制在 100 台以下。

4. Jakal 扫描程序

（1）概述

Jakal 是一个秘密扫描器，也就是说，它可以扫描一个区域（在防火墙后面），而不留下任何痕迹。

（2）特点

秘密扫描器工作时会产生"半扫描"（Half Scans），它启动（但从不完成）与目标主机的 SYN/ACK 过程。从根本上讲，秘密扫描器绕过了防火墙，并且避开了端口扫描探测器，识别出在防火墙后面运行的是什么服务。

5. IdentTCPscan 扫描程序

IdentTCPscan 是一个更加专业化的扫描器，其中加入了识别指定 TCP 端口进程的所有者的功能，也就是说，它能测定该进程的 UID。

6. CONNECT 扫描程序

CONNECT 是一个 bin/sh 程序，它的用途是扫描 TFTP 服务子网。

7. FSPScan 扫描程序

FSPScan 用于扫描 FSP 服务。FSP 代表文件服务协议，是类似于 FTP 的 Internet 协议。它提供匿名文件传输功能，并且具有网络过载保护功能（比如，FSP 从来不分 *）。FSP 最知名的安全特性可能就是它记录所有到来用户的主机名，这被认为优于 FTP，因为 FTP 仅要求用户的 E-mail 地址。FSP 相当流行，现在为 Windows 和 OS/2 开发了 GUI 客户程序。

8. XSCAN 扫描程序

XSCAN 扫描具有 X 服务器弱点的子网（或主机）。从表面上看，这似乎并不太重要，毕竟其他多数扫描器都能做同样的工作。然而,XSCAN 包括了一个增加的功能:如果它找到了一个脆弱的目标,它会立即加入记录。

XSCAN 的其他优点还包括:可以一次扫描多台主机。这些主机可以在命令行中作为变量输入(并且可以通过混合匹配同时指定主机和子网)。

8.3.3 网络安全检测工具 SAFESuite

1. ISS 公司简介

SAFESuite 产品是 ISS 公司开发出来的。美国 ISS 公司创始人兼董事长 Christopher Klaus 先生于 1992 年开始为一些政府部门和企业开发基于黑客攻击技术的安全检测产品,并致力于网络安全体系方面的研究工作。最终的产品是 ISS Internet Scanner,利用它来扫描企业网络并针对每个企业网络自身的不同特点执行完整的攻击性检测。这项具有革新意义的产品很快就被作为第一个重要的自动网络安全检测工具在世界范围内流行开来。在过去的三年里,Internet Scanner 已经为超过 2000 家大型企业进行网络环境下的安全漏洞检测。

2. 产品介绍

ISS 公司的产品是 ISS SAFESuite 产品系列。这是一套综合的企业级网络安全产品,被设计用于完成可适应性安全管理模型中的监控—响应—审核过程。ISS SAFESuite 特别考虑到了不断变化的网络设备环境,在 Web 服务器、防火墙、操作系统和 UNIX/Windows NT 主机中查找黑客通常利用的弱点和安全漏洞,ISS SAFESuite 提供了确保网络系统安全的功能和对网络变动的适应性,并提供控制整个网络的智能化的实时监控系统。利用 ISS SAFESuite 中的一个产品 RealSecure 就可以随时检测出网络上任何一点的黑客攻击行为,并提供自动记录攻击行为、自动切断攻击线路、自动报警等选项。

3. 产品体系

ISS SAFESuite 产品系列包括以下几项。

(1) Internet Scanner。

(2) Web Security Scanner(用于扫描 Web 服务器)。

(3) Firewall Scanner(用于扫描防火墙)。

(4) Intranet Scanner(用于扫描企业内部网)。

(5) System Security Scanner(用于扫描主要的服务器操作系统)。

(6) RealSecure(用于网络安全系统的实时监控)。

4. 产品特点

(1) SAFESuite 是最综合的网络安全测试工具,具体如下。

① 综合评估网络。

② 全面测试安全漏洞。

③ 扫描网站、防火墙、路由器、Windows NT、UNIX 服务器及所有的 TCP/IP 网络设备。

④ 推荐合适的修正措施。

⑤ 随着最新漏洞的出现不断更新"盒子里的安全专家"。

（2）自动配置扫描选项，具体如下。

① 自动识别并报告漏洞。

② 周期性地计划扫描或随机扫描。

③ 根据 IP 地址范围、漏洞类型、危险或用户定义配置扫描。

④ 提供可重复、可信赖的安全评估过程。

（3）提供安全保证，具体如下。

① 能控制安全危险。

② 清点所有网络设备，识别现存基线漏洞。

③ 将漏洞划分为高、中、低级危险。

④ 与下次评估比较基线报告；

⑤ 闭环反馈安全策略实施情况。

5. Web Security Scanner（Web 安全扫描仪）

Web 安全扫描仪通过检测 Web 服务器"下"的操作系统、Web 服务器的应用程序本身及 Web 应用程序的 CGI 脚本来保护网站内部、外部的安全。它能够测试 Web 服务器的配置，评估基础文件系统的安全性，搜索 CGI 脚本中的知名漏洞并设法利用用户 CGI 脚本。

6. Firewall Scanner（防火墙扫描仪）

防火墙扫描仪通过检测防火墙下操作系统的安全性、防火墙应用本身及能透过防火墙的服务来测试防火墙的安全性。

7. Internet/Intranet Scanner

Intranet 扫描仪能够最全面地扫描安全漏洞，提供可靠的方法评估 TCP/IP 连接系统的安全配置。它能熟悉用户的网络，系统地检测每个网络设备的安全漏洞并自动推荐合适的校正措施。网络设备包括 UNIX 主机、Windows NT 或 Windows 95 系统、一个路由器甚至一个 X 终端。

8. System Security Scanner（系统安全扫描仪）

系统安全扫描仪从操作系统的角度监视专用主机的整体安全性。系统安全扫描仪能够检查文件所有权和许可性、OS 配置、特洛伊木马程序和黑客出现表象。另外，它允许用户采取校正措施，允许管理员任意从远程更正分散网络上的安全漏洞。

8.3.4　网络安全扫描工具 Skipfish

1. Google 公司简介

Skipfish 产品是 Google 公司开发出来的。Google 公司是一家美国的上市公司（公有股份公司），于 1998 年 9 月 7 日以私有股份公司的形式创立，以设计并管理一个因特网搜索引擎；Google 公司总部位于加利福尼亚山景城（Mountain View），在全球各地都设有销售和工程办事处。Google 网站于 1999 年下半年启动；2004 年 8 月 19 日，Google 公司的股票在纳斯达克（Nasdaq）上市，成为公有股份公司。Google 公司的总部称为 Googleplex，位于美国加州圣克拉拉县的山景城。

2010 年 3 月 21 日，Google 发布自动 Web 安全扫描程序 Skipfish 以降低用户的在线安全威胁。Google 工程师迈克尔·扎勒维斯基(Michal Zalewski)称，尽管 Skipfish 与 Nikto 和 Nessus 等其他开源扫描工具有相似的功能，但 Skipfish 还具备一些独特的优点。Skipfish 通过 HTTP 协议处理且占用较低的 CPU 资源，因此它的运行速度比较快。Skipfish 每秒钟可以轻松处理 2000 个请求。

Skipfish 采用先进的逻辑安全，这将有助于减小产生误报的可能性。Skipfish 的这项技术类似于 Google 于 2008 年发布的另外一款安全工具——RatProxy。

2. 产品介绍

Skipfish 是 Google 最近发布的一个自动动态网页应用程序安全检测工具。它通过网络蜘蛛和基于目录的探测器为网站自动生成一个可以交互的网站地图，可以显示出每个页面的安全信息。最终的分析报告可以用于为网站做出专业安全评估。

3. 产品特点

Skipfish 是一款免费、开源、全自动化的动态网页应用程序安全检测工具，它有以下几个特点。

(1) 速度快，Skipfish 完全用 C 语言编写，具有高度优化的 HTTP 处理能力以及最低的 CPU 占用率，每秒钟可以轻松处理 2000 个请求。

(2) 使用简单，该工具采用启发法来支持多种 Web 架构，具有自动学习能力，能够快速地生成关键字列表，自动填充表单。

(3) 提供最新的安全逻辑，质量高，误报率低，各类不同的安全检查，可以探测出大量隐藏的缺陷，包括注入式攻击。

该工具支持 Linux、FreeBSD、Mac OS X 以及 Windows 下的 Cygwin 环境。

4. 网站免费下载

Skipfish 可以从网址 http://code.google.com/p/skipfish/进行下载，该网址的主页如图 8-5 所示。

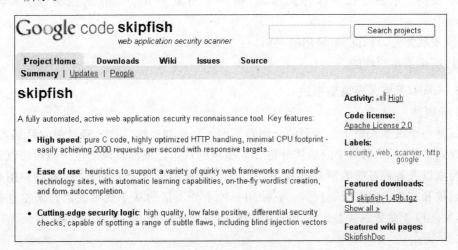

图 8-5　Skipfish 下载主页

8.3.5　网络安全检测必备工具

1. Nessus（远程安全扫描）

（1）概述

Nessus 被认为是目前全世界使用最多的系统漏洞扫描与分析软件。总共有超过 75000 个机构使用 Nessus 作为扫描该机构计算机系统的软件。

（2）特点

① 提供完整的计算机漏洞扫描服务，并随时更新其漏洞数据库。

② 不同于传统的漏洞扫描软件，Nessus 可同时在本机或远端上遥控，进行系统漏洞的分析扫描。

③ 其运作效能能随着系统的资源的变化而自行调整。如果将主机加入更多的资源（例如增加 CPU 速度或增加内存大小），其效率表现可因为资源丰富而提高。

④ 可自行定义插件（Plug-in）。

⑤ NASL（Nessus Attack Scripting Language）是由 Tenable 所开发出的语言，用来写入 Nessus 的安全测试选项。

⑥ 完全支持 SSL（Secure Socket Layer）。

2. Wireshark（网络包分析工具）

（1）概述

Wireshark 是世界上最流行的网络分析工具。这个强大的工具可以捕捉网络中的数据，并为用户提供关于网络和上层协议的各种信息。与很多其他网络工具一样，Wireshark 也使用 pcap network library 来进行封包捕捉。

Wireshark 允许用户从一个活动的网络或磁盘上捕获文件来检查数据。用户可以交互地浏览捕获的数据，深入地探究需要理解的数据包的详细信息。

（2）特点

① 丰富的显示过滤程序语言和具有查看一次 TCP 会话的结构化数据流的能力。

② 支持大量的协议和媒体类型，包括一个类似于 tcpdump 的控制台版本，名为 tethereal。

③ 安装方便，具有简单易用的界面。

④ 提供丰富的功能。

3. Snort（网络入侵监测系统）

（1）概述

这是一个很多人都十分喜爱的开源性质的入侵检测系统。这个轻量级的网络入侵检测和预防系统对 IP 网络中的通信分析和数据包的日志记载都表现出色。通过协议分析、内容搜索以及各种各样的预处理程序，Snort 可以检测成千上万的蠕虫、漏洞利用企图、端口扫描和其他的许多可疑行为。它使用一种十分灵活的基于规则的语言来描述通信。此外，它还检查免费的基本分析和安全引擎，即一个分析 Snort 警告的 Web 界面。

（2）特点

① 代码简洁，短小，其源代码压缩包只有 200KB 不到，Snort 可移植性好，跨平台性

能极佳,目前已经支持 Linux 系列、Solaris、BSD 系列、IRIX、HP-UX、Windows 系列、ScoOpenserver、Unixware 等。

② 具有实时流量分析和日志 IP 网数据包的能力。能够快速地检测网络攻击,及时地发出警报。Snort 的警报机制很丰富。

③ 能够进行协议分析、内容的搜索/匹配。能够分析的协议有 TCP、UDP 和 ICMP。将来的版本将提供对 ARP、ICRP、GRE、OSPF、RIP、ERIP、IPX、APPLEX 等协议的支持。它能够检测多种方式的攻击和探测,如缓冲区溢出、CGI 攻击、SMB 检测、探测操作系统特征的企图等。

④ 日志格式既可以是 Tcpdump 的二进制格式,也可以编码成 ASCII 字符形式,更便于维护尤其是新手检查,使用数据库输出插件,可以把日志存入数据库中,当前支持的数据库包括 Postagresql、MySQL、任何 UNIX ODBC 数据库、Microsoft SQL Server,还有 Oracle 等数据库。

⑤ 使用 TCP 流插件(TCPSTREAM),可以对 TCP 包进行重组。

⑥ 有很强的系统防护能力。扩展性能较好,对于新的攻击威胁反应迅速。

⑦ 支持插件,可以使用具有特定功能的报告,检测子系统插件对其功能进行扩展。Snort 当前支持的插件包括数据库日志输出插件、破碎数据包检测插件、断口扫描检测插件、HTTP URI 插件、XML 网页生成插件等。

4. Netcat(网络安全扫描工具)

(1) 概述

这款被称为网络上的瑞士军刀的实用程序能够在 TCP 或 UDP 网络连接上读/写数据。它被设计为一种可靠的后端工具,能够直接地、简单地被其他程序和脚本驱动。同时,它还是一款网络调试和探测工具,因为它能够创建用户需要的几乎任何类型的连接,包括端口绑定,以便于接收进入的连接。

(2) 特点

① 可以代替 telnet,能够启动监听程序。

② 可以用来传输文件。

③ 可以用来作为黑客辅助程序。

④ 是一个非常简单的 UNIX 工具,可以读/写 TCP 或 UDP 网络连接(Network Connection)。它被设计成一个可靠的后端(Back-end)工具,能被其他的程序或脚本直接地或容易地驱动。

⑤ 是一个功能丰富的网络调试和开发工具,因为它可以建立用户可能用到的几乎任何类型的连接,还具有一些非常有意思的内建功能。

5. Hping2(TCP/IP 工具)

(1) 概述

Hping 是一个基于命令行的 TCP/IP 工具,它在 UNIX 上得到很好的应用,不过它并不仅仅是一个 ICMP 请求/响应工具,它还支持 TCP、UDP、ICMP、RAW-IP 协议,路由模型 Hping 一直被用做安全工具,可以用来测试网络及主机的安全。

（2）特点

① 具有防火墙探测的特点。

② 具有高级端口扫描的特点。

③ 可进行网络测试（可以用不同的协议、TOS、数据包碎片来实现此功能）。

④ 具有手工 MTU 发掘特点。

⑤ 具有高级路由（在任何协议下都可以实现）的特点。

⑥ 具有指纹判断的特点。

⑦ 具有细微 UPTIME 猜测的特点。

6. Kismet（无线网络探测器）

Kismet 是一个基于控制台的 802.11 第二层的无线网络检测器、嗅探器和入侵检测系统。Kismet 通过被动地嗅探来识别网络，找出隐藏的网络。它可以通过嗅探 TCP（传送控制协议）、UDP（用户数据报协议）、ARP（地址解析协议）和 DHCP（动态主机配置协议）数据来自动检测出 IP 地址列表。此外，它还能以 Wireshark/Tcpdump 的兼容形式记录通信。

它可以运行在 Linux、OpenBSD、FreeBSD、Solaris，以及其他 UNIX 系统、Mac OS X 甚至 Windows 等操作系统之上，并拥有命令行界面。

7. Tcpdump（网络安全监视工具）

Tcpdump 是一款经典的网络监视和数据获取嗅探程序。在 Ethereal（Wireshark）出现之前，Tcpdump 是被广泛采用的 IP 嗅探程序，网络管理员中的许多人还在继续使用它。它可能没有豪华的外表（如没有一个非常漂亮的图形用户界面），不过它几乎没有什么安全漏洞，并且需要很少的系统资源。虽然它很少有什么新的特性，不过却能经常修正补丁和可移动性问题。它对于跟踪网络问题或监视网络活动是极有价值的工具。

8. Ettercap（网络嗅探程序）

Ettercap 是一个基于终端的以太网网络嗅探程序/截获程序/记录程序。它支持对许多协议（即使加密的协议，如 SSH 和 HTTPS）的主动和被动的分解。也能够对已建立连接的网络实施数据截获，以及对动态的数据进行过滤，保持连接的同步。它提供许多嗅探式，提供一个强有力的、完整的嗅探程序组件包，并支持插件。它能够检查用户的网络是否位于一个交换网络中，并使用系统指纹码（以主动模式或被动模式）让用户知道 LAN 的几何结构。

9. Nikto（漏洞扫描工具）

Nikto 是一款开放源代码的、功能强大的 Web 扫描评估软件，能对 Web 服务器多种安全项目进行测试和扫描，能在 230 多种服务器上扫描出 2600 多种有潜在危险的文件、CGI 及其他问题，它可以扫描指定主机的 Web 类型、主机名、特定目录、Cookie、特定 CGI 漏洞、返回主机允许的 HTTP 模式等。它也使用 LibWhiske 库，但通常比 Whisker 更新的更为频繁。Nikto 是网络管理安全人员必备的 Web 审计工具之一。

10. THC Hydra（网络身份验证破解程序）

THC Hydra 是一个快速的网络身份验证破解程序，它支持许多不同的服务。在需要强力攻击一个远程的身份验证服务时，Hydra 有可能是最佳的选择。它可以对 30 多种协议执行快速的目录攻击，包括 Telnet、FTP、HTTP、HTTPS、SMB、多种数据库等。

习题八

一、判断题

1. 防火墙的管理一般分为本地管理、远程管理和集中管理等。　　　　　　　　（　　）

2. SNMP 是"简单网络管理协议"的意思。　　　　　　　　　　　　　　　　（　　）

3. SNMP 的体系结构分为被管理的设备（Managed Device）、SNMP 管理器（SNMP Manager）两个部分。　　　　　　　　　　　　　　　　　　　　　　　　（　　）

4. 彻底防御（Defense in Depth），防火墙过滤规则尽可能使用多个限制规则取代单一限制条件。　　　　　　　　　　　　　　　　　　　　　　　　　　　　　（　　）

5. 身份确认及认证（Identification and Authentication），系统管理者可以任选一个在其他的系统上所未曾使用的密码。　　　　　　　　　　　　　　　　　　　（　　）

6. 防火墙的数据备份可以没有，但重要的数据是需要备份的。　　　　　　　（　　）

7. 账号的管理，包括增加新账号、删除旧账号及检查密码期限等，是最常被忽略的日常管理工作。　　　　　　　　　　　　　　　　　　　　　　　　　　　　（　　）

8. 防火墙实际上是一种隔离技术，通过监测、限制、更改跨越防火墙的数据流，尽可能地对外部屏蔽网络内部的信息、结构和运行状况，将内部网和外部网（Internet）分开，以此来实现网络的安全保护。　　　　　　　　　　　　　　　　　　　　　（　　）

9. 防火墙的白盒测试是以使用为主要观点的白盒测试，通常强调防火墙系统的整体观念和设计。　　　　　　　　　　　　　　　　　　　　　　　　　　　　　（　　）

10. 防火墙的黑盒测试是以设计为主要观点的黑盒测试。　　　　　　　　　　（　　）

二、填空题

1. 本地管理是指_____通过防火墙的_____口或防火墙提供的_____和显示器对防火墙进行_____管理。

2. 远程管理是指_____通过_____或防火墙提供的_____接口对防火墙进行管理，管理的通信协议可以基于_____、_____、_____等。

3. 最少的特权是指减少因为_____或_____影响开放防火墙的_____条件，并将防火墙规则的_____动作设为_____，也就是任何未经特别允许的联机一律禁止。

4. 防火墙日常管理包括_____管理、_____管理、_____管理、_____管理、_____管理。

5. 防火墙是设置在被_____和_____之间的一道屏障，以防止发生_____的、_____的侵入。

6. 防火墙的测试方法有_____方法、_____方法、_____方法、_____方法、_____方法、_____方法、_____方法等。

7. 防火墙安全事故处理的一般步骤是_____情况、_____行动、_____分析、

_____方面、_____概况、_____恢复、_____记录、_____工作。

8. 真正的扫描器是_____扫描器,这种程序可以选择_____端口和服务(如Telnet 或 FTP),并记录_____的回答。通过这种方法,可以搜集到关于_____的有用信息(如一个匿名用户是否可以登录等)。

9. 扫描器的工作原理是,采用_____的形式对目标_____的已知_____进行逐项检查。目标可以是_____、_____、交换机、_____等各种对象。

10. 网络安全扫描工具 Skipfish 是_____公司于_____公布的自动_____程序,Skipfish 可以_____的_____安全威胁。

三、思考题

1. 简述防火墙管理分类。

2. 简述防火墙 SNMP 管理。

3. 简述防火墙 SNMP 体系结构。

4. 简述防火墙安全管理建议。

5. 简述防火墙日常管理工作。

6. 简述防火墙测试的重要性。

7. 什么是防火墙的白盒测试?

8. 什么是防火墙的黑盒测试?

9. 什么是防火墙的抗攻击能力测试?

10. 简述防火墙安全事故处理的步骤。

11. 简述网络扫描器的概念和工作原理。

12. 简述网络扫描器的功能。

第 9 章

综 合 实 训

综合实训是指从实战出发,以应用为目的、防范手段为重点、理论讲述为基础的系统性、实战性、应用性较强的电子商务信息安全技术训练,要求淡化理论、加强实训、突出职业技能训练,反映新知识、新技术和新方法。

9.1 实训一 网络基本配置

【实训目的】

通过实训使学生了解 Windows/Linux 操作系统环境下的网络参数的设置,学会 IP地址的设置,掌握子网掩码的使用等。

【实训要求】

1. 掌握 Windows/Linux 操作系统环境下网络参数的设置。
2. 理解 IP 地址的含义。
3. 学会 IP 地址的设置。
4. 掌握子网掩码的使用、子网的划分方法。
5. 按实训内容的要求写出实训报告并回答思考题。

【实训内容】

1. 记录原来的参数设置

先将原来的 IP 地址、子网掩码、默认网关等参数记录下来,实训完成后用于恢复原来的设置。

2. IP 地址与网络掩码设置

(1)假设计算机 A、B 连接在同一个交换机上,将 A、B 的 IP 地址和网络掩码设置为在同一网络,如 192.168.25.0,在 A 和 B 上分别通过 ping 检测与对方的连通情况。

(2)将 A、B 的 IP 地址和网络掩码设置为不在同一网络上(如 192.168.25.0 和192.168.26.0),在 A 和 B 上分别通过 ping 检测与对方的连通情况。

(3)将 C 类网 192.168.25.0 划分成 4 个子网,在本机上通过设置 IP 地址和网络掩码,验证各子网掩码和可用的 IP 地址范围。

（4）假设计算机 A、B 连接在同一个局域网上，将 A、B 的 IP 地址和网络掩码设置为在同一子网中，在 A 和 B 上分别通过 ping 检测与对方的连通情况。

（5）将 A、B 的 IP 地址和网络掩码设置为不在同一子网中，在 A 和 B 上分别通过 ping 检测与对方的连通情况。

（6）填写表 9-1 和表 9-2 中的内容。

表 9-1　不同网络/子网之间的连通性记录

实训项	A 的 IP 和子网掩码	B 的 IP 和子网掩码	A 与 B 之间的连通性	原　因
1				
2				
3				
4				
⋮				

表 9-2　子网及有效的 IP 地址范围记录

实训项	网络号	子网号	网络掩码	有效的 IP 地址范围	子网内广播地址和未知地址
1					
2					
3					
4					
⋮					

3. IP 地址冲突

（1）在同一个局域网上，先将计算机 A 的 IP 地址设置为 192.168.25.168，然后再将计算机 B 的 IP 地址设置为与 A 相同（即让 B 与 A 的 IP 地址发生冲突），观察并记录 A、B 上的错误消息报告情况。

（2）在另外一台计算机 C（IP 地址与 A/B 不同）上向该 IP 地址发 ping 检测报文（ping 192.168.25.168-n10），观察 ping 检测报文的返回情况。

（3）进入命令提示符窗口，用 nbtstat － A192.168.25.168 查看此时 IP 地址 192.168.25.168 对应的主机名称是计算机 A 还是计算机 B。

（4）让 A 与 B 的 IP 地址发生冲突，重复上述步骤。

（5）让 A 与 B 的 IP 地址没有冲突，重复上述步骤。

（6）将上述 3 种情况的结果进行对比，如表 9-3 所示。

表 9-3　结果对比

实训项	主机 A 的 IP 地址	主机 B 的 IP 地址	192.168.25.168 对应的主机名称	C 到 A 的丢包率	C 到 B 的丢包率
1					
2					
3					
4					
⋮					

4. 恢复原来的网络参数设置

【思考题】

1. 当 A、B 不在同一个网络或子网时，如果 A、B 之间需要通信，怎么办？

2. 如果 A 是一个 Web 服务器或邮件服务器，当客户机 B 的 IP 地址与 A 发生冲突后，客户 C 访问 A 时会有什么影响？

3. 假设组网的交换机具有网络管理功能（通过软件可以让某端口打开或关闭），如何保护网络中的重要服务器不受客户机 IP 地址冲突的影响？

【实训报告格式】

实训报告的格式如图 9-1 所示。

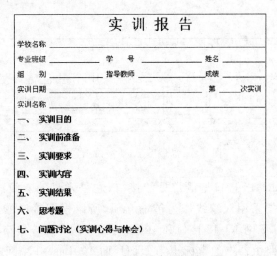

图 9-1　实训报告的格式

9.2　实训二　路由器的接口及连接

【实训目的】

通过实训使学生了解路由器的工作原理，熟悉在不同的网络中路由器的接口设置，学会路由器的设置。

【实训要求】

1. 了解路由器的工作原理。

2. 掌握局域网接口的设置。

3. 掌握广域网接口的设置。

4. 掌握路由器配置的接口。

5. 按实训内容的要求写出实训报告并回答思考题。

【实训内容】

1. 路由器接口

路由器具有非常强大的网络连接和路由功能，它可以与各种各样的不同网络进行物理连接,这就决定了路由器的接口技术非常复杂,越是高档的路由器其接口种类也就越多,因为它所能连接的网络类型越多。

(1)局域网接口

常见的以太网接口主要有 AUI、BNC 和 RJ-45 接口,FDDI、ATM、千兆以太网等也有相应的网络接口,下面分别介绍几种主要的局域网接口。

① AUI 接口。AUI 接口就是用来与粗同轴电缆连接的接口,它是一种 D 形 15 针接口,这在令牌环网或总线型网络中是一种比较常见的接口之一。路由器可通过粗同轴电缆收发器实现与 10Base-5 网络的连接,但更多的则是借助于外接的收发转发器(AUI-to-RJ-45)实现与 10Base-T 以太网的连接。当然,也可借助于其他类型的收发转发器实现与细同轴电缆(10Base-2)或光缆(10Base-F)的连接。局域网 AUI 接口示意图如图 9-2 所示。

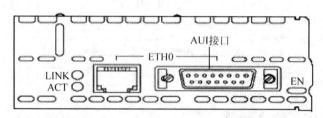

图 9-2 局域网 AUI 接口示意图

② RJ-45 接口。RJ-45 接口是最常见的接口,它是常见的双绞线以太网接口。因为在快速以太网中也主要采用双绞线作为传输介质,所以根据接口的通信速率不同 RJ-45 接口又可分为 10Base-T 网 RJ-45 接口和 100Base-TX 网 RJ-45 接口两类。其中,10Base-T 网的 RJ-45 接口在路由器中通常标识为 ETH,而 100Base-TX 网的 RJ-45 接口则通常标识为 10/100 bTX。局域网 RJ-45 接口示意图如图 9-3 所示。

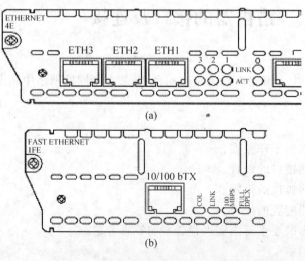

图 9-3 局域网 RJ-45 接口示意图

图 9-3(a)所示为 10Base-T 网 RJ-45 接口,图 9-3(b)所示为 10/100Base-TX 网 RJ-45 接口。其实这两种 RJ-45 接口仅就接口本身而言是完全一样的,但接口中对应的网络电路结构是不同的,所以也不能随便接。

③ SC 接口。SC 接口是人们常说的光纤接口,用于与光纤的连接。光纤接口通常不直接用光纤连接至工作站,而是通过光纤连接到快速以太网或千兆以太网等具有光纤接口的交换机。这种接口一般在高档路由器中才有,都以 100 bFX 标注,局域网 SC 接口示意图如图 9-4 所示。

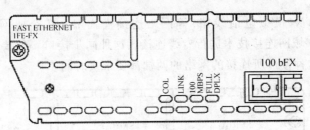

图 9-4　局域网 SC 接口示意图

(2) 广域网接口

路由器不仅能实现局域网之间的连接,更重要的是应用于局域网与广域网、广域网与广域网之间的连接。但是因为广域网规模大,网络环境复杂,所以也就决定了对路由器用于连接广域网接口的速率要求非常高,在以太网中一般都要求在 100Mb/s 以上。

① RJ-45 接口。利用 RJ-45 接口也可以建立广域网与局域网 VLAN(虚拟局域网)之间,以及与远程网络或 Internet 的连接。如果使用路由器为不同 VLAN 提供路由,可以直接利用双绞线连接至不同的 VLAN 接口。但要注意这里的 RJ-45 接口所连接的网络一般就不太可能是 10Base-T 这种了,一般都是 100Mb/s 快速以太网以上。如果必须通过光纤连接至远程网络,或连接其他类型的接口,则需要借助于收发转发器才能实现彼此之间的连接。图 9-5 所示为快速以太网(Fast Ethernet)接口示意图。

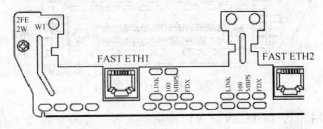

图 9-5　广域网 RJ-45 接口示意图

② AUI 接口。AUI 接口在局域网中也讲过,它是用于与粗同轴电缆连接的网络接口,其实 AUI 接口也常被用于与广域网的连接,但是这种接口类型在广域网应用得比较少。在 Cisco 2600 系列路由器上提供了 AUI 与 RJ-45 两个广域网连接接口,如图 9-6 所示,用户可以根据自己的需要选择适当的类型。

③ 高速同步串口。在路由器的广域网连接中,应用最多的端口是"高速同步串口"(Serial),如图 9-7 所示。这种端口主要用于目前应用非常广泛的 DDN、帧中继(Frame

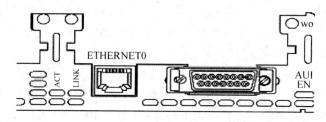

图 9-6 广域网 AUI 接口示意图

Relay)、X.25、PSTN(模拟电话线路)等网络连接模式中。在企业网之间有时也通过 DDN 或 X.25 等广域网连接技术进行专线连接。这种同步接口一般要求速率非常高,因 为一般来说通过这种接口所连接的网络的两端都要求实时同步。

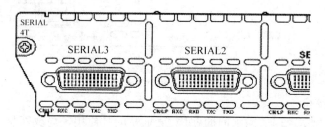

图 9-7 高速同步串口示意图

④ 异步串口。异步串口(ASYNC)主要应用于调制解调器或调制解调器池的连接, 如图 9-8 所示。它主要用于实现远程计算机通过公用电话网拨入网络。这种异步接口相 对于上面介绍的同步接口来说在速率上要求就松许多,因为它并不要求网络的两端保持 实时同步,只要求能连续即可,主要是因为这种接口所连接的通信方式速率较低。

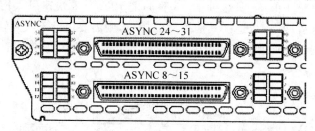

图 9-8 异步串口示意图

⑤ ISDN BRI 接口。因 ISDN 这种因特网接入方式在连接速度上有它独特的一面, 所以在 ISDN 刚兴起时在因特网的连接上还得到了充分的应用。ISDN BRI 接口用于 ISDN 线路通过路由器实现与 Internet 或其他远程网络的连接,可实现 128Kb/s 的通信 速率。ISDN 有两种速率连接接口:一种是 ISDN BRI(基本速率接口);另一种是 ISDN PRI(基群速率接口)。ISDN BRI 接口采用 RJ-45 标准,与 ISDN NT1 的连接使用 RJ-45- to-RJ-45 直通线。图 9-9 所示的 BRI 为 ISDN BRI 接口。

2. 路由器配置接口

路由器的配置接口有两个,分别是 Console 和 AUX,Console 通常是用来进行路由

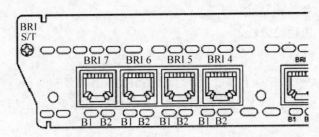

图 9-9 ISDN BRI 接口示意图

器的基本配置时通过专用连线与计算机连接的,而 AUX 是用于路由器的远程配置连接的。

（1）Console 接口

Console 接口使用配置专用连线直接连接至计算机的串口,利用终端仿真程序(如 Windows 下的"超级终端")进行路由器本地配置。路由器的 Console 接口多为 RJ-45 接口。图 9-10 所示的配置就包含了一个 Console 配置接口。

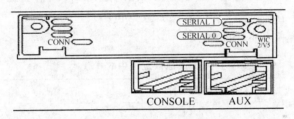

图 9-10 Console 接口示意图

（2）AUX 接口

AUX 接口为异步接口,主要用于远程配置,也可用于拨号连接,还可通过收发器与调制解调器进行连接。AUX 接口与 Console 接口通常同时提供,因为它们各自的用途不一样。接口示意图见图 9-10。

【思考题】

1. 什么是路由器? 路由器有哪些作用?

2. 路由器的工作原理是什么?

3. 通过本次实训学到了哪些知识?

9.3 实训三 TCP 协议与 UDP 协议分析

【实训目的】

通过实训使学生理解 TCP 和 UDP 协议的含义。

【实训要求】

1. 掌握 TCP 协议包格式和工作原理,如 TCP 建链拆链的三次握手机制和捎带应答机制等。

2. 掌握 UDP 协议包格式。

3. 学会 TCP 协议的分析。

【实训内容】

1. 在 Visual C++ 6.0 以上环境下编译提供 IPdump 协议包分析程序,了解其工作原理和执行流程,重点熟悉 TCP 包解包函数和 UDP 包解包函数,然后运行该程序,并完成下列实训。

2. TCP 协议分析。

(1) 指定 IPdump 运行时源 IP 地址为主机 A 的地址,目的 IP 地址为主机 B 的地址,分析开关为 TCP 协议。

(2) 在主机 B 上启动 Telnet 服务,从主机 A 上向主机 B 发起 Telnet 连接登录到主机 B 上,并进行有关操作(如 dir、cd/等),然后退出 Telnet,捕获通信过程中的 TCP 数据包,记录并分析各字段的含义,并与 TCP 数据包格式进行比较。

(3) 在主机 B 上启动 FTP 服务,从主机 A 上向主机 B 发起 FTP 连接登录到主机 B 上,并将主机 A 的一个文件传输到主机 B 上,然后退出 FTP,捕获通信过程中的 TCP 数据包,记录并分析各字段的含义,并与 TCP 数据包格式进行比较。

(4) 填写表 9-4 和表 9-5 的内容。

表 9-4　Telnet 通信过程中的 TCP 包格式

实训项	TCP 包字段名称	值	含　义
1			
2			
3			
4			
⋮			

表 9-5　FTP 通信过程中的 TCP 包格式

实训项	TCP 包字段名称	值	含　义
1			
2			
3			
4			
⋮			

3. UDP 协议分析。

(1) 指定 IPdump 运行时源 IP 地址为主机 A 的地址,目的 IP 地址为主机 B 的地址,分析开关为 UDP 协议。

(2) 在主机 A 的 DOS 仿真环境下,运行 netsend 命令向主机 B 发送一个 UDP 消息,捕获 UDP 数据包,记录并分析各字段的含义,并与 UDP 数据包格式进行比较。

(3) 在主机 A 的 DOS 仿真环境下,运行 netsend 命令向本网内的所有主机发送一个

UDP 消息,捕获 UDP 数据包,记录并分析各字段的含义,并与 UDP 数据包格式进行比较。

(4) 填写表 9-6 的内容。

表 9-6 UDP 报文格式

实训项	UDP 包字段名称	值	含 义
1			
2			
3			
4			
⋮			

【思考题】

1. 在两次 TCP 协议通信过程中,发送序列号是连续的吗? 为什么在每次通信时发送序列号不从 0 开始编号呢?

2. 在主机 A 与主机 B 进行 Telnet 通信时,从捕获的 TCP 包来看,在 A 上输入的命令是一个字符作为一个 TCP 包传送的还是一条命令作为一个 TCP 包传送的? 为什么?

9.4 实训四 文件安全与保护

【实训目的】

通过实训要求学生学会对文件进行安全保护的方法和技巧。

【实训要求】

1. 了解文件安全机理。
2. 掌握保护文件安全的方法与技巧。
3. 掌握 Office 文件的保密方法与技巧。
4. 掌握 Office 文件的解密方法与技巧。

【实训内容】

1. 在网上搜索保护 Office 文件的方法。
2. 保护一个 Word 文件和一个 PowerPoint 文件。
3. 在网上搜索解开 Office 文件密码的方法。
4. 下载解密软件。
5. 解开经过保密的两个文件。

【思考题】

1. 如何保护 Word 文本文件?
2. 如何解密 Word 文本文件?
3. 如果保密文件的密码超过 6 个字母能解密吗? 试给出解密的方法。

【参考资料】

如何保护 Office 文档

Office 文档是人们办公中使用最普遍的文档格式之一,其中存储的一般都是涉及公司或个人的重要内容,在很多情况下是禁止别人修改或者查看的。那么如何才能做到这一点呢? 其实,合理运用 Office 软件本身的一些设置即可较好地满足需求。下面就以 Word 2003 为例向大家介绍具体的做法。

1. 设置保存密码

使用密码对文档进行保护,是一种最常用的做法。密码保护一共分为两层,即打开权限密码和修改权限密码。

对文档设置密码一共可以在两个地方进行,操作都比较简单。如果该文档是初次保存,那么就可以在打开"另存为"对话框设置保存位置和文件名时,单击"另存为"对话框右上角的"工具"按钮,在下拉列表中选择"安全措施选项"选项打开"安全性"对话框,在这里就可以分别设置"打开文件时的密码"和"修改文件时的密码"了,建议大家不要将这两个密码设置为相同的。

如果文件初次保存时没有设置密码,那么也没关系,只需要选择"工具"菜单中的"选项"命令,在打开的"选项"对话框中切换到"安全性"选项卡,同样可以设置打开和修改权限密码。

如果拥有打开权限密码,那么在打开受保护的文档时,该文档是只读的,如果对其进行了修改,那么只能换名存盘,不会影响到原文档的内容;如果拥有修改权限密码,那么就表示对文档拥有了完全控制权。

2. 防止文档属性暴露信息

即使对文档进行了加密,但是还不能保证肯定安全。因为当在建立文档时先输入文档的内容,然后再保存时,那么就会在文档属性的"摘要"选项卡中显示一些个人信息。对此,只需要在资源管理器中打开该文档的属性对话框,切换到"摘要"选项卡,然后将标题、主题、作者、备注等信息全部删除,或者填写一些无关紧要的内容。

其次,也可以直接在文档中选择"工具"菜单中的"选项"命令,打开"选项"对话框,然后选择"安全性"选项卡,把"隐私选项"选项组中的"保存时从文件属性中删除个人信息"选项选中即可。

3. 保护文档

Word 2003 中还提供了一个"保护文档"的实用工具,借助该工具就可以限制非法用户对文档格式和内容进行随意修改。

要启动文档保护,只需要打开该文档,然后在"工具"菜单中选择"保护文档"命令,这样就会在当前编辑窗口右侧多出一个"保护文档"编辑区域。该区域一共分为 3 部分:第一部分"格式设置限制",主要是防止非法用户对文档的格式进行修改,对此只需要选中"限制对选定的样式设置格式"选项,然后单击"设置"按钮,在弹出的"格式设置限制"对话框中设置禁止用户修改的格式类型,如字体、字号等格式;第二部分则是"编辑限制",主要是防止别人随意修改文档的内容,选中"仅允许在文档中进行此类编辑"选项,然后在下拉菜单中选择用户可以进行的操作,如"批注",就可以避免别人随意修改文档原来的内容,只能添加或修改批注的内容了。

做好上面两项保护设置后,只需要单击第三部分中的"是,启动强制保护"按钮,即会弹出密码设置对话框,设置一个保护密码,这样在没有密码的前提下文档将处于保护状态。如果要对文档进行修改,只需要再次在"工具"菜单中,选择"取消文档保护"命令,在弹出的对话框中输入预设的密码即可。

9.5　实训五　黑客攻击与防范

【实训目的】

通过实训要求学生了解黑客攻击与防范的方法,熟悉一两个黑客攻击软件的使用方法,学会虚拟机系统的安装与调试。

【实训要求】

1. 了解黑客攻击原理。
2. 掌握一种黑客攻击系统的软件使用方法。
3. 掌握一种防止黑客攻击的软件使用方法。
4. 学会虚拟机系统的安装。

【实训内容】

1. 安装虚拟机系统,并设置相关参数。
2. 在网上搜索一两个黑客攻击软件。
3. 接收老师传来的几个文件。
4. 进入虚拟机系统。
5. 将下载的文件复制到虚拟主机的硬盘下。
6. 安装软件并执行。
7. 观看攻击前后的情况,并实时记录数据。

【思考题】

1. 何谓黑客攻击软件?
2. 黑客攻击软件对计算机有何影响?
3. 如何防范黑客的攻击?

【参考资料】

黑　客　技　术

黑客技术,简单地说,是对计算机系统和网络的缺陷和漏洞的发现,以及针对这些缺陷实施攻击的技术。这里说的缺陷,包括软件缺陷、硬件缺陷、网络协议缺陷、管理缺陷和人为的失误。

很显然,黑客技术对网络具有破坏能力。近段时间,一个很普通的黑客攻击手段把世界上一些顶级的大网站轮流考验了一遍,结果证明即使是如 Yahoo 这样具有雄厚的技术支持的高性能商业网站,黑客都可以给他们带来经济损失,这在一定程度上损害了人们对

Internet 和电子商务的信心,也引起了人们对黑客的广泛关注和对黑客技术的思考。

1. 黑客技术属于科学技术的范畴

黑客技术是 Internet 上的一个客观存在,对此无须多言。和国防科学技术一样,黑客技术既有攻击性,也有防护的作用。黑客技术促使计算机和网络产品供应商不断地改善他们的产品,对整个 Internet 的发展一直起着推动作用。就像人们不能因为原子弹具有强大的破坏力而否认制造原子弹是高科技一样,也不能因为黑客技术对网络具有破坏力而将其摒弃于科学技术的大门之外。发现并实现黑客技术通常要求这个人对计算机和网络非常精通,发现并证实一个计算机系统漏洞可能需要做大量测试、分析大量代码和进行长时间的程序编写,这和一个科学家在实验室中埋头苦干没有太大的区别。发现者不同于那些在网上寻找并使用别人已经写好的黑客软件的人,这就好像武器发明者和使用者的区别。不像一个国家可以立法禁止民间组织和个人拥有枪支一样,很显然,法律不能禁止个人拥有黑客技术。

2. 应该辩证地看待黑客技术

它的作用是双面的。和一切科学技术一样,黑客技术的好坏取决于使用它的人。计算机系统和网络漏洞的不断发现促使产品开发商修补产品的安全缺陷,同时也使他们在设计时更加注意安全。研究过黑客技术的管理员会把他的系统和网络配置得更安全。如果没有那些公布重大漏洞发现并提出修补建议的黑客,Internet 不可能像今天这样让人们受益,也不会有今天这么强壮(相对于以前而言)。

利用黑客技术从事非法破坏活动为自己谋取私利,理所当然是遭人唾弃的行为。这种人不是把精力放在对系统缺陷的发现研究与修补上,而是出于某种目的设法入侵系统,以窃取资料、盗用权限和实施破坏活动。

3. 黑客技术和网络安全是分不开的

可以说黑客技术的存在推动了网络安全行业的产生。一个典型的产品安全公告产生的过程是这样的(这里的例子是微软的一个漏洞):一个黑客在测试一个程序时,发现存在有不正常的现象,于是他开始对这个程序进行分析。经过应用程序分析、反编译和跟踪测试等多种技术手段,黑客发现该程序的确存在漏洞,于是针对该漏洞编写了一个能获取系统最高控制权的攻击程序,证实该漏洞的确存在。随后,这位黑客向微软写信通知其漏洞细节,并附上了攻击程序,要求微软修补该漏洞。微软开始对此不予答复。无奈,黑客在其网站上对世人公布了该漏洞,并提供攻击程序下载给访问者测试。顿时很多 Internet 上的网络安全论坛上都谈论此事,很快传遍了 Internet。这时微软马上对该 bug 进行分析,随后在其安全版块上公布有关的安全公告,并提供解决方案和补丁程序下载。

对于这种情况,恶意黑客会利用微软的安全公告公布的漏洞去破坏系统,而网络安全专家会根据安全公告提醒用户修补系统。网络安全产品开发商则会根据该漏洞的情况开发相应的检测程序,而网络安全服务商则会为用户检测该漏洞并提供解决方案。

4. 目前 Internet 网络的基础是脆弱的

Internet 的基础是 TCP/IP 协议、网络设备和具有联网能力的操作系统。TCP/IP 协议族有一些先天的设计漏洞,很多即使升级到最新的版本仍然存在。还有的漏洞是和 Internet 的开放特性有关的,可以说是补无可补。最近发生的对各顶级网站的攻击就是利用了 Internet 的开放特性和 TCP/IP 协议的漏洞。

网络设备如路由器,担负着 Internet 上最复杂繁重的吞吐和交通指挥工作,功能强大而且复杂,以目前的技术而论,没有可能完全避免漏洞。以占市场份额 70% 以上的 Cisco 产品而论,其已知的漏洞有 30 多条。

各种操作系统也存在先天缺陷和由于不断增加新功能带来的漏洞。UNIX 操作系统就是一个很好的例子。UNIX 的历史可以追溯到 20 世纪 60 年代中。大多数 UNIX 操作系统的源代码都是公开的,40 多年来,各种各样的人不断地为 UNIX 开发操作系统和应用程序,这种协作方式是松散的,早期这些程序多是以学生完成课题的方式或由研究室的软件开发者突击完成的,它们构成了 UNIX 的框架,这个框架当初没有经过严密的论证,直到今天,商业 UNIX 操作系统如 Solaris 和 SCOUNIX 都还是构建在这个基础之上的,除非重新改变设计思想,推翻 40 年来的 UNIX 系统基础,否则以后还必须遵循这个标准。这种情况导致了 UNIX 系统存在很多致命的漏洞。最新的版本虽然改进了以往发现的安全问题,但是随着新功能的增加,又给系统带来了新的漏洞,很多软件开发人员只为完成系统的功能而工作,用户日新月异的需求和硬件的飞速发展,使生产商不可能也没有时间对每一个新产品做完整的安全测试,一些正式的软件工业标准有利于改善这种局面,即使生产商按照这些工业标准开发测试,也难以保证十全十美,因为源代码公开的特性,使黑客有足够的条件来分析软件中可能存在的漏洞。处于温室中的作物无法适应自然环境的洗礼,目前脆弱的网络必须经历磨难,付出代价,否则必将经受不住历史的考验。

5. 全世界对黑客技术的研究显得严重不足

如果从整个社会的文明现状来看,黑客技术并非尖端科技,充其量只能说是 Internet 领域的基础课题。发现黑客技术并不要求太多底层的知识,它并不神秘,但计算机产品供应商对其一直讳莫如深,黑客技术的发展从局部来说让产品供应商不安,这造成整个计算机行业对黑客技术的重视不够,从而导致当今世上黑客组织和黑客技术研究都呈无政府状态。从长远的角度看,黑客对产品的测试和修补建议将增强产品的安全性,对客户和供应商都是有利的。现在世界上也许还没有哪一个国家真正投入人力和物力研究黑客技术,所以造成目前的 Internet 基础仍然薄弱,对于一个黑客来说,要制造一个令媒体关注的新闻是一件很容易的事情,这也是网络安全令世人担忧的原因之一。

6. 网络安全公司需要黑客的参与

从事网络安全技术服务的公司,如果没有研究开发黑客技术的水平,或者没有发现客户系统潜在隐患的能力,其服务质量是提不上来的。目前国际上很多从事网络安全业务的公司纷纷雇请黑客从事网络安全检测与产品开发,甚至一些政府部门也不惜重金招纳黑客为其服务。因为网络安全的防范对象是恶意黑客,所以必须有了解攻击手段的黑客参与,才能更全面地防范黑客攻击。合格的网络安全专家必须具有黑客的能力,不了解黑客技术的网络安全专家是不可想象的。

9.6 实训六 古典密码与破译

【实训目的】

通过实训要求学生进一步了解古典密码学原理,掌握一种加密和解密算法,学会用计算机语言编程的方法进行加密和解密。

【实训要求】

1. 了解古典密码原理。

2. 掌握 RSA 加密算法。

3. 掌握 RSA 解密算法。

4. 学会用一种语言编写加密解密程序。

【实训内容】

1. 选择一种计算机语言,并打开该语言编辑器窗口。

2. 在硬盘上创建一个子目录(用来存放程序)。

3. 自己选择某一个计算机语言编写古典密码的移位、置换等算法的加密和解密程序,并调试。

4. 编写 RSA 算法的加密和解密程序(按下面源程序中的一个去调试)。

5. 运行和调试该程序。

【思考题】

1. 什么是古典密码学? 它有哪些特点?

2. 古典密码学与现代密码学有什么区别?

3. 目前在电子商务信息安全技术中使用的是哪个算法?

【参考资料】

1. Visual Basic 语言 RSA 算法源程序

```
Function check_prime(ByVal val As Long) As Boolean
Dim primes
primes = Array(1, 2, 3, 5, 7, 11, 13, 17, 19, 23, 29, 31, 37, 41, 43, 47, 53, 59, 61, 67, 71,
73, 79, 83, 89, 97, 101, 103, 107, 109, 113, 127, 131, 137, 139, 149, 151, 157, 163, 167,
173, 179, 181, 191, 193, 197, 199, 211, 223, 227, 229, 233, 239, 241, 251, 257, 263, 269,
271, 277, 281, 283, 293, 307, 311, 313, 317, 331, 337, 347, 349, 353, 359, 367, 373, 379,
383, 389, 397)
check_prime = False
For i = 0 To 78
If (val = primes(i)) Then
prime = True
End If
Next i
check_prime = prime
End Function
Function decrypt(ByVal c, ByVal n, ByVal d As Long)
```

```
Dim i, g, f As Long
On Error GoTo errorhandler
If (d Mod 2 = 0) Then
g = 1
Else
g = c
End If
For i = 1 To d/2
f = c * c Mod n
g = f * g Mod n
Next i
decrypt = g
Exit Function
errorhandler:
Select Case Err.Number ' Evaluate error number
Case 6
Status.Text = "Calculation overflow, please select smaller values"
Case Else
Status.Text = "Calculation error"
End Select
End Function
Function getD(ByVal e As Long, ByVal PHI As Long) As Long
Dim u(3) As Long
Dim v(3) As Long
Dim q, temp1, temp2, temp3 As Long
u(0) = 1
u(1) = 0
u(2) = PHI
v(0) = 0
v(1) = 1
v(2) = e
While (v(2) <> 0)
q = Int(u(2)/v(2))
temp1 = u(0) - q * v(0)
temp2 = u(1) - q * v(1)
temp3 = u(2) - q * v(2)
u(0) = v(0)
u(1) = v(1)
u(2) = v(2)
v(0) = temp1
v(1) = temp2
v(2) = temp3
Wend
If (u(1) < 0) Then
getD = (u(1) + PHI)
Else
getD = u(1)
End If
End Function
```

```
Function getE(ByVal PHI As Long) As Long
Dim great, e As Long
great = 0
e = 2
While (great <> 1)
e = e + 1
great = get_common_denom(e, PHI)
Wend
getE = e
End Function
Function get_common_denom(ByVal e As Long, ByVal PHI As Long)
Dim great, temp, a As Long
If (e > PHI) Then
While (e Mod PHI <> 0)
temp = e Mod PHI
e = PHI
PHI = temp
Wend
great = PHI
Else
While (PHI Mod e <> 0)
a = PHI Mod e
PHI = e
e = a
Wend
great = e
End If
get_common_denom = great
End Function
Private Sub show_primes()
Status. Text = "1"
no_primes = 1
For i = 2 To 400
prime = True
For j = 2 To (i/2)
If ((i Mod j) = 0) Then
prime = False
End If
Next j
If (prime = True) Then
no_primes = no_primes + 1
Status. Text = Status. Text + ", " + Str(i)
End If
Next i
Status. Text = Status. Text + vbCrLf + "Number of primes found:" + Str(no_primes)
End Sub
Private Sub Command1_Click()
Dim q, n, e, PHI, d, m, c As Long
p = Text1. Text
```

```
q = Text2. Text
If (check_prime(p) = False) Then
Status. Text = "p is not a prime or is too large, please re-enter"
ElseIf (check_prime(q) = False) Then
Status. Text = "q is not a prime or is too large, please re-enter"
Else
n = p * q
Text3. Text = n
PHI = (p - 1) * (q - 1)
e = getE((PHI))
d = getD((e), (PHI))
Text4. Text = PHI
Text5. Text = d
Text6. Text = e
Text7. Text = m
c = (m ^ e) Mod n
Text8. Text = c
m = decrypt(c, n, d)
Text9. Text = m
Label2. Caption = "Decrypt key =<" + Str(d) + "," + Str(n) + ">"
Label3. Caption = "Encrypt key =<" + Str(e) + "," + Str(n) + ">"
End If
End Sub
Private Sub Command2_Click()
End
End Sub
Private Sub Command3_Click()
frmBrowser. Show
End Sub
Private Sub Command4_Click()
Call show_primes
End Sub
```

2. C 语言 RSA 算法源程序

```c
# include <stdio. h>
int candp(int a, int b, int c)
{ int r=1;
    b=b+1;
    while(b! =1)
    {
        r=r*a;
        r=r%c;
        b--;
    }
    printf("%d\n", r);
    return r;
}
void main()
```

```
{
    int p,q,e,d,m,n,t,c,r;
    char s;
    printf("please input the p,q: ");
    scanf("%d%d",&p,&q);
    n=p*q;
    printf("the n is %3d\n",n);
    t=(p-1)*(q-1);
    printf("the t is %3d\n",t);
    printf("please input the e: ");
    scanf("%d",&e);
    if(e<1 || e>t)
    {
        printf("e is error,please input again: ");
        scanf("%d",&e);
    }
    d=1;
    while(((e*d)%t)!=1)   d++;
    printf("then caculate out that the d is %d\n",d);
    printf("the cipher please input 1\n");
    printf("the plain   please input 2\n");
    scanf("%d",&r);
    switch(r)
    {
        case 1: printf("input the m: ");          /* 输入要加密的明文数字 */
                scanf("%d",&m);
                c=candp(m,e,n);
                printf("the cipher is %d\n",c);break;
        case 2: printf("input the c: ");          /* 输入要解密的密文数字 */
                scanf("%d",&c);
                m=candp(c,d,n);
                printf("the cipher is %d\n",m);break;    }
    getch();
}
```

9.7 实训七 数字证书

【实训目的】

通过实训要求学生熟悉数字证书的申请步骤,学会申请数字证书的方法和技巧,申请一份数字证书。

【实训要求】

1. 了解数字证书原理。
2. 掌握安全电子邮件认证书的安装、导入、导出。
3. 掌握数字证书的安装、应用。

【实训内容】

1. 下载免费的安全电子邮件认证书。
2. 体验数字证书的申请过程和应用。
3. 申请免费的电子邮件安全证书。
4. 下载 Xscan 简体中文版并安装。
5. 扫描本地机器,查看系统的漏洞、隐患等,并将其报告输出。

【思考题】

1. 什么是数字证书?
2. 数字证书对个人有什么作用?
3. 数字证书如何进行管理?

【参考资料】

数字证书的重要应用领域

1. 网上银行

网上银行简称"网银",是借助因特网技术向客户提供信息服务和金融交易服务的新兴银行。网上银行是一种虚拟银行,用户可以采用微型计算机浏览器,通过因特网访问网上银行服务器办理金融信息查询、对账、汇兑、网上支付、资金转账、信贷业务及投资理财等金融服务。它的服务对象和业务范围涵盖了对公(B2B)、对私(B2C)的所有银行业务,并可利用因特网的特点有所创新。

国内商业银行的网上银行近几年有很大发展,其中工商银行、招商银行、建设银行比较突出。但是网上银行也出现了一些安全问题,例如,假造银行通知、网上"钓鱼"、病毒程序,黑客们利用这些手段,直接窃取客户账号及密码。去年的所谓"网银大盗"事件,就是一帮黑客将特洛伊木马程序置于某银行网银,窃取了近 800 万客户的账号及密码,其目的就是进行网上欺诈。

网上银行出现这些安全问题的主要原因就是客户没有使用证书保护。如有的银行提出的所谓"大众版"就是采用了 ID+口令的简单认证方式,而没有使用 PKI 证书的强认证方法,使其具有数字签名的高安全机制。

2. 电子商务

在电子商务交易中,安全是第一位的,交易各方必须使用数字证书,如交易中心、在线支付平台、银行、商家、客户等都必须使用数字证书,以保证交易各方身份的真实性及交易的不可否认性。电子商务的交易模式分 B2B、B2C、B2G 等。以 B2B 电子商务为例,中国目前 B2B 电子商务涉及了许多行业,大多数是以卖方主导型或电子市场交易型为主的,但目前的做法是特约商户只能在一家开户银行做结算。如果买卖双方分别在不同银行开户,各个银行又分别自建 PKI/CA 系统,买卖双方取得不了对方的公钥证书,不能用自己私钥加密文件,接收方不能用发送方公钥解密,因而完成不了网上跨行交易;再加上跨行交易需要人民银行清算中心的介入,目前人民银行清算中心还只采用传统清算方式,而没开发因特网上清算的提交渠道,为此,人民银行清算中心建立支付网关,将跨行划拨的联行提交渠道延伸到因特网上来。

3. 手机移动支付

手机移动支付较安全的方式是手机、银行和商户都使用数字证书机制进行身份确认和加密。首先,持有手机终端的用户是无线通信网络进行支付行为的发起者,用户可以通过手机访问移动支付平台,浏览商品,支付货款等;用户还可以将自己的数字证书和私钥安全保存在手机终端中,移动支付平台即 WAP 网关也要安装数字证书。手机终端与移动支付平台之间进行安全的信息通信。

4. 网上证券

以网上炒股为例,网上炒股是股民和证券公司之间发生的两方交易,必须确认身份和保证交易不可否认。网上转账是指股民通过 Internet 将资金在银行股民账户和证券公司账户之间划入或划出,是涉及股民、证券公司、银行的三方交易。

股民在使用证书进行网上交易时,对其网上交易指令也要进行加密和签名,以确保交易数据的有效性、机密性、完整性和不可抵赖性。网上证券交易对交易的实时性和方便性要求比较高,应用 CFCA 证书可以较好地解决安全和效率之间的矛盾。

5. 电子税务

电子税务是指国税、地税用户在网上向税务局报税和缴税,这种网上业务属于电子政务的范畴。与此相似的还有电子工商,即工商企业在网上申报或年检等。以电子税务为例,目前最安全的做法是采用证书机制,即缴税的客户、税务局和代收税的网上银行都必须安装数字证书。

9.8　实训八　防火墙

【实训目的】

通过实训要求了解防火墙的原理,掌握防火墙软件的下载和安装过程,并学会防火墙软件的设置。

【实训要求】

1. 了解防火墙工作原理。
2. 掌握防火墙软件的下载、安装等各种操作。
3. 掌握防火墙参数的设置。
4. 按实训内容的要求写出实训报告并回答思考题。

【实训内容】

1. 下载免费的费尔托斯特安全软件。

参考地址:http://www.filseclab.com/download/downloads.htm。

2. 下载费尔托斯特安全病毒库和离线升级包。
3. 下载费尔托斯特网络监护专家和离线升级包。
4. 下载费尔托斯特个人防火墙专业版和离线升级包。

5. 安装并设置其参数并截图。

6. 下载每个软件的使用说明。

7. 写出每个软件的特色。

8. 按实训内容的要求写出实训报告并回答思考题。

【思考题】

1. 防火墙起什么作用?

2. 个人计算机中是否需要安装防火墙?

3. 如何安装和设置个人计算机中的防火墙?

【参考资料】

防火墙的作用

1. 作为网络安全的屏障

只有经过精心选择的应用协议才能通过防火墙,可使网络环境变得更安全。如防火墙可以禁止 NFS 协议进出受保护的网络,这样外部的攻击者就不可能利用这些脆弱的协议来攻击内部网络。

防火墙同时可以保护网络免受基于路由的攻击,如 IP 选项中的源路由攻击和 ICMP 重定向中的重定向路径。防火墙应该可以拒绝所有以上类型攻击的报文并通知防火墙管理员。

2. 可以强化网络安全策略

通过以防火墙为中心的安全方案配置,能将所有安全软件(如口令、加密、身份认证、审计等)配置在防火墙上。与将网络安全问题分散到各个主机上相比,防火墙的集中安全管理更经济。例如,在进行网络访问时,一次一密口令系统和其他的身份认证系统完全可以不必分散在各个主机上,而集中在防火墙上。

3. 可以对网络存取和访问进行监控审计

如果所有的访问都经过防火墙,那么,防火墙就能记录下这些访问并做出日志记录,同时也能提供网络使用情况的统计数据。当发生可疑动作时,防火墙能进行适当的报警,并提供网络是否受到监测和攻击的详细信息。另外,收集一个网络的使用和误用情况也是非常重要的。可以清楚防火墙是否能够抵挡攻击者的探测和攻击,并且清楚防火墙的控制是否充足。而网络使用统计对网络需求分析和威胁分析等也是非常重要的。

4. 可以防止内部信息的外泄

通过利用防火墙对内部网络的划分,可实现内部网重点网段的隔离,从而限制局部重点或敏感网络安全问题对全局网络造成的影响。

9.9　实训九　防火墙配置

【实训目的】

通过实训要求掌握防火墙的配置,熟悉路由器的包过滤技术,掌握访问控制列表的分类及其特点,掌握访问控制列表的应用。

【实训要求】

1. 熟悉路由器的包过滤核心技术 ACL。

2. 掌握访问控制列表的分类及各自特点。

3. 掌握访问控制列表的应用,灵活设计防火墙。

4. 按实训内容的要求写出实训报告并回答思考题。

【实训内容】

1. 在实际的企业网或者校园网络中,为了保证信息安全以及权限控制,需要分别对网内的用户群进行权限控制,有的可以访问,有的不可以。这些设置往往都是在整个网络的出口或是入口(一台路由器上)进行的,所以在实验室里用一台路由器(RTA)模拟整个企业网,用另一台路由器(RTB)模拟外部网。

2. 交换机 2 台、路由器 2 台、标准网线 2 条、计算机 2 台。

3. 每 6 名同学为一组,实训组网图如图 9-11 所示。

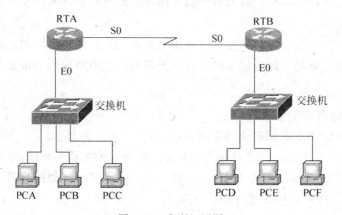

图 9-11　实训组网图

4. 已知路由器 A 以太网的网段为 202.0.0.0/24,B 以太网的网段为 202.0.1.0/24,路由器之间的网段为 192.0.0.0/24,按照图 9-11 的组网图建立实训环境,规则地址填入表 9-7 中。

表 9-7　规则地址

	RTA	RTB
S0(IP/MASK)		
E0(IP/MASK)		

5. 主机地址填入表 9-8 中。

表 9-8　主机地址

	PCA	PCB	PCC	PCD	PCE	PCF
IP/MASK						

6. 访问控制列表 ACL 既是控制网络通信流量的手段,也是网络安全策略的一个组成部分,路由器根据指令列表的内容决定是接收还是放弃数据包。配置 ACL 的过程如下。

(1) 配置 IP 地址。

(2) 启用路由协议(RIP)。

(3) 设置防火墙。

① 启用防火墙。

② 设置默认情况。

③ 定义 ACL。

④ 应用 ACL。

【实训原理和步骤】

标准访问控制列表只使用数据包的源地址来判断数据包,所以它只能以源地址来区分数据包,源相同而目的不同的数据包也只能采取同一种策略,所以利用标准访问控制列表,只能粗略地区别对待网内的用户群,使一些主机能访问外部网,另一些不能。可以来完成以下实训,看看标准访问控制列表是如何完成该功能的。在实训环境中,如果只允许主机 PCA 访问外部网络,则只需在路由器上进行如下配置即可:

```
{RTA}display current-configuration
Now create configuration...
Current congiguration
!
Version 1.74
Firewall enable                          //firewall default permit:启动防火墙功能
Sysname RTA
Encrypt-card fast-switch
!
Acll match-order quto                    //acll:建立访问控制列表
    Rule normal permit source 202.0.0.2   0.0.0.0      //允许特定主机访问外部网络
    Rule normal deny source 202.0.0.0   0.0.0.255      //禁止其他主机访问外部网络
!
Interface Aux0
  Async mode flow
  Phy-mru 0
  Link-protocol PP
!
Interface Ethernet 0/0
    Ip address 202.0.0.1   255.255.255.0
!
Interface Serial 0/0
    Link-protocol PPP
    Ip address 192.0.0.1 255.255.255.0
    Firewall packet-filter 1 outbound
!
Interface Serial 3/0
```

```
        Clock DTECLK 1
        Link-protocol PPP
!
Quit
Rip                                    //启动路由协议
    network all                        //若因版本不同此命令不可用,可用相应命令代替
!
Quit
!
return

[RTB] display current-configuration
Now create configuration…
Current configuration
!
Version 1.74
Firewall enable
Sysname RTB
Encrypt-card fast-switch
!
Interface AUX0
    Async mode flow
    Phy-mru 0
    Link-protocol PP
!
Interface Ethernet   0/0
 Ip address 202.0.1.1   255.255.255.0
!
Interface serial 0/0
    Clock DTECLK 1
    Link-protocol PPP
    Ip address 192.0.0.2 255.255.255.0
!
Interface serial 3/0
    Link-protocol PPP
!
Quit
Rip                                    //启动路由协议
    Network all                        //若因版本不同此命令不可用,可用相应命令代替
!
Quit
!
Return
```

　　注意：在配置路由器时还需要配置防火墙的默认工作过滤模式（firewall default {permit|deny}），因该命令配置与否在配置信息中没有显示，所以要特别注意。Quidway 系列路由器防火墙默认过滤模式是 permit（允许），在此也设置为 permit。完成上述配置后，用网络测试命令测试 PCA 是否能够访问外部网络，PCB 等主机是不是不能访问外部网络。

在设置防火墙时,一般选择在路由器的出口使用 firewall packet-filter 1 outbound 来使防火墙生效,但是如果改为 firewall packet-filter 1 inbound 呢? 是不是任何主机都可以访问外部网络呢? 答案是肯定的。那么如果是在 E0 口使用 firewall packet-filter 1 inbound 命令呢?

【思考题】

1. 如何在 RTB 上来完成同样的功能? 写出配置命令。(将 display current-configuration 的显示结果指定在下方)

2. 从上面的实训可以看出 inbound 和 outbound 两个方向的不同作用以及使用不同接口的配置差异,所以在设置防火墙时,需要仔细分析,灵活运用,选择最佳接口、最简单的配置完成最完善的功能。

9.10 实训十 病毒机制分析

【实训目的】

通过实训要求学生了解病毒原理,掌握病毒防范的方法,学会常用病毒软件的设置,学会常用病毒机制分析。

【实训要求】

1. 了解一般病毒原理。
2. 掌握常用防病毒软件的使用方法。
3. 学会常用防病毒软件的设置。

【实训内容】

1. 在网上寻找相关资料。
2. 写出 PC 病毒发病机理:感染—潜伏—繁殖—发作。
3. 写出常用病毒名称和机理。
4. 下载两个免费的防病毒软件,画出它们的功能模块图,并比较这两个防病毒软件。

【思考题】

1. 简述一般病毒发病的机理?
2. 国内常用的防病毒软件有哪些? 各有什么特点?
3. 国外常用的防病毒软件有哪些? 各有什么特点?

【参考资料】

病毒发病机理

1. "计算机病毒"的起源

"计算机病毒"这种说法起源于美国 Frederick B. Cohen 博士于 1984 年 9 月在美国计算机安全学会上发表的一篇论文(当时他还是美国加利福尼亚大学研究生院的一名学生)。在这篇论文中,科恩首次把"为了把自身的副本传播给其他程序而修改并感染目标程序的程序"定义为"计算机病毒",这就是计算机病毒的原始定义。

在电视和杂志等报道中,绝大多数则把所有的非法程序统称为病毒。但是,计算机病毒专家至今仍尊重科恩博士当时的定义,因此在本书中将把寄生于其他程序中的程序称为病毒,而把人们一般所说的病毒称为"非法程序"。

2. 自我繁殖的蠕虫

按照非法程序的行为来划分,大体上可以分为病毒、蠕虫和特洛伊木马这三大类。

(1) 蠕虫病毒

蠕虫病毒是指具有通过网络进行自我繁殖功能的程序。比如,随意利用邮件软件等应用程序向其他个人计算机发送含有自身副本的电子邮件。其代表是 1999 年年初首次出现并在。日本造成了巨大损失的"幸福99"(happy99)蠕虫。

有人说"病毒危害急剧增加的原因在于电子邮件的普及",这句话只讲对了一半。从严格意义来讲应该说"其原因在于电子邮件的普及以及通过邮件繁殖的蠕虫的增加"。

(2) 特洛伊木马

特洛伊木马是指伪装成游戏和应用程序等正规程序的非法程序。其性质与狭义上所讲的病毒存在本质区别。特洛伊木马是单独运行的非法程序,不像病毒那样会感染其他程序。

3. 病毒机制

典型的病毒运行机制可以分为感染、潜伏、繁殖和发作 4 个阶段。

(1) 感染是指病毒自我复制并传播给其他程序。

(2) 潜伏是指病毒等非法程序为了逃避用户和防病毒软件的监视而隐藏自身行踪的行为。

(3) 繁殖是非法程序不断地由一台计算机向其他计算机进行传播的状态。

(4) 发作是非法程序所实施的各种恶意行动。

参考答案

习题一答案

一、判断题

1. √ 2. × 3. × 4. √ 5. √ 6. × 7. √ 8. √ 9. √ 10. ×

二、填空题

1. 硬件、软件、数据受到保护、恶意的、破坏。

2. 网络设备的硬件、应用软件、信息的存储、传输、保密性、完整性、不可抵赖性。

3. 物理安全、网络安全、数据安全、信息基础设施安全、公共和国家信息安全。

4. 硬件系统、软件系统、病毒、网络通信协议、物理电磁辐射引起的信息泄露、缺少严格的网络安全管理制度。

5. 信息泄露、完整性破坏、服务拒绝、SQL 注入攻击、第三方广告机构和恐吓性软件、社交网站。

6. 假冒攻击、基于口令的攻击、网络偷窥攻击、IP 欺骗攻击、顺序号预测攻击、会话劫持攻击。

7. 内部操作不当、内部管理漏洞、来自外部威胁和犯罪。

8. 防护、检测、响应、恢复。

9. 数据加密、访问控制、数字签名、选择机制、信流控制。

10. 安全基础设施、安全机制、电子商务应用系统、法律和法规。

习题二答案

一、判断题

1. × 2. √ 3. × 4. √ 5. √ 6. × 7. × 8. × 9. √ 10. √

二、填空题

1. 语法、动作、做出。

2. 同一节点、之间交换信息、明确规定、接口、条件、影响到整个。

3. 通信硬件、软件、共同遵守、计算机网络、同层协议、接口协议。

4. 标准组织 ANSI、其他国家的国家标准组织、参考。

5. 美国国防部高级研究计划署、60、分组交换、设备、协议、TCP/IP、FTP。

6. 具有总体指导作用、定义层与层之间的接口关系和不同系统间同层的通信规则等、为满足特定应用而从基本标准中选择的标准集合。

7. 物理层、数据链路层、网络层、传输层、会话层、表示层、标准协议、标准协议。

8. 电子电气工程师、IEEE 802、局域网上、IEEE 802。

9. 美国高级研究计划署、ARPAnet、网络控制程序、DCA、DARPA。

10. 最低层、物理传输介质、两个网络、屏蔽传输介质、最低层。

习题三答案

一、判断题

1. √ 2. × 3. √ 4. × 5. √ 6. √ 7. √ 8. √ 9. × 10. ×

二、填空题

1. 秘密通信、传送的信息、窃取信息。

2. 公元前 5 世纪、希腊、波斯帝国。

3. 古代到 1949 年、1949 年到 1975 年、1976 年至今。

4. 保密性、认证性、不可抵赖性。

5. 明文、密文、加密算法。

6. 安全性、密码算法设计、实现、密钥长度的设计、分组密码长度。

7. 文字书信、字母、英文字母表、汉语拼音字母表。

8. 换位、相对位置、内容、栅栏密码技术、矩阵密码技术。

9. 每一个字符、另外一个字符、密文、逆替代、简单替代、多名码替代、多表替代。

10. 加密密钥和解密密钥相同或相近、DES、IDEA、TDEA(3DES)、MD5、RC5、DES。

11. 公开密钥加密算法、两个、公开密钥(Public Key)、有密钥(Private Key)。

12. 不依赖于人、提高、自动化、安全。

习题四答案

一、判断题

1. √ 2. × 3. × 4. √ 5. √ 6. √ 7. × 8. √ 9. × 10. √

二、填空题

1. 系统、访问不同保护级别的系统、真实、合法、唯一、消息认证、身份认证。

2. 第一道关卡、身份认证、身份识别、控制器。

3. 识别、验证、操作、记录、检查责任。

4. 口令核对、单向认证、双向认证、身份的零知识证明。

5. 权威机构——CA 证书、验证、电子文档、因特网交往、身份、识别对方。

6. 证书的颁发、证书的更新、证书的查询、证书的作废、证书的归档。

7. 证书管理公钥、第三方、CA(Certificate Authority)、公钥、标识信息、验证用户。

8. 身份认证、完整性、机密性、不可否认性、时间戳、数据的公证服务。

9. 可信第三方、开放系统、服务、认证对方。

10. 用户实体、证书更新、CA、证书撤销列表 CRL、数字签名、验签。

习题五答案

一、判断题

1. × 2. √ 3. √ 4. × 5. √ 6. × 7. √ 8. × 9. √ 10. ×

二、填空题

1. 实施强认证方法,实施细粒度的用户访问控制、细化访问权限等、对关键信息和数据的严格保密。

2. 管理、资源、硬件、软件。

3. 被动、存储、记录介质。

4. 管理、保护、发布、法律、规定、实施细则。

5. 访问控制列表、能力表、保护位。

6. 网络安全、信息安全、网络与信息安全、网络应用服务、网络应用服务安全。

7. 最小特权、最小泄露、多级安全策略。

8. 第一层、用户名的识别与验证、用户口令的识别与验证、用户账户的默认权限检查。

9. 过滤、数据、资源、认证、客体。

10. 设定、属性、文件、目录、网络设备。

习题六答案

一、判断题

1. × 2. × 3. √ 4. √ 5. √ 6. × 7. × 8. × 9. × 10. √

二、填空题

1. 访问控制、不同网络、组合、信息、出入口、安全策略、信息流。

2. 事前规定好、规则、数据流、授权、连接、通信量、闯入者、能够免于。

3. 控制并限制访问、强化网络安全策略、防御、管理、记录和报表、对网络存取和访问进行监控审计、防止内部信息的外泄。

4. 硬件产品本身的安全、具有良好的可扩展性、选择与需求相适应的功能、防火墙应具备的功能、要方便管理和控制、产品本身的性能要可靠、综合考虑运行成本。

5. 允许授权、系统资源、执行特定任务、特定对象。

6. 吞吐量、时延、丢包率、背靠背、并发连接数。

7. 总拥有成本和价格、确定总体目标、明确系统需求、防火墙的基本功能很重要、应满足企业的特殊要求、防火墙本身是安全的、管理与培训、可扩充性、防火墙的安全性。

8. TCP/IP、数据、各层连接、数据包头、包体。

9. IP、TCP、代理服务器。

10. 用户软件、客户机、任何培训、允许包、普通路由器。

习题七答案

一、判断题

1. √ 2. √ 3. × 4. × 5. √ 6. × 7. √ 8. √ 9. × 10. ×

二、填空题

1. 连接多个逻辑上分开、一个单独、一个子网、路由器。

2. 具有两个网络接口、双宿主主机、不可直接、双宿主主机。

3. 一个单独的、内部的网络、数据包过滤。

4. 屏蔽子网、额外的安全层、添加周边网络。

5. 专用、包过滤路由器、包过滤。

6. 有多个网络接口卡、一个网络、不同、数据交换、网关。

7. 外部主机、堡垒主机、直接、内部网络、包过滤、堡垒、两个屏蔽路由器、两个堡垒主机。

8. 增强系统的安全性、提高了系统的性能、系统的可扩展性、支持 VPN 通信。

9. Internet 访问控制、应用访问控制、网络状态监控、黑客攻击的防御、日志管理、系统工具。

10. 个人计算机、外部侵袭的、监控、未经授权允许。

习题八答案

一、判断题

1. √　2. √　3. ×　4. √　5. ×　6. ×　7. √　8. √　9. ×　10. ×

二、填空题

1. 管理员、Console、键盘、配置。

2. 管理员、以太网、广域网、FTP、Telnet、HTTP。

3. 职务、特权、限制、预设限制、deny。

4. 数据备份、账号、监视系统、系统、保持最新状态。

5. 保护网络、外部网络、不可预测、潜在破坏性。

6. 防火墙的白盒测试、防火墙的黑盒测试、防火墙的渗透测试、防火墙的性能测试、防火墙的抗攻击能力测试、防火墙的管理测试、防火墙的产品认证阶段测试。

7. 评估事故现场情况、视情况而采取行动、进行事故分析、通知有关方面、记录系统概况、重新启动并恢复、要把对事故处理的全过程做好记录、事故处理完毕后的工作。

8. TCP 端口、TCP/IP、目标、目标主机。

9. 模拟攻击、可能存在、安全漏洞、工作站、服务器、数据库应用。

10. Google 公司、2010 年 3 月 21 日、Web 安全扫描、降低用户、在线。

参 考 文 献

[1] 熊小兵.一种基于 PDRR 模型的静态数据完整性保护方案[J]. 计算机与信息技术,2006,(11)：51-55.

[2] 李涛.网络安全概论[M].北京：电子工业出版社,2006.

[3] 蒋建春,等.计算机网络信息安全理论与实践教程[M].西安：西安电子科技大学出版社,2005.

[4] 黎连业,张维,向东明.防火墙及其应用技术[M].北京：清华大学出版社,2004.

[5] 北京启明星辰信息技术有限责任公司.防火墙原理与实用技术[M].北京：电子工业出版社,2002.

[6] 刘远生.计算机网络安全[M].北京：清华大学出版社,2006.

[7] 管有庆,王晓军,董小燕.电子商务安全技术[M].北京：北京邮电大学出版社,2006.

[8] 劳帼龄.电子商务安全技术[M].大连：东北财经大学出版社,2008.

[9] 蒋建春,杨凡,文伟平,郑生琳,等.计算机网络信息安全理论与实践教程[M].西安：西安电子科技大学出版社,2005.

[10] 杨彩.管控一体化[J].微计算机信息,2009,(21).

[11] 赵文,戴宗坤.WPKI 应用体系架构研究[J].四川大学学报(自然科学版),2005,42(4)：725-730.

[12] 黄刘生.电子商务安全问题[M].北京：北京理工大学出版社,2005.

[13] 王汝林.移动电子商务理论与实务[M].北京：清华大学出版社,2007.

[14] 童俊,郭涛.移动电子商务的安全问题[J].计算机安全,2001,(5).

[15] 洪国彬,等.电子商务安全与管理[M].北京：清华大学出版社,2008.

[16] 王群.计算机网络安全技术[M].北京：清华大学出版社,2009.

[17] 代春艳,等.电子商务信息安全技术[M].武汉：武汉大学出版社,2007.

[18] 陈广山,等.网络与信息安全技术[M].北京：机械工业出版社,2007.

[19] 骆耀祖.网络安全技术[M].北京：北京大学出版社,2009.

[20] 石淑,等.计算机网络安全技术[M].北京：人民邮电出版社,2008.